现代加工技术丛书

现代车削加工技术

主编

韩开生

副主编

张世林　梁　猛

编著者

金庆浩　王　玲

金盾出版社

内容提要

本书为《现代加工技术丛书》之一，主要内容有：传统车削、数控机床和数控车床简介，数控车削加工工艺，FANUC 系统数控车床编程，数控车床数控系统操作，FANUC 系统数控车床加工实例，数控车自动编程，数控车床的维护和故障诊断，数控车工中级模拟试卷和试题等。

本书实例较多，有的章末附有配合学习的复习思考题，模拟试卷和试题均有参考答案，以便于培训、考核鉴定和读者自测自查。

本书可作为数控车工职业技能考核鉴定的培训教材和自学用书；还可作为技工学校和职业学校机械类专业的培训教材或学习参考书；亦可作为成人教育的教学用书，以及有关工程技术人员的参考用书。

图书在版编目(CIP)数据

现代车削加工技术/韩开生主编. --北京：金盾出版社，2010.5

(现代加工技术丛书)

ISBN 978-7-5082-6166-9

Ⅰ.①现… Ⅱ.①韩… Ⅲ.①车削—技术培训—教材 Ⅳ.①TG51

中国版本图书馆 CIP 数据核字(2010)第 003437 号

金盾出版社出版、总发行

北京太平路 5 号(地铁万寿路站往南)

邮政编码：100036 电话：68214039 83219215

传真：68276683 网址：www.jdcbs.cn

封面印刷：北京精美彩色印刷有限公司

正文印刷：北京军迪印刷有限责任公司

装订：科达装订厂

各地新华书店经销

开本：850×1168 1/32 印张：10.375 字数：308 千字

2010 年 5 月第 1 版第 1 次印刷

印数：1～8 000 册 定价：20.00 元

前　言

数控技术是现代加工中最实用的技术之一，是机械加工制造业实现自动化、柔性化、集成化生产的基础，是提高产品质量、提高加工生产效率必不可少的技术手段。中国在加入世贸组织后，正在逐步变成“世界制造中心”，并开始了从劳动密集型向技术型转变的过程。为了增强竞争能力，许多制造企业已开始广泛使用先进的数控技术。但是，我国制造业与国际先进工业国家相比存在着很大的差距。据统计，制造业较发达的德国、美国、日本等国家的数控机床占生产设备的70%以上，而我国制造业数控机床的拥有量不足总量的2%；虽近几年来每年都以30%以上的速度在增长，而从另一方面来看，我国现有的有限数量的数控机床却未能充分利用。虽然原因是多方面的，但数控人才的匮乏无疑是主要原因之一。

目前我国数控机床操作工短缺60万人左右。数控人才短缺已经引起了教育部、人力资源和社会保障部等政府部门的高度重视。数控技术人才需求量的大小和人才需求的类型、层次、质量等取决于国民经济和制造业的发展程度、水平，也取决于用工单位自身的管理要求、发展趋势等。随着制造业信息化工程的进一步推进，利用高新技术和先进实用技术改造提升传统产业，提高企业的技术装备水平和产品竞争力，制造设备的大规模数控化，社会对数控技术人才的需求有进一步的增加。依据实际应用比较广泛的需要，我们编写了《现代加工技术丛书》，包括《现代车削加工技术》、《现代铣削加工技术》、《现代特种加工技术》、《现代焊接技术》和《现代模具加工技术》。

本书是丛书之一的《现代车削加工技术》。本书参照国家职业标准中的数控车工中级技能，本着由简单到复杂，由基础到专业，涉及面广的原则，主要介绍了数控车床的相关基础、工艺知识，FANUC数控系统、西门子数控系统、广州数控系统、华中数控系统的编程与操作，数控车床的维护保养，并附有中级数控车工理论试题及参考答案，中级数控车工操作技能训练图样，以提高读者的综合能力。

本书的学习者应具备普通车工的知识基础。考虑到数控车工虽然更多应用了可转位的机卡刀具，但生产准备中仍需要刃磨一部分刀具。数控技术的采用，对磨刀的要求没有降低，有时甚至更高了，这样才能充分发挥数控车床的高效、高质量的性能。所以本书内容中保留了车刀和钻头的基本知识，并做为数控车工的重点技能之一。

本书由河北省石家庄市职业技术教育中心的韩开生老师担任主编，河北省石家庄市职业技术教育中心的张世林、梁猛老师担任副主编，参与本书编写工作的还有河北省机电技工学校的金庆浩、河北省石家庄市职业技术教育中心的王玲等人员。

由于编者的经验和水平有限，书中如有不妥之处，敬请读者批评指正。

编　者

目　录

第一章 概 述

第一节 传统车削加工技术简介

零件的制造加工，往往需要由很多不同的工种配合起来协作加工才能完成。这些不同工种之间有着相互密切的关系，因此在一般企业中，有车工、铣工、刨工、磨工、钳工、电加工等工种。据统计，车削占所有机械加工的50%以上。图1-1所示为CA6140型普通卧式车床。

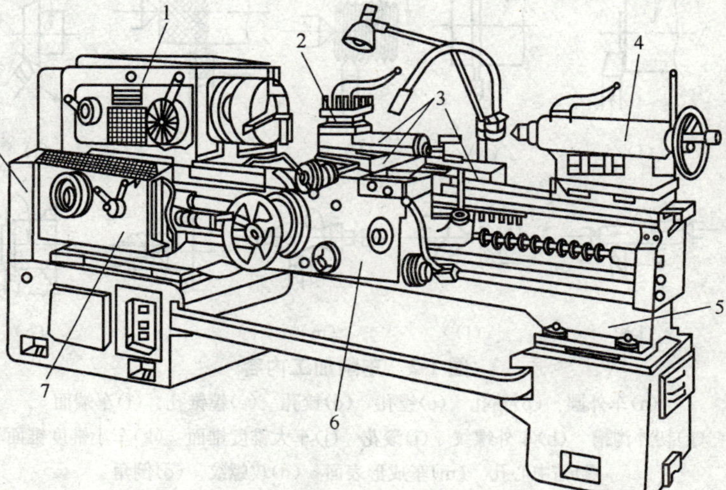

图1-1 CA6140车床外形

1. 主轴箱 2. 刀架 3. 中滑板和小滑板 4. 尾座
5. 床身 6. 走刀箱 7. 进给箱 8. 挂轮箱

由图1-1可以看出普通车床的主要组成部件有：主轴箱、进给箱、溜板箱（包括大、中、小滑板）、挂轮箱、光杠、丝杠、刀架、尾架和床身等。

车削是用车床对零件进行加工的一种方法，车床是指以工件的旋转为主运动，车刀相对工件移动为进给运动的加工回转表面的机床。它可以用于加工各种回转成形面，例如：内外圆柱面、内外圆锥面、内外螺纹以及端面、内外沟槽、滚花等，它是生产历史最久，品种最多的一种金属切削机床。车床的种类按其用途和结构大致可分为：仪表车床、卧式车床、单轴自动车床、多轴自动车床和半自动车床、转塔车床、立式车床、多刀半自动车床、专门化车床等。图 1-2 是车削所能加工的内容。

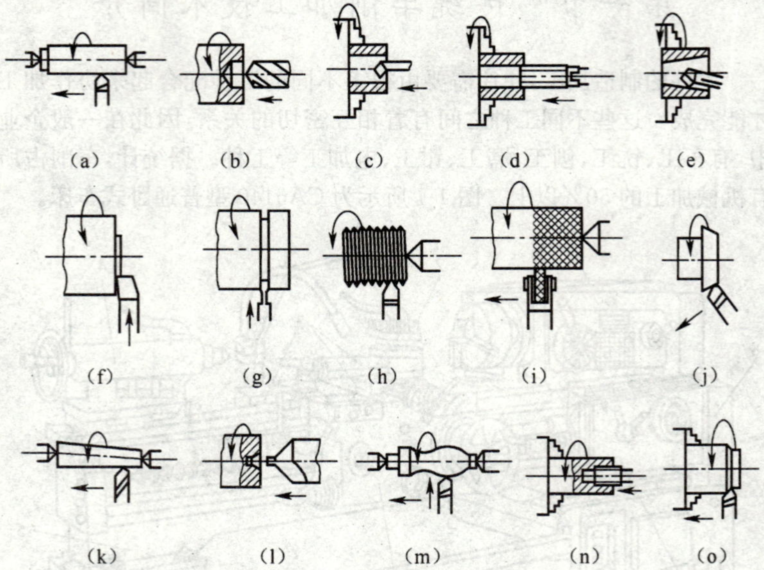

图 1-2 车削加工内容

(a)车外圆 (b)钻孔 (c)镗孔 (d)铰孔 (e)镗锥孔 (f)车端面 (g)切外沟槽 (h)车外螺纹 (i)滚花 (j)车大锥度锥面 (k)车小锥度锥面 (l)钻中心孔 (m)车成形表面 (n)攻螺纹 (o)倒角

图 1-3 是普通车床传动路线图。

车削的工艺特点如下：

(1)车削适合于加工各种内、外回转表面。车削的加工精度范围约是 IT13～IT6，表面粗糙度值为 $Ra12.5$～$Ra1.6\mu m$。

(2)车刀的结构简单，制造比较容易，便于根据加工要求对刀具材料、几何角度进行合理的选择。车刀刃磨及装拆也很方便。

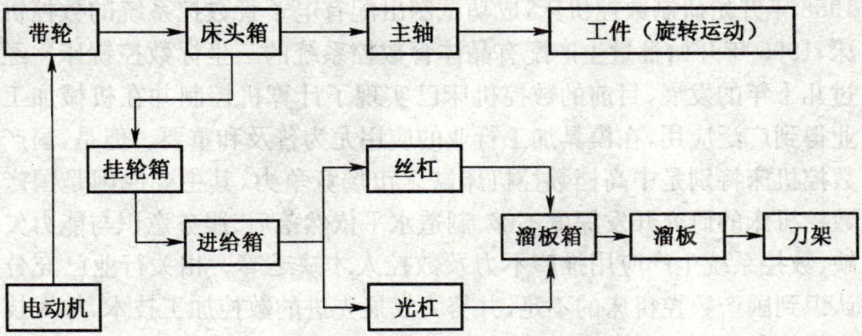

图 1-3　普通车床传动路线图

(3)车削对工件的结构、材料、生产批量等有较强的适应性，应用广泛。除可以车削各种钢材、铸铁、有色金属外，还可以车削玻璃钢、夹布胶木、尼龙等非金属材料。对于一些不适合磨削的有色金属可以采用金刚石车刀进行精细车削，能获得很高的加工精度和很小的表面粗糙度值，例如车削铝活塞工件等。

(4)除了工件毛坯表面余量不均匀外，绝大多数车削是等切削横截面的连续切削，因此，切削力变化小，切削过程平稳，有利于高速切削和强力切削，加工效率高。

第二节　数控机床及其特点

一、数控机床

数控机床也称为 CNC 机床，即采用计算机数字控制系统的机床。它集中了万能型机床通用性好、精密型机床加工精度高和专用机床加工效率高的特点，使用范围广泛。

20 世纪 40 年代末，美国开始研究数控机床。1952 年，美国麻省理工学院伺服机构实验室成功研制出第一台数控铣床，并于 1957 年投入使用。这是机械加工技术发展过程中的一个重大突破，标志着制造领域中数控加工时代的开始。数控加工是现代制造技术的基础，这一新兴技术对于制造行业而言，具有划时代的意义和深远的影响。世界上主要工业发达国家都十分重视数控加工技术的研究和发展。我国于

1958年开始研制数控机床，成功试制出配有电子管数控系统的数控机床，1965年开始批量生产配有晶体管数控系统的三坐标数控铣床。经过几十年的发展，目前的数控机床已实现了计算机控制并在机械加工业得到广泛应用，在模具加工行业的应用尤为普及和重要。但是，国产数控机床特别是中高档数控机床缺乏市场竞争力，其主要原因是国产数控机床的研究开发深度不够、制造水平依然落后、服务意识与能力欠缺、数控系统生产应用推广不力及数控人才缺乏等。相关行业已充分认识到国产数控机床的不足，并努力发展先进的数控加工技术，加大技术创新与培训服务力度，以缩短与发达国家间的差距。

二、数控机床的工作原理

数控机床是将零件加工过程所需的各种操作（如主轴变速、工件的松开与夹紧、进刀与退刀、主轴启动与主轴停止、自动关停冷却液等）步骤以及工件的形状、尺寸等用数字化的代码，按照一定的格式，通过控制介质（如传输线、磁盘等）将数字代码信息送入数控装置，数控装置对输入的信息进行处理与运算，发出各种控制信号，控制机床的伺服系统或其他驱动元件，使数控机床自动加工出所需要的工件。所以，数控加工的关键是加工数据和工艺参数的获取，即数控编程。

三、数控机床的特点

(1)加工精度高、工件质量稳定可靠。数控机床是精密机械和自动化技术的高度结合。数控机床的数控装置可以对机床运动中产生的位移、热变形、丝杠间隙等导致的误差，通过测量系统进行补偿，而获得很高且稳定的加工精度。数控机床的加工精度，一般可达到0.005～0.01mm。数控机床是按数字信号形式控制的，数控装置每输出一个脉冲信号，则机床移动部件移动一个脉冲当量（一般为0.001mm），而且机床进给传动链的反向间隙与丝杠螺距平均误差可由数控装置进行补偿，因此，数控机床定位精度也比较高。

数控机床和普通机床相比，具有传动链短，传动误差小，精度高的特点。

数控机床床头箱结构简单，刚度大，与控制系统的高精度控制相匹配，适合高精度零件的加工。

数控机床多采用电子油泵润滑和油雾自动润滑，并有缺油报警装置，润滑充分可靠。

由于数控机床实现的是自动加工，所以减少了机床操作人员素质高低等因素带来的人为误差，提高了同一批零件的一致性。

(2)生产效率高。数控机床可以有效地减少零件的加工时间和辅助时间。数控机床的主轴转速和进给量的调整范围大，允许机床进行大切削量的强力切削；数控机床移动部件的快速移动和定位及高速切削加工，减少了半成品的工序间周转时间。数控机床目前正进入高速加工时代，提高了生产效率。

相对普通机床，数控机床的加工效率一般能提高 2～3 倍，甚至十几倍，主要体现在以下几个方面：

①一次装夹能完成多道工序加工，省去了普通机床加工的多次更换工种、工序间的转件以及划线、装夹等工作。

②简化了机床夹具及专用夹具等。由于是一次装夹完成加工，所以相对于普通机床多工序的夹具减少了；有时也用到专用夹具，但由于数控机床的超强功能，因此夹具的结构也可得到简化。

(3)减轻了操作人员的劳动强度，改善了劳动条件。高度智能化的数控系统使数控机床的操作由体力型转为智能型；部分数控机床采用全封闭防护罩，液压卡盘、液压尾座等，可以有效保持工作环境的清洁和减轻操作者的劳动强度。

(4)有利于生产管理现代化，主要体现在以下几个方面：

①程序化控制加工，更换加工零件品种方便、灵活；

②一机多工序加工，简化了生产过程的管理，减少了管理人员；

③可以实现无人化生产和联机生产。

(5)具有高度柔性。在数控机床上加工零件，主要取决于加工程序，它与普通机床加工不同，不必制造、更换许多工具、夹具、刀具，不需要经常调整机床。因此，数控机床适用于加工零件频繁更换的场合，也就是适合单件、小批生产及新产品的开发，缩短了生产准备周期，节省了大量工艺设备的费用。

(6)数控机床具有加工过程冷却充分、防护较严密等特点，自动加工时一般都处于全封闭或半封闭状态，还有自动排屑装置。

(7)数控机床初期投资较高，数控系统维护困难，对操作人员和维修人员有较高的技术要求,对刀具、夹具也有较高的要求。

四、数控技术发展的几个主要阶段

数控技术发展的几十年间,主要经过了六个主要阶段:电子管数控系统(1952 年);晶体管和印刷电路板数控系统(1959 年);小规模集成电路数控系统(1965 年);简称 NC(Numerical Control),目前已被淘汰的小型计算机数控系统(1970 年);微处理器数控系统(1974 年);基于工业 PC 的通用 CNC 系统(1990 年后)。最后这种数控系统又称为软线数控,即计算机数字控制系统,简称 CNC(Computer Numerical Control)。如表 1-1 所示。

表 1-1　数控技术发展的六个主要阶段

数控系统发展的历史	出现年代	数控系统发展的历史	出现年代
第一代 电子管数控系统	1952	第四代 小型计算机数控系统	1970
第二代 晶体管数控系统	1959	第五代 微处理器数控系统	1974
第三代 集成电路数控系统	1965	第六代 基于工业 PC 的通用 CNC 系统	1990

五、数控机床的控制系统

数控机床的控制系统主要有:

1. 点位控制数控机床(Point to Point Control)

这类数控机床有数控钻床、数控坐标镗床、数控冲床等。其特点是,只要求控制刀具相对于工件在机床加工平面内从某一加工点运动到另一加工点的精确坐标位置,而对两点之间的运动轨迹原则上不加以控制,且在运动过程中不作任何加工,如图 1-4 所示。

2. 点位直线控制数控机床

简称为直线控制数控机床,这类机床主要有数控车床和数控铣床等。这类数控机床不仅可以控制刀具或工作台由一个位置点到另一个位置点的精确坐标位置,还可以控制它们以给定的进给速度沿着平行于某一坐标轴方向做直线或斜线运动并在移动的过程中进行加工,如图 1-5 所示。

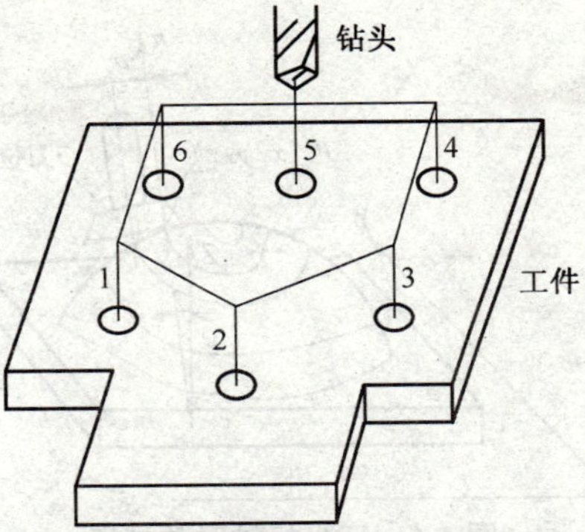

图 1-4 点位控制数控机床的孔加工

图 1-5 点位直线控制切削加工

3. 轮廓控制数控机床(Contour Control)

这类机床有数控车床、数控铣床、数控磨床和加工中心机床等。也称连续控制数控机床。其特点是,不仅要求刀具相对于工件在机床加工空间内从一点运动到另一点的精确坐标位置,而且要求对两点之间的运动轨迹及轨迹上每一点的运动速度进行精确控制,且能够边移动边加工,用于加工二维平面轮廓或三维空间轮廓。由于数控系统带有插补器,所以能精确实现各种曲线或曲面加工。图 1-6 所示为五坐标轴联动加工。

六、数控机床分类

(1)切削数控机床类 指采用车、铣、镗、钻、铰、磨和刨等各种切削功能的数控机床,如数控磨、数控铣、数控钻等。

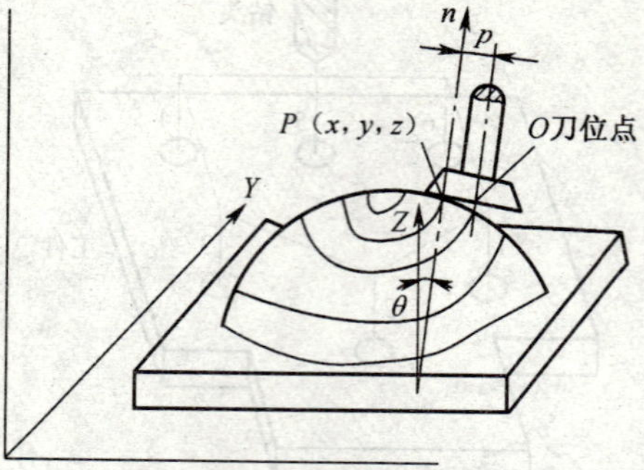

图 1-6 五坐标轴联动加工

(2)成型数控机床类 指采用挤、压、冲、拉等成形工艺的数控机床,常用的有数控弯管机、数控压力机、数控冲剪机、数控折弯机、数控旋压机等。

(3)特种加工机床类 主要有数控电火花机床、数控线切割机床、数控激光与火焰切割机等。

(4)测量类 主要有数控绘图机、数控坐标测量机、数控对刀仪等。

第三节 数控车床的分类及组成

一、数控车床的分类

数控车床品种繁多,规格不一,目前一般可按以下方法进行分类。

1. 按数控车床主轴位置分类

(1)卧式数控车床 卧式数控车床又分为数控水平导轨卧式车床和数控倾斜导轨卧式车床。后者的倾斜导轨结构可以使车床具有更大的刚性,并易于排除切屑。卧式数控车床用于轴向尺寸较长或小型盘类零件的车削加工。卧式数控车床的形状和结构将在后续章节中详细介绍。

(2)立式数控车床 立式数控车床简称为数控立车,其车床主轴垂直于水平面,有一个直径很大的圆形工作台,用来装夹工件。这类车床主要用于加工回转直径尺寸大、轴向尺寸相对较小的大型盘类复杂零件。图 1-7 所示为立式数控车床。

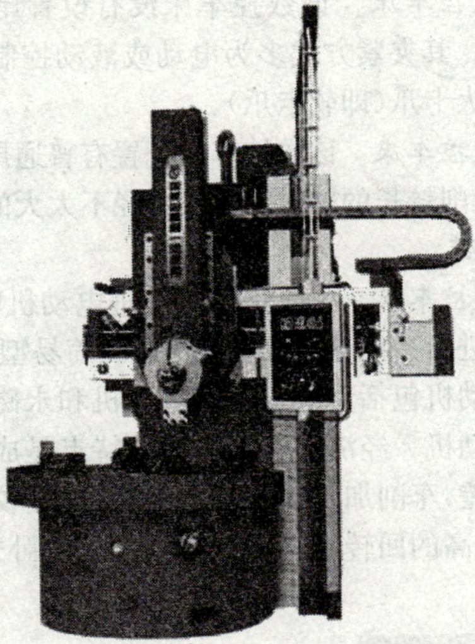

图 1-7　立式数控车床

2. 按刀架数量分类

(1)单刀架数控车床　数控车床一般都配置有各种形式的单刀架，如四工位转位刀架或多工位转塔式自动转位刀架。

(2)双刀架数控车床　这类车床的双刀架配置平行分布，也可以是相互垂直分布，如图 1-8 所示。

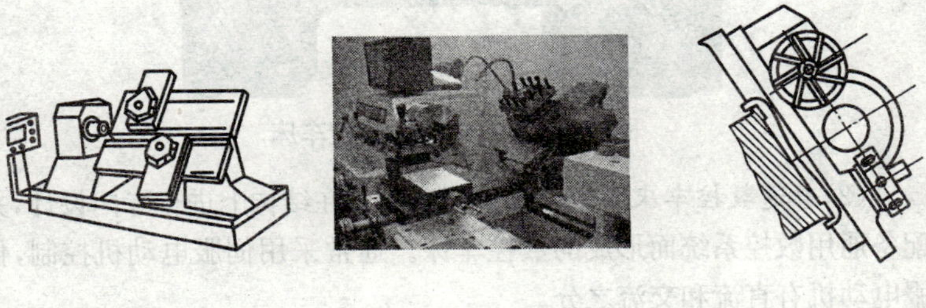

(a)　(b)

图 1-8　组合形式的自动转位刀架

(a)平行交错双刀架车床　(b)垂直交错双刀架车床

3. 按加工零件的基本类型分类

(1)卡盘式数控车床　该数控车床没有设置尾座，适合车削盘类(含短轴类)零件。其夹紧方式多为电动或液动控制，卡盘结构多具有可调卡爪或不淬火卡爪(即软卡爪)。

(2)顶尖式数控车床　该数控车床配置有普通尾座或数控的液压、气动尾座，适合车削较长的轴类零件及直径不太大的盘、套类零件。

4. 按功能分类

(1)经济型数控车床　一般是采用步进电动机驱动或用单片机对普通车床的车削进给系统进行改造后形成的简易型数控车床。现在比较常用的步进电动机包括反应式步进电动机和永磁式步进电动机、永磁感应式步进电动机。经济型数控车床的特点是成本较低，自动化程度和功能都比较差，车削加工精度较低、加工速度较低，通常是开环控制，适用于要求不高的回转类零件的车削加工。卧式经济型数控车床如图 1-9 所示。

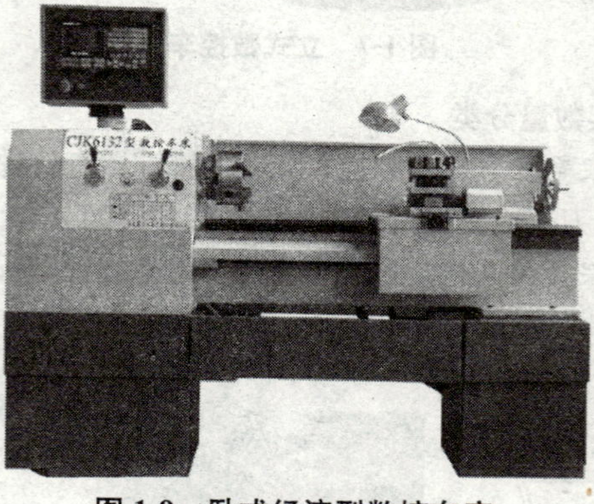

图 1-9　卧式经济型数控车床

(2)普通数控车床　根据车削加工要求在结构上进行专门设计，并配备通用数控系统而形成的数控车床。通常采用伺服电动机控制，伺服电动机有直流和交流之分。

①交流伺服电动机的特点：起动转矩大、运行范围较宽、无自转现象、运行平稳和噪声小，而且可靠性高、基本上不需要维护和造价低，广泛应用于 0.5～100W 的小功率控制系统。

②直流伺服电动机的特点：机械特性较硬、输出功率较大、不自转、起动转矩大等。

普通数控车床数控系统功能强，自动化程度和加工精度也比较高，适用于一般回转类零件的车削加工。

(3)车削中心　如图 1-10 所示，在普通数控车床的基础上，增加了 C 轴和铣削动力头，更高级的机床还带有刀库，可控制 X，Z 和 C 三个坐标轴，联动控制轴可以是(X，Z)，(X，C)或(Z，C)。由于增加了 C 轴和铣削动力头，这种数控车床的加工功能大大增强，除可以进行一般车削外，还可以进行径向和轴向铣削、曲面铣削、中心线不在零件回转中心的孔和径向孔的钻削等加工。车削中心加工的典型零件如图 1-11 所示。

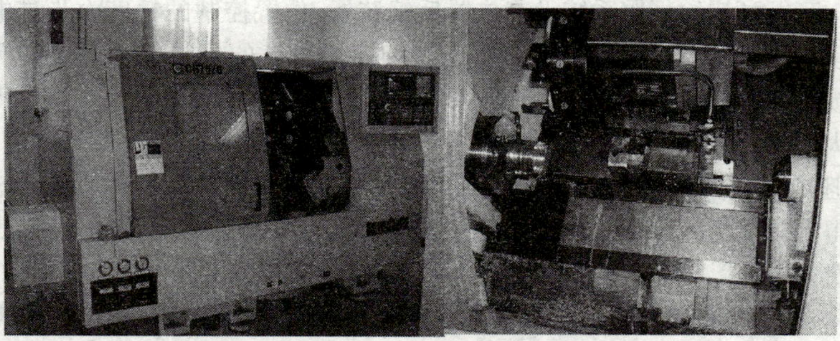

图 1-10　车削中心

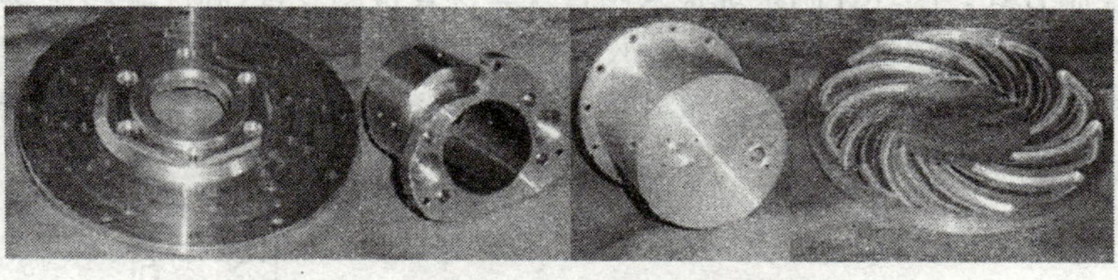

图 1-11　车削中心加工的典型零件

5. 按伺服系统控制方式分类

(1)开环控制系统数控车床　采用开环进给伺服系统，是数控机床中最简单的伺服系统，执行元件一般为步进电动机，其控制原理如图1-12所示。

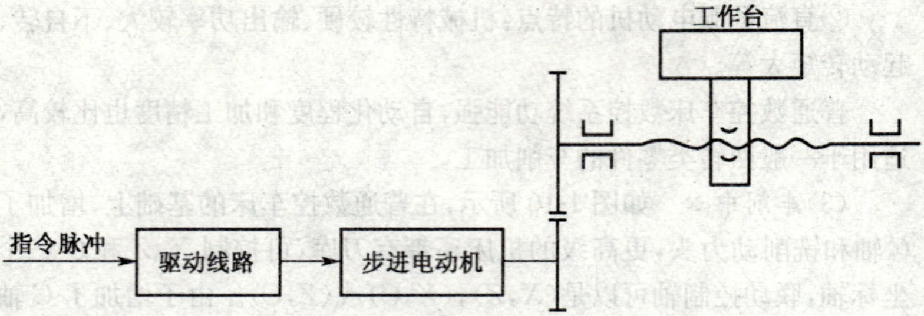

图 1-12 开环控制系统

机床部件的移动速度和位移量是由输入脉冲的频率和脉冲数决定。

开环进给伺服系统没有位置反馈装置，位置控制的精度由步进电动机和进给丝杠等来决定。由于影响定位精度的机械传动装置的磨损、惯性及间隙的存在，故开环系统的精度和快速性较差，振动、噪声较大，在过载情况下，步进电动机会产生失步现象，严重影响加工精度。但其结构简单，易于调整，造价低廉，在加工精度要求不太高的场合中得到较广泛的应用。一般适用于经济型数控机床和旧机床数控化改造。

(2)闭环控制系统数控车床　因为开环系统的精度不能很好地满足加工精度的要求，所以为了提高加工精度，最根本的办法是采用闭环控制方式。闭环控制系统是采用直线型位置检测装置(脉冲编码器、旋转变压器、直线感应同步器、磁尺、长光栅尺和激光干涉仪等)对数控机床工作台位移进行直接测量并进行反馈控制的位置伺服系统，其控制原理见图 1-13。

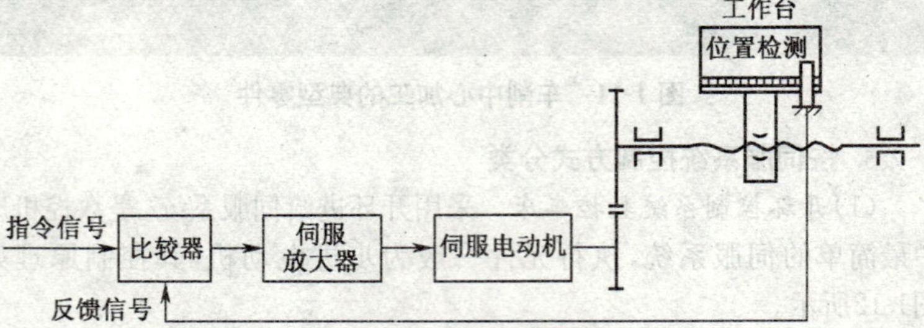

图 1-13 闭环控制系统

闭环控制数控机床有位置和速度检测装置，并且直线位移检测装置直接装在机床移动部件如工作台上，将测量的结果直接反馈到数控装置中，与输入指令进行比较控制，使移动部件按照指令要求运动，最终实现精确定位，如图 1-13 所示。因为把机床工作台纳入了位置控制环，故称为闭环控制系统。

闭环控制数控机床其伺服系统由交流或直流伺服驱动和交流或直流伺服电动机组成。与伺服电动机同轴刚性连接的测速器件，随时检测电动机转速并反馈至数控系统，与速度指令信号进行比较，控制电动机的转速。该系统定位精度高、调节速度快。但该系统调试困难，系统复杂并且成本高，故适用于加工精度要求很高的数控机床，如精密数控镗铣床、精密数控车床等。

(3)半闭环控制系统数控车床　采用半闭环控制系统，使用旋转型角度测量元件（脉冲编码器、旋转变压器和圆感应同步器等）和伺服电动机按照反馈控制原理构成的位置伺服系统，其控制原理见图 1-14。其角位移检测装置装在交流或直流伺服电动机的输出轴上，通过检测角位移间接地检测移动部件的位移，并反馈到数控系统中。半闭环控制系统的检测装置有两种安装方式：一种是把角位移检测装置安装在丝杠末端，另一种是把角位移检测装置安装在电动机轴端。

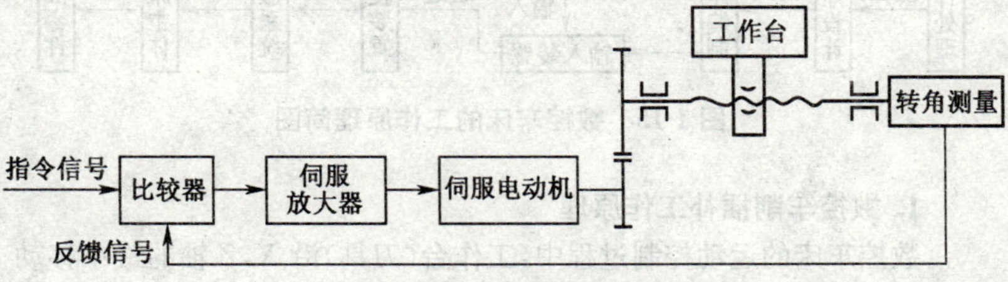

图 1-14　半闭环控制系统

由于系统闭环环路内不包括机械传动环节，可获得稳定的控制特性；另外，机械传动环节的误差可用误差补偿的办法消除，可获得满意的精度。因此半闭环控制系统精度较高，安装调试方便，广泛应用于各种数控机床中。

6. 按数控车床功能水平分类

分为低档、中档和高档，各档次数控车床功能水平对比见表 1-2 所示。

表 1-2 各档次数控车床功能水平对比

功 能	低 档	中 档	高 档
分辨率/μm	10	1	0.1
进给速度/m/min	8～15	15～24	15～100
驱动进给类型	开环	半闭环或闭环的直流或交流伺服系统	
联动轴数(轴)	2～3	2～4	3～5 以上
通信功能	一般没有	RS-232 或 DNC 接口	可有 MAP 通信接口,有联网能力
显示功能	LED或简单的 CRT	较齐全的 CRT	有三维图形显示
内装 PLC	无	有	有功能强的 PLC
主 CPU	8 位、16 位	32 位以上或 32 位以上的多 CPU	

注:较齐全的 CRT 显示是指具有字符、图形、人机对话、自诊断和帮助等功能显示。

二、数控车床的工作原理及组成

数控车床的工作原理简图,如图 1-15 所示。

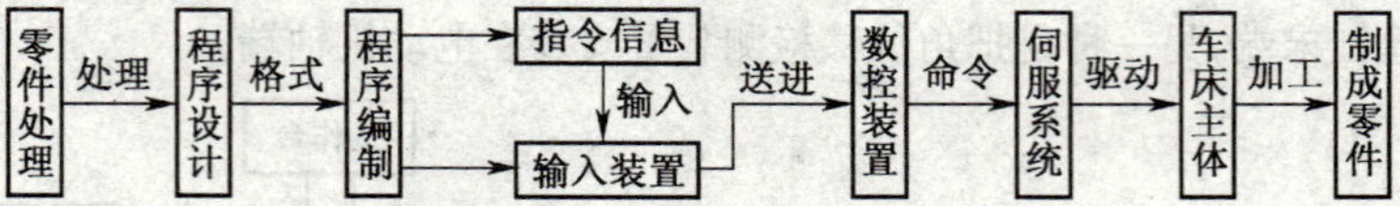

图 1-15 数控车床的工作原理简图

1. 数控车削插补工作原理

数控车床的运动控制过程中,工作台(刀具)沿 X,Z 轴的最小移动单位是一个脉冲当量。因此,刀具的运动轨迹是具有极小台阶所组成的折线(数据点密化),从而合成所需的运动轨迹(直线或曲线)。数控系统根据给定的直线、圆弧(曲线)函数,在理想的轨迹上的已知点之间,进行数据点密化,确定一些中间点的方法,称为插补。

数学上对加工轨迹进行逼近的方法叫做插补运算。它是在坐标系内完成的。下面以逐点比较法为例进行说明。

逐点比较法的进刀过程是一步步执行的。它通过数学方法来跟踪计算车刀刀尖的当前位置坐标，再和编程轨迹坐标进行比较，以确定车刀刀尖相对于编程轨迹的位置，控制车刀刀尖沿着编程轨迹进行下一步移动。在逐点比较法中，每进给一步都须要进行偏差判别、坐标进给、偏差计算和终点比较四个节拍。

图 1-16 为数控坐标系第一象限内一条直线加工轨迹的加工计算过程。计算机从起点坐标（坐标原点）起，开始逐点判断当前车刀刀尖位置是在编程轨迹之上还是之下。如果在上方，则向 $+X$ 进一步；如果在下方，则向 $+Z$ 进一步。每进一次刀，还要和终点坐标相比较，如果已经到达终点，则进刀停止。通过逐点比较和选择进刀方向，实现对编程轨迹的跟踪。

逐点比较法在其他象限也有对应的比较进刀规则，如图 1-17 所示。

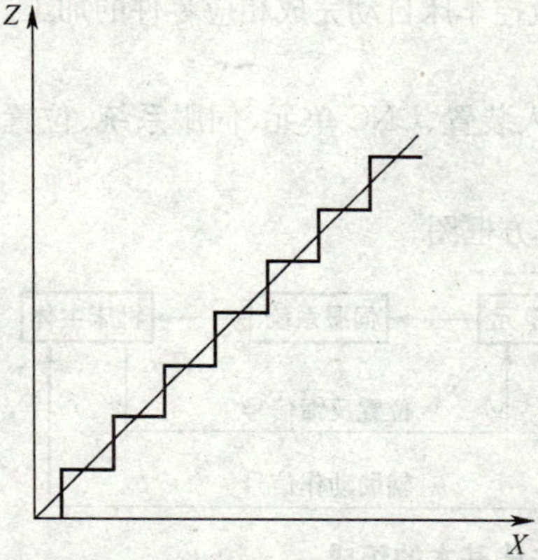

图 1-16　逐点比较法的插补原理

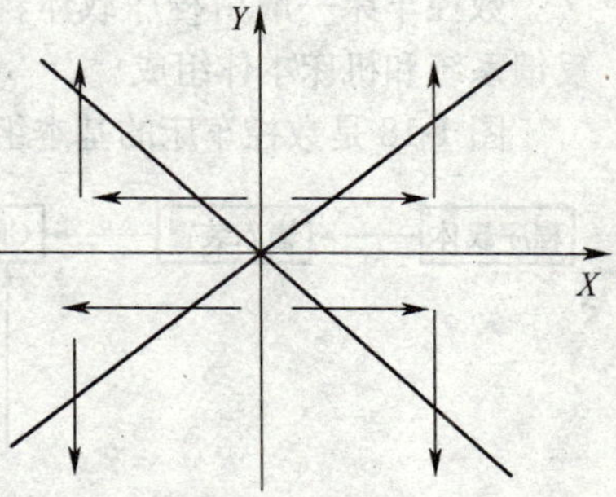

图 1-17　逐点比较法的各象限进刀规则

在数控系统中，早期是用硬件插补器进行计算的，现在由于计算机速度的大幅度提高，这一过程已经完全可由软件来完成。

插补计算除了逐点比较法以外，还有数字积分法、比较积分法、脉冲乘法器、矢量判别法和最小偏差法等，本书不再一一叙述。

2. 数控车床的工作步骤

（1）首先根据零件加工图样进行工艺分析，确定加工方案、工艺参数、工艺路线和位移数据。

(2)用规定的程序代码和格式规则编写零件加工程序单;或用自动编程软件进行CAD/CAM处理,直接生成零件的加工程序代码。

(3)将加工程序的内容以代码形式完整记录在信息介质(如磁带、磁盘)上。

(4)通过阅读机把信息介质上的代码转变为电信号,并输送给数控装置。由手工编写的程序,可以通过数控机床的操作面板输入程序代码;由编程软件生成的程序代码,可通过计算机的串行通信接口直接传输到数控机床的数控单元中,并存储起来。

(5)数控装置将所接受的信号进行一系列处理后,再将处理结果以脉冲信号形式向伺服系统统发出执行命令。

(6)伺服系统接到执行的信息指令后,立即驱动数控车床进给机构严格按照指令的要求进行位移,使数控车床自动完成相应零件的加工。

3. 数控车床的基本组成

数控车床一般由程序载体、输入装置、CNC单元、伺服系统、位置反馈系统和机床本体组成。

图1-18是数控车床的基本组成方框图。

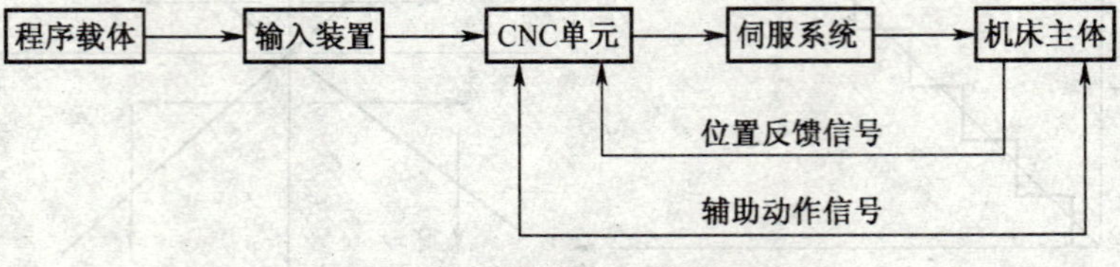

图1-18 数控车床基本的组成

三、数控技术的构成

数控技术由机床、数控系统和外围技术三部分构成,如图1-19所示。

1. 数控车床主体

除了基本保持普通车床传统布局形式的部分经济型数控车床外,目前大部分数控车床均已通过专门设计并定型生产。数控车床主体包括主轴箱(床头箱)、转塔刀架、滑板、尾座、床身和底座等。

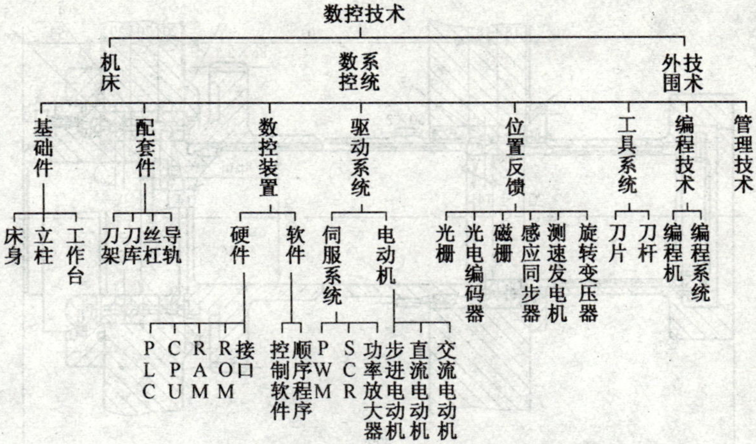

图 1-19　数控技术的构成

(1)主轴与主轴箱

①主轴。主轴应满足以下要求:回转精度、运动精度、刚度、抗振性、主轴温升、耐磨性、同步运行、自动变速及定向准停、功率等要求。

②主轴箱(主轴变速系统)。经济型数控车床大多数是不能自动变速的,需要变速时,只能把机床主轴停止转动,然后手动变速,即挡内有级变速,例如:M03 S5(指主轴第 5 级转速)。而较高档的全功能数控车床的主传动系统大多采用无级变速,即挡内无级变速,例如:M03 S720(指主轴 720r/min)。目前,无级变速系统主要有变频主轴系统和伺服主轴系统两种,一般采用直流或交流主轴电动机,通过同步齿形传动带带动主轴旋转,或通过带传动和主轴箱内的减速齿轮(以获得更大的转矩)带动主轴旋转。由于主轴电动机调速范围广,又可无级调速,使得主轴箱的结构大为简化。主轴电动机在额定转速时可输出全部功率和最大转矩。具有有级自动调速功能的数控车床,其主轴箱内的传动机构已经大大简化;具有无级自动调速(包括定向准停)的数控车床,起机械传动变速和变向作用的机构已经不复存在了,其主轴箱也成了"轴承座"及"润滑箱"的代名词;对于改造式(具有手动操作和自动控制加工双重功能)数控车床,则基本上保留其原有的主轴箱。图 1-20 是 CK6136 数控车床主轴组件,其中 1,2,3,4,5 均为角接触球轴承。

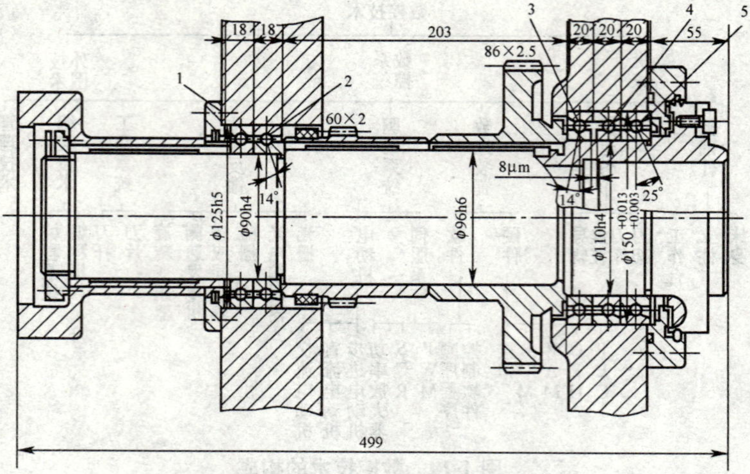

图 1-20 CK6136 数控车床主轴组件

(2)导轨 一般可分为滑动导轨和滚动导轨两种。数控车床的导轨是保证刀具进给运动准确性的重要部件,主要影响数控车床的刚度、精度及低速进给时的平稳性,是影响零件加工质量的重要因素之一。

①滑动导轨具有结构简单、制造方便和接触刚度大等优点。但传统滑动导轨摩擦阻力大,磨损快,动、静摩擦系数差别大,低速时易产生爬行现象。目前,除部分数控车床仍沿用传统的滑动导轨(金属型)外,定型生产的数控车床已较多地采用带有耐磨粘贴带覆盖层的滑动导轨和新型塑料滑动导轨,它们的摩擦系数小,其耐磨性、耐腐蚀性及吸振性好,润滑条件也比较优越。

导轨刚度的大小、制造是否简单、能否调整、摩擦损耗是否最小以及能否保持导轨的初始精度,在很大程度上取决于导轨的横截面形状。数控车床滑动导轨的横截面形状常采用山形截面和矩形截面。山形截面如图 1-21 (a)所示,这种截面导轨导向精度高,导轨磨损后靠自重下沉自动补偿。下导轨用凸形有利于排污物,但不易保存润滑油液。矩形截面如图 1-21 (b)所示,这种截面导轨制造维修方便,承载能力大,导轨导向精度高,但磨损后不能自动补偿,需用镶条调节,影响导向精度。

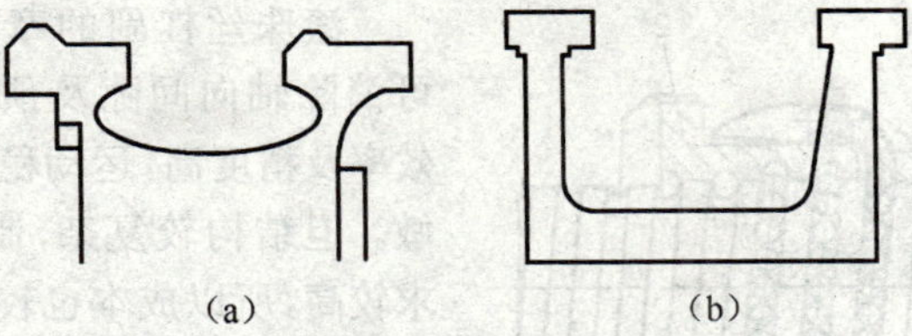

图 1-21　数控车床导轨截面

(a) 山形截面　(b) 矩形截面

②滚动导轨的优点是摩擦系数小,动、静摩擦系数很接近,不会产生爬行现象,可以使用油脂润滑。数控车床导轨的行程一般较长,因此滚动体必须循环。根据滚动体的不同,滚动导轨可分为滚珠直线导轨和滚柱直线导轨,如图 1-22 所示。后者的承载能力和刚度都比前者高,但摩擦系数略大。

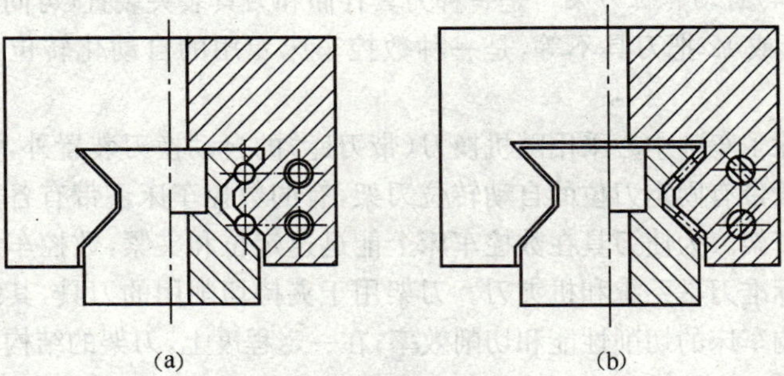

图 1-22　数控车床滚动导轨

(a) 滚珠直线导轨　(b) 滚柱直线导轨

(3)机械传动机构　除了部分主轴箱内的齿轮传动等机构外,数控车床已在原普通车床传动链的基础上,做了大幅度的简化。如取消了挂轮箱、进给箱、溜板箱及其绝大部分传动机构,而仅保留了纵、横进给的螺旋传动机构,并在驱动电动机至丝杠间增设了(部分数控车床未增设)可消除其侧隙的齿轮副。

①螺旋传动机构。数控车床中的螺旋副,是将驱动电动机所输出的旋转运动转换成刀架在纵、横方向上直线运动的运动副。构成螺旋传动机构的部件,一般为滚珠丝杠副,如图 1-23 所示。

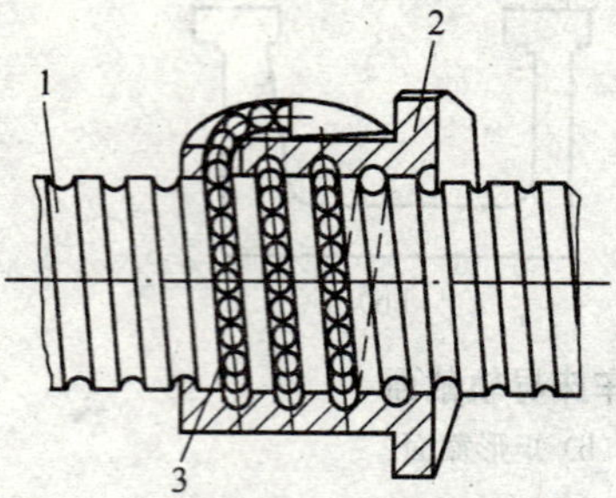

图 1-23 数控车床滚珠丝杠副

1. 丝杠 2. 螺母 3. 滚珠

滚珠丝杠副的摩擦阻力小，可消除轴向间隙及预紧，故传动效率及精度高，运动稳定，动作灵敏。但结构较复杂，制造技术要求较高，所以成本也较高。另外，自行调整其间隙大小时，难度较大。

②齿轮副。在较多数控车床的驱动机构中，其驱动电动机与进给丝杠间设置有一个简单的齿轮箱(架)，其中的齿轮副的主要作用是，保证车床进给运动的脉冲当量符合要求，避免丝杠可能产生的轴向窜动对驱动电动机的不利影响。

(4)自动转位刀架 是一种刀具存储和刀具装夹装置，可同时安装4,6,8或12把刀具不等，是一种数控车床专用的自动化转位刀架装置。

除了车削中心采用随机换刀(带刀库)的自动换刀装置外，数控车床一般带有固定刀位的自动转位刀架，有的数控车床还带有各种形式的双刀架。为使刀具在数控车床上能迅速定位和夹紧，数控车床普遍采用标准刀具系统和机夹刀。刀架用于夹持切削用的刀具，其结构直接影响车床的切削性能和切削效率；在一定程度上，刀架的结构和性能体现了车床的设计和制造技术水平。随着数控车床的不断发展，刀具结构形式也在不断翻新。在结构上必须具有良好的强度和刚度，以承受粗加工时的切削抗力。由于切削加工精度在很大程度上取决于刀尖位置，所以要求数控车床选择可靠的定位方案和合理的定位结构，以保证有较高的重复定位精度。此外，刀架的设计还应满足换刀时间短、结构紧凑和安全可靠等要求。

在数控车床上，刀架转换刀具的过程是：接受转刀指令→松开夹紧机构→分度转位→粗定位→精定位→锁紧→发出动作完成后的回答信号。驱动刀架工作的动力有电力和液力两类。

按换刀方式的不同，数控车床的刀架系统主要有排式刀架、回转刀架和带刀库的自动换刀装置等多种形式。

①排式刀架。排式刀架一般用于小规格数控车床，以加工棒料或盘类零件为主。它的结构形式为：夹持着各种不同用途刀具的刀夹沿着车床的 X 坐标轴方向排列在横向滑板上。刀具的典型布置方式如图 1-24 所示。这种刀架在刀具布置和机床调整等方面都较为方便，可以根据具体工件的车削工艺要求，任意组合各种不同用途的刀具；一把刀具完成车削任务后，横向滑板只要按程序沿 X 轴移动预先设定的距离后，第二把刀具就到达加工位置，完成了机床的换刀动作。这种换刀方式迅速省时，有利于提高机床的生产效率。

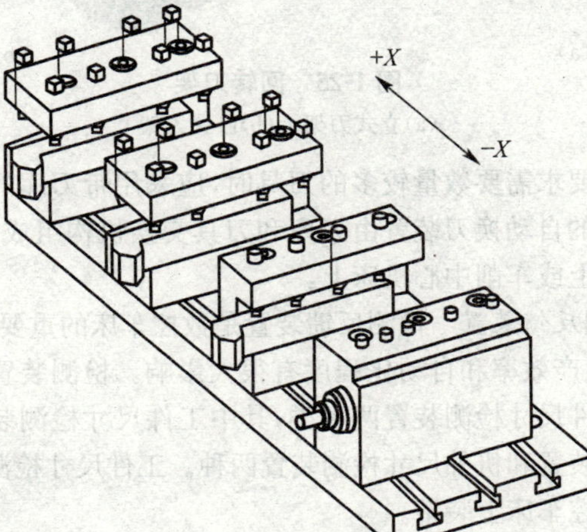

图 1-24　数控车床排式刀架

②回转刀架。回转刀架是数控车床最常用的一种典型换刀刀架，通过刀架的旋转分度定位来实现数控车床的自动换刀动作。根据加工要求可设计成四方、六方刀架或圆盘式刀架，并相应的安装 4 把、6 把或更多的刀具。回转刀架的换刀动作可分为刀架抬起、刀架转位和刀架锁紧等几个步骤，它的动作是由数控系统发出指令完成的。回转刀架根据刀架回转轴与安装底面的相对位置，分为立式刀架和卧式刀架两种，如图 1-25 所示。

③带刀库的自动换刀装置。上述排式刀架和回转刀架所安装的刀具都不可能太多，即使是装备两个刀架，对刀具的数目也有一定限制。

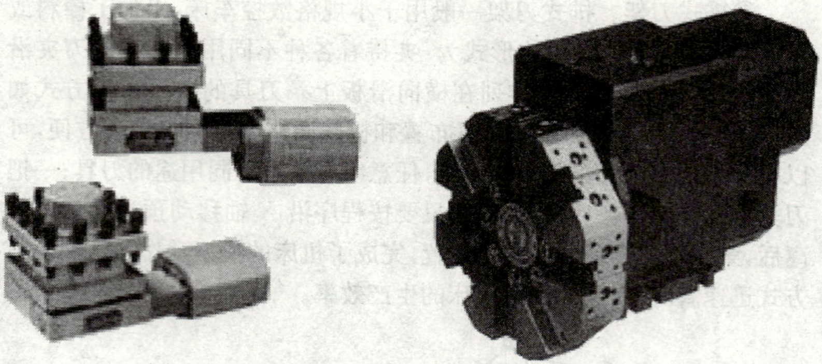

(a)　　　　(b)

图 1-25　回转刀架

(a)立式刀架　(b)卧式刀架

当由于某种要求需要数量较多的刀具时，应采用带刀库的自动换刀装置。带刀库的自动换刀装置由刀库和刀具交换机构组成，一般用于高档数控车床上或车削中心机床上。

(5)检测反馈装置　检测反馈装置是数控车床的重要组成部分，对加工精度、生产效率和自动化程度有很大影响。检测装置包括位移检测装置和工件尺寸检测装置两大类，其中工件尺寸检测装置又分为机内尺寸检测装置和机外尺寸检测装置两种。工件尺寸检测装置仅在少量的高档数控车床上装备。

不同类型的数控车床对于检测系统的精度与速度有不同的要求，一般来说，大型数控车床以满足速度要求为主，而中、小型和高精度数控车床以满足精度要求为主。位置检测装置的分类如表 1-3 所示。

表 1-3　位置检测装置的分类

类型	数字式		模拟式	
	增量式	绝对式	增量式	绝对式
旋转型	脉冲编码器 圆光栅	编码盘	旋转变压器 圆感应同步器 圆磁栅	多极旋转变压器 三速圆感应同步器
直线型	长光栅 激光干涉仪	编码尺	直线感应同步器 磁栅	绝对值式磁尺 三速感应同步器

①感应同步器是一种电磁式的高精度位移检测元件，按其结构方式的不同可分为直线式和旋转式两种，前者用于长度测量，后者用于角度测量。

感应同步器的特点是：精度高，工作可靠，抗干扰性强，维护简单，寿命长，可测量长距离位置，成本低，易于批量生产。

②光栅是在一块长条形的光学玻璃上均匀地刻划很多条与运动方向垂直的条纹，条纹之间的距离称为栅距。

光栅测量装置是一种非接触式测量，利用光路减少了机械误差，具有精度高，响应速度快等特点，因此是数控机床和数显系统常用的检测元件。

③磁栅是用电磁的方法计算磁波数目的一种位置检测元件，磁栅测量装置由磁性标尺、读取磁头和检测电路组成。

磁栅位置检测电路的特点是：容易制造，检测精度高（能达到每米$\pm 3\mu m$），安装使用方便，对环境条件要求较低，若磁性标尺膨胀系数与机床一致，可在一般车间使用。由于磁头与磁栅为有接触的相对运动，因而有磨损，使用寿命受到一定的限制。一般使用寿命可达到5年，涂上保护膜后寿命则可进一步延长。

④旋转变压器是一种角位移检测元件，由定子和转子组成，分为有刷和无刷两种形式。有刷旋转变压器定子和转子均为两相交流分布绕组。

数控机床检测装置主要使用无刷旋转变压器，因为无刷旋转变压器具有可靠性高、寿命长、体积小、不用维修以及输出信号大、抗干扰能力强等优点。

⑤脉冲编码器是把机械转角转化为电脉冲的一种常用角位移传感器。

⑥测速发电机是速度反馈元件，相当于一台永磁式直流发电机。

(6)对刀装置　除了极少数专用的数控车床外，普通数控车床几乎都采用了各种形式的自动转位刀架，以进行多刀车削。这样，每把刀的刀位点在刀架上安装的位置，或相对于车床固定原点的位置，都需要对刀、调整和测量，并以确认，以保证零件的加工质量。图1-26所示为一种数控车床对刀装置。

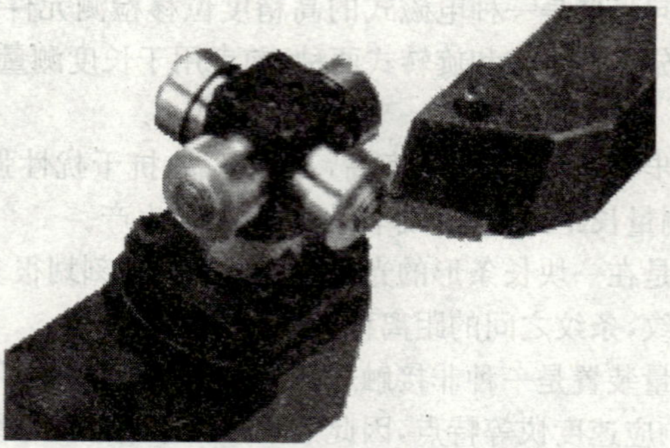

图 1-26 数控车床自动对刀仪

(7)床身 床身是整个数控车床的基础支承件，是机床的主体，一般用来放置导轨、主轴箱等重要部件。床身的结构对车床的布局有很大的影响。按照床身导轨面与水平面的相对位置，床身有图 1-27 所示的 5 种布局形式。布局形式受到工件尺寸、重量和形状，车床生产率，机床精度，人机工程和环境保护等要求的影响。

一般来说，中、小规格的数控车床采用斜床身和水平床身斜滑板的居多，只有大型数控车床或小型精密数控车床才采用水平床身，直立床身采用得较少。水平床身工艺性好，易于导轨面加工制造。由于刀架水平放置，对提高刀架的运动精度有好处，但床身下部空间小，排屑困难；刀架横滑板较长，加大了车床的宽度尺寸，影响外观。水平床身斜滑板结构，再配置上倾斜的导轨防护罩，这样既保持了平床身工艺性好的优点，床身宽度也不会太大，且排屑方便。斜床身和水平床身斜滑板结构在现代数控车床中被广泛应用，是因为这种布局形式具有以下特点：

①容易实现机电一体化；

②机床外形整齐、美观，占地面积小；

③容易设置封闭式防护装置；

④容易排屑和安装自动排屑器；

⑤从工件上切下的炽热切屑不至于堆积在导轨上影响导轨精度；

⑥宜人性好，即数控车床适用于使用的特征便于操作；

⑦便于安装机械手，实现单机自动化。

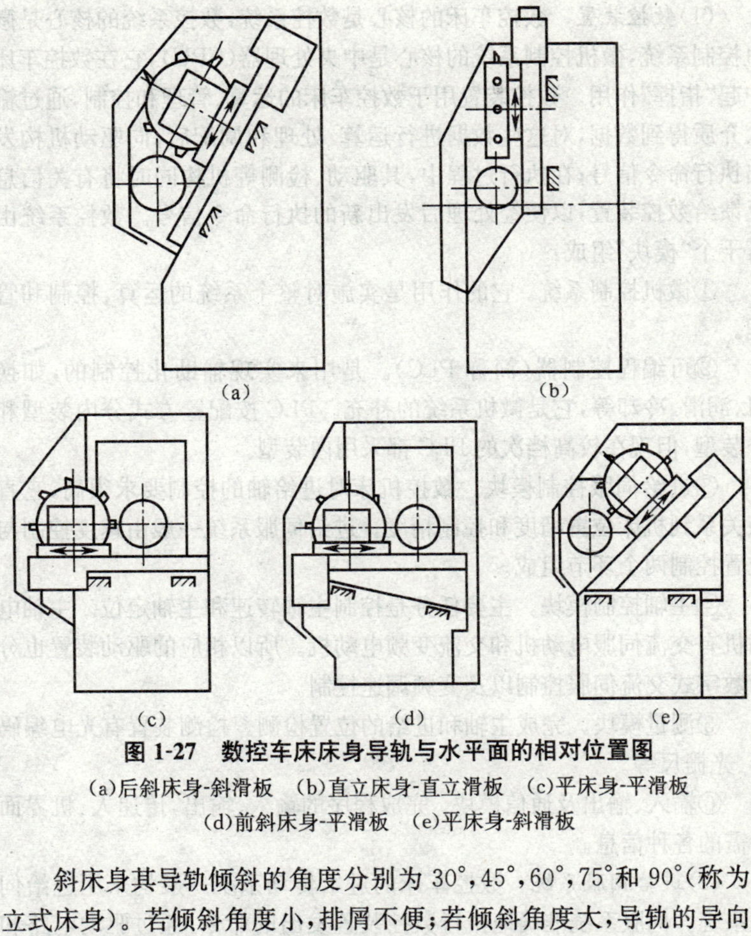

图 1-27　数控车床床身导轨与水平面的相对位置图

(a)后斜床身-斜滑板　(b)直立床身-直立滑板　(c)平床身-平滑板
(d)前斜床身-平滑板　(e)平床身-斜滑板

斜床身其导轨倾斜的角度分别为 30°，45°，60°，75°和 90°（称为直立式床身）。若倾斜角度小，排屑不便；若倾斜角度大，导轨的导向性差，受力情况也差。导轨倾斜角度的大小还会直接影响机床外形尺寸高度与宽度的比例。综合考虑上面的因素，中小规格的数控车床其床身的倾斜度以 60°为宜。

2. 数控装置和伺服系统

数控车床与普通车床的主要区别就在于是否具有数控装置和伺服系统这两大部分。数控车床的检测装置相当于人的眼睛，数控装置相当于人的大脑，伺服系统则相当于人的双手。

(1)数控装置　数控车床的核心是数控系统,数控系统的核心是微机控制系统,微机控制系统的核心是中央处理器(CPU),它在数控车床中起"指挥"作用。数控装置用于数控车床的运算、管理和控制,通过输入介质得到数据,对这些数据进行运算、处理和调配后,向驱动机构发出执行命令信号;在执行过程中,其驱动、检测等机构同时将有关信息反馈给数控装置,以便经处理后发出新的执行命令信号。数控系统由若干个"模块"组成:

①微机控制系统。它的作用是实施对整个系统的运算、控制和管理。

②可编程控制器(简称 PLC)。是用来实现辅助化控制的,如换刀、润滑、冷却等,它是微机系统的补充。PLC 按配置方式分内装型和外装型,但现在较高档次的 PLC 都采用内装型。

③进给伺服控制模块。数控机床对进给轴的控制要求很高,它直接关系到机床位置精度和控制精度。进给伺服系统一般由速度控制与位置控制两个环节组成。

④主轴控制模块。主要任务是控制主轴转速和主轴定位。主轴电动机有交流伺服电动机和交流变频电动机。所以相应的驱动装置也分为数字式交流伺服控制以及变频调速控制。

⑤测量模块。完成主轴和进给的位置检测。检测装置有光电编码器、光栅尺等。

⑥输入、输出及通信模块。完成程序的输入、输出,传递人、机界面所需的各种信息。

(2)进给伺服系统　数控车床的进给传动系统一般均采用进给伺服系统。伺服系统准确地执行数控装置发出的命令,通过驱动电路和执行元件(如步进电动机、伺服电动机等),完成数控装置所要求的各种位移。

数控车床的伺服系统一般由驱动控制单元、驱动元件、机械传动部件、执行部件和检测反馈环节等组成。驱动控制单元和驱动元件组成伺服驱动系统,机械传动部件和执行元件组成机械传动系统,检测元件与反馈电路组成检测系统。

进给伺服系统按其控制方式不同可分为开环系统和闭环、半闭环系统，进给伺服系统中常用的驱动装置是伺服电动机。这些在前面已经详细的描述过，这里不再论述。

为了提高数控车床的性能，对数控车床进给伺服系统有很高的要求。由于各种数控车床所完成的加工任务不同，所以对进给伺服系统的要求也不尽相同，但大致可概括为以下几个方面：高精度，快速响应，宽调速范围，低速大转矩和良好的稳定性。

四、数控车床的选用

1. 数控车床的选用步骤

(1)选用前的准备工作　明确和确定选型要求，包括确定加工对象的类型、加工范围、内容和要求、生产批量及坯料情况等，挑选出典型零件，进行数控加工的工艺分析，明确机床精度和功能方面的要求及购买数控车床的费用。

(2)初选　在明确和确定了选用要求之后，广泛收集国内外有关数控车床的信息资料，在其中选出满足要求的数控车床产品。

(3)精选和终选　初选产品之后，应向数控车床的生产厂家索取详细参数资料，进一步了解该产品的情况，并广泛征求各个方面专家的意见，必要时可做加工试验，帮助选择。也可将初拟的车床类型、规格和性能与生产厂家共同商讨，以求更加合理。同时应考虑产品供货情况。通过多方面比较分析后，选择理想的机型和厂家。

对于技术力量较弱或初次选用数控车床的用户，在有困难的情况下，可带图样请生产厂家协助选型，也可委托有关专业部门(如研究所)或生产厂家提供成套工艺服务(包括加工工艺、夹具和刀具的设计制造、编制加工程序以及试切等)。

选用的同时应注意培训和配备操作员、维修员和编程员。数控车床是技术比较密集的机床，要求从事该项工作的人员有较强的事业心和责任心，具有较好的业务能力，能刻苦钻研。操作员应选择相近工种，并具有一定的专业知识的人员加以培训。维修人员应选择具有自动控制、计算机或机电一体化专业知识的人员担任。而编程人员因与工艺和经验有关，则宜选择熟悉工艺并且具有一定数学和软件知识基础的人员加以培训后担任。

2. 数控车床选用的一般原则

(1)实用性　就是要使选中的数控车床最终能最佳程度地实现预定的目标。例如选数控车床是为了复杂的零件加工、提高工作效率、提高加工精度、集中工序、缩短周期和(或)实现柔性加工要求等。有了明确的目标,就可以针对性地选用数控车床,合理地投入,获得最佳效果。

(2)经济性　是指所选用的数控车床在满足加工要求的前提下,所支付的费用是经济的或是合理的。经济性往往是和实用性相联系的,车床选得实用,那么经济上也会合理。在这方面要注意的是不要以高代价换来功能过多而又不实用的较复杂的数控车床,即注意性能价格比。否则,不仅是造成了不必要的浪费,而且也会给使用、维护保养及修理等方面带来困难。况且数控系统的更新期越来越缩短,两年不用,就有新的系统和新的车床出现,而且到那时候所需花费的代价会比现在更低。因此在选用数控车床时一定要量“ 力 ”而行。

(3)可操作性　用户所选用的数控车床要与本企业的操作和维修水平相适应。选用了一台较复杂、功能齐全、较为先进的数控车床,如果没有适当的人去操作、没有熟悉的技工去维护修理,那么再好的车床也不可能用好,也发挥不了应有的作用。因此,在选用数控车床时要注意工件的工艺分析、工序的制订、数控编程、工装准备、车床安装与调试,以及在加工过程中进行的故障排除与及时调整的可能性,这样才能保证车床长时期正常运转。越是高档的、复杂的数控车床,在操作时可能越简单,而加工前的准备和使用中的调试与维修却比较复杂,因此,在选用数控车床时,要注意力所能及。

(4)稳定的可靠性　是指车床本身的质量,与选用有关。稳定可靠性高,既有数控系统的问题,又有机械部分的问题,尤其是数控系统(包括伺服系统)部分。数控车床如果不能稳定可靠地工作,那就完全失去了意义。要保证数控车床工作时稳定可靠,在选用时一定要选择名牌产品(包括主机、系统和配套件),因为这些产品在技术上成熟、有一定的生产批量且已有相当数量的用户 。

3. 数控车床的选用要素

选择数控车床首先要根据产品的零件类型、尺寸、批量和加工复杂程度等因素进行综合分析,确定与其相适应的数控车床类型、规格。在选择数控车床时一方面要考虑到数控车床的先进性和适应能力，使其在产品改进时仍能适应产品的要求；另一方面要尽量避免选择的数控车床规格偏大、精度太高。如数控车床的规格偏大，则价格昂贵，用大型机床加工小零件是不经济的，而且占地面积大，能耗高，辅助工作时间增加。选用时应分别从类型、规格和精度等几方面进行分析比较。

(1)从类型方面考虑　选择何种类型的数控车床，要根据工件的结构而定，每类数控车床都有其适应的加工对象。

(2)从规格方面考虑　数控车床价格较高，要根据工件的具体尺寸而定，满足使用要求即可。

(3)从精度方面考虑　选择加工设备，精度是一项重要指标。数控车床除属于机床本身的各项几何精度外，还有位置精度，其中主要的检验项目有：定位精度，重复定位精度和反向误差。由于精度标准和评定方法不同，制造厂家提供的精度数字可能有差别，选购时应注意了解制造厂家所用的是何种精度标准和测量方法，以便确保满足必要的加工精度。

(4)合理选定数控车床的功能　数控车床的功能与价格有密切的联系，因此在实际选用时有一个功能与价格的权衡问题。数控功能主要包括坐标轴数和联动轴数、人机对话编程及图形显示功能、故障自诊断功能等。这些功能直接影响设备的加工控制性能、操作使用性能和故障维修性能。一般数控车床生产厂家都将数控功能分为基本功能和供用户选择的选择功能两类。基本功能是系统必须提供的功能；而选择功能只有当用户特定选择了之后，才能提供。后者是为特殊的加工而设定的，功能越多，性能越好，但价格也就越贵。选择功能应按实际使用的要求来确定。例如立式车床上，一般不进行螺纹加工，因此购买立式数控车床可以不要求具备螺纹切削功能。如果不加分析地追求功能全，许多功能又用不上，反而会大幅增加加工成本。因此选购时不能盲目地追求先进，要统筹兼顾，考虑经济性和投资效益。

(5)数控车床应配套，控制系统应统一　如果同时购置多台数控机床应注意数控机床类型和规格要配套。应根据工件的类型合理地选择数控车床的类型、规格，使之配套。例如某产品零件的加工是以车削加工为主，则可以考虑多购数控车床，适当地配置其他类型数控机床。同时应尽量选购同一厂家的产品，至少应购同一厂家的控制系统，这样将给以后维修带来极大的便利。如果不仅控制系统采用同一厂家的产品，而且机床的其他配套件也采用同一厂家的产品，这对机床的使用、维修和配件供应都是很有利的。

(6)配置必要的附件和刀具 为了充分发挥数控车床的作用，增加其加工能力，必须配备必要的附件和刀具，如刀具预调仪、自动编程器、测量头、中心找正器和刀具系统等。这些附件和刀具一般在数控车床说明书中都有介绍，在选购时应该考虑本单位加工产品的特点，以满足加工要求。数控车床的附件较多，不同类型的数控车床，其附件各不相同。选择数控车床的附件要坚持可靠性的原则，避免因某个附件缺少或出现问题而影响整机的运行。选择数控车床的刀具时要了解刀架系统的规格、夹持部位尺寸以及刀柄尺寸等情况。

(7)优先选择国内厂家生产的数控车床 购买国内厂家生产的数控车床，一方面是对国内机床制造业的支持；另一方面在技术培训、售后服务、附件配套和备件补充等方面能方便一些，而且价格便宜。

第四节 数控车削加工技术的发展

现代加工技术对数控车削的切削速度、加工精度、刀具和高智能化等方面都提出了更高的要求，例如：高速主轴(12000～18000r/min)、快速进给(60m/min)、快速换刀(1.5s)、柔性制造和 0.1μm 当量的超精密数控系统等。

一、柔性制造单元 FMC

FMC 构成分两大类：

(1)加工中心配上自动托盘系统(APC)；

(2)数控车床配机器人。

FMC 既是柔性制造系统(FMS Flexible Manufacturing System)的基础，又可以作为独立的自动化加工设备使用，因此其发展速度较快。它能完成复合加工(在一次装夹中通过刀架与 C 轴配合，完成车、铣、钻和镗等加工)外，机床还具有其他功能，主要特点如下：

(1)高性能的外围设备 包括工业机器人，多工位拖板交换工作台，随行存放器，刀库、换刀机械手等。

（2）自动更换工件　利用工业机器人装置，实现自动更换工件的功能，工业机器人配备有机械式或电磁式抓取装置，后者更具柔性，工业机器人一般有4～5个自由度，重复定位精度为±0.5～±0.1mm。

（3）自动更换刀具　利用刀库和换刀机械手实现自动换刀。刀库主要有链式和鼓轮式，除中央刀库外，也有箱式刀库，刀库的容量可达64把或更多。换刀机械手一般为双爪回轮式，被换刀具重量可达30kg，机械手的两个夹爪可相对旋转90°。如果是重型刀具，只换切削部分，借助托盘从中央刀库向机床供给带刀具的刀具盒，并借助机器人装夹刀具。

（4）自动更换卡盘爪（或卡盘）　可以快速更换卡盘爪或整个卡盘的功能，机床更换工件的自动化程度高。

（5）刀具的自动监控　具有自动监控的功能，以减少停机。间接测量机床与刀具之间力的波动、功率的消耗情况以及切削力的变化来监控刀具，利用声发射技术，刀具监控系统可以在线测量表面粗糙度和刀具磨损。

（6）多坐标多功能控制系统　具备全功能数控车床的功能外，有C轴及C—Z和C—X轴联动功能，系统还有刀具测量、工件测量、刀具监控等功能，有控制辅助功能的自动上下料、自动更换刀具等接口。

二、柔性制造系统（FMS）

在FMC和加工中心的基础上，通过增加物流系统、工业机器人以及相关设备，并由中央控制系统进行集中、统一控制和管理，这样的制造系统称为柔性制造系统（FMS）。FMS不仅可以进行长时间的无人化加工，而且可以实现多品种零件的全部加工和部件装配，实现了车间制造过程的自动化，它是一种高度自动化的先进制造系统。

三、计算机集成制造系统（CIMS）

计算机集成制造系统（CIMS Computer Integrated Manufacturing System），将市场预测、生产决策、产品设计、产品制造直到产品销售的全过程均由计算机集成管理和控制，由此构成的完整的自动生产制造系统，称为计算机集成制造系统。CIMS将一个更长的生产和经营活动进行了有机的集成，实现了更高效益和更高柔性的智能化生产，是当今数控高效、柔性化加工最高境界。在CIMS中，不仅是生产设备的集成，更主要的是以信息为特征的技术集成和功能集成。

CIMS将整个车间的数控加工设备集成于一体，并通过一系列先进的机电一体化设备，如自动化仓库、自动运输车、自动进出料装置、上下料机械手以及计算机管理与控制系统的集成，最终达到"无人化车间"的境界。

四、计算机辅助设计（CAD Computer Aided Design）

利用计算机及其图形设备帮助设计人员进行设计工作。

五、计算机辅助制造（CAM Computer Aided Manufacturing）

利用计算机来进行生产设备管理控制和操作的过程。它输入的信息是零件的工艺路线和工序内容，输出的信息是刀具加工时的运动轨迹（刀位文件）和数控程序。

六、计算机辅助检验（CAT Computer Aided Testing）

检测和检验产品是零件制造过程中最基本的活动之一。通过检测和检验活动提供产品及其制造过程的质量信息，按照这些信息利用计算机对产品的制造过程实施监控并进行修正和补偿活动，使废、次品与返修品率降到最低程度，保证产品质量形成过程的稳定性及其产出产品的一致性。

第五节　数控车床安全文明生产及操作规范

一、数控车床使用中应注意的事项

使用数控车床之前，应仔细阅读数控车床使用说明书以及其他有关资料，以便正确操作使用数控车床，并应注意以下几点：

(1)数控车床操作人员必须是掌握数控车床专业知识的专业人员或经过技术培训的人员，必须按安全操作规程及安全操作规定操作数控车床。

(2)非专业人员不得打开电柜门，打开电柜门前必须确认已经关掉了数控车床总电源开关。只有专业维修人员才允许打开电柜门，进行通电检修。

(3)除一些供用户使用并可以改动的参数外，其他系统参数、主轴参数和伺服参数等，用户不能私自修改，否则将给操作者带来设备、工件和人身等伤害。

(4)修改数控车床参数后，进行第一次加工时，数控车床在不装刀具和工件的情况下用机床锁住、单程序段等方式进行试运行，确认数控车床正常后再使用数控车床。

(5) 数控车床的 PLC 程序是机床制造商按数控车床需要设计的，不需要修改。不正确的修改，操作数控车床时可能造成机床的损坏，甚至伤害操作者。

(6)建议数控车床连续运行最多 24h。如果连续运行时间太长会影响电气系统和部分机械器件的寿命，从而会影响数控车床的精度。

(7) 数控车床全部连接器、接头等，不允许带电拔、插操作，否则将引起严重的后果。

二、数控车床的维护

数控车床的维护主要是数控系统的维护。数控系统经过一段较长时间的使用，电子元器件性能要老化甚至损坏，有些机械部件更是如此，为了尽量地延长元器件的寿命和零部件的磨损周期，防止各种故障，特别是恶性事故的发生，就必须对数控系统进行日常的维护。

(1)制订数控系统日常维护的规章制度　根据各种部件特点，确定各自保养条例。

(2)应尽量少开数控柜和强电柜的门　经常打开数控柜和强电柜的门容易引起元器件间绝缘电阻下降，甚至导致元器件及印制线路的损坏。因此，除非进行必要的调整和维修，不允许随便开启柜门，更不允许在使用时敞开柜门。

(3)定时清扫数控柜的散热通风系统　应每天检查数控系统柜上各个冷却风扇工作是否正常，应视工作环境状况，每半年或每季度检查一次风道过滤器是否有堵塞现象。如果过滤网上灰尘聚积过多，需及时清理，否则将会引起数控系统柜内温度高（一般不允许超过 55℃），造成过热报警或数控系统工作不可靠。

(4)经常监视数控系统用的电网电压　数控系统一般允许电网电压在额定值的 85％～110％的范围内波动。如果超出此范围，就会造成系统不能正常工作，甚至会引起数控系统内部电子部件损坏。

(5)定期更换存储器用电池　例如，FANUC公司所生产的数控系统内的存储器有两种：

①不需电池保持的磁泡存储器。

②需要用电池保持的CMOS RAM器件，在一般情况下，即使电池尚未失效，也应每年更换一次电池，以确保系统能正常工作。注意，电池的更换应在数控系统供电状态下进行。

(6)数控系统长期不用时的维护　为提高数控系统的利用率和减少数控系统的故障，数控车床应满负荷使用，而不要长期闲置不用。由于某种原因，造成数控系统长期闲置不用时，为了避免数控系统损坏，需注意以下两点：

①经常给数控系统通电，让数控系统空运行。利用电气元件本身的发热来驱散数控系统内的潮气，保证电子器件性能稳定可靠。

②数控车床采用直流进给伺服驱动和直流主轴伺服驱动的，应将电刷从直流电动机中取出，以免由于化学腐蚀作用，使换向器表面腐蚀，造成换向性能变坏，甚至使整台电动机损坏。

三、数控车床安全文明操作规程

(1)进入加工场地后，应服从安排，不得擅自启动或操作车床数控系统；

(2)按规定穿、戴好劳动保护用品；

(3)不得穿高跟鞋、拖鞋上岗，不允许戴手套和围巾进行操作；

(4)开机床前，应该仔细检查数控车床各部分机构是否完好，各传动手柄、变速手柄的位置是否正确，还应按要求认真对数控车床进行润滑保养；

(5)操作数控系统面板时，对各按键及开关的操作不得用力过猛，更不允许用扳手或其他工具进行操作；

(6)完成对刀后，要做模拟换刀试验，以防止正式操作时发生撞坏刀具、工件或设备等事故；

(7)在数控车削过程中，因观察加工过程的时间多于操作时间，所以一定要选择好操作者的观察位置，不允许随意离开岗位，以确保安全；

(8)操作数控系统面板及操作数控车床时，严禁两人同时操作；

(9)自动运行加工时，操作者应集中注意力，左手手指应放在程序停止按钮上，眼睛观察刀尖运动情况，右手控制修调开关，控制机床拖板运行速率，发现问题及时按下程序停止按钮，以确保刀具和数控车床安全，防止各类事故发生；

(10)加工结束时，除了按规定保养数控车床外，还应认真做好交、接班工作，必要时应做好文字记录。

复习思考题

1. 试述数控机床的加工特点。
2. 数控机床的控制系统主要有哪三种？
3. 何谓开环、闭环、半闭环控制系统？各有何特点？
4. 试述数控车床的工作原理。
5. 数控车床位置检测装置有哪些？各有何特点？
6. 数控车床的选用因素有哪些？

第二章　数控车削加工工艺

第一节　数控车削加工零件的主要对象

数控车床主要用于加工轴类、盘类等回转体零件。通过数控车削加工程序的运行，可自动完成内外圆柱面、圆锥面、成形圆弧表面、螺纹和端面等工序的切削加工，并能进行车槽、钻孔、扩孔、铰孔等工作。车削中心可在一次装夹中完成更多的加工工序，提高了加工精度和生产效率，特别适合于复杂形状回转类零件的加工。

数控车削加工零件的主要对象：

(1)轮廓形状特别复杂或难于控制尺寸的高难度加工。如“口小肚大”的内成形面零件，在普通车床上不仅难以加工，并且还难以检测。采用数控车床加工时，其车刀刀尖运动的轨迹由加工程序控制，“高难度”由车床的数控功能可以方便地解决。如图 2-1 所示瓶型零件，在普通车床上难以加工，但在数控车床上则相对容易。

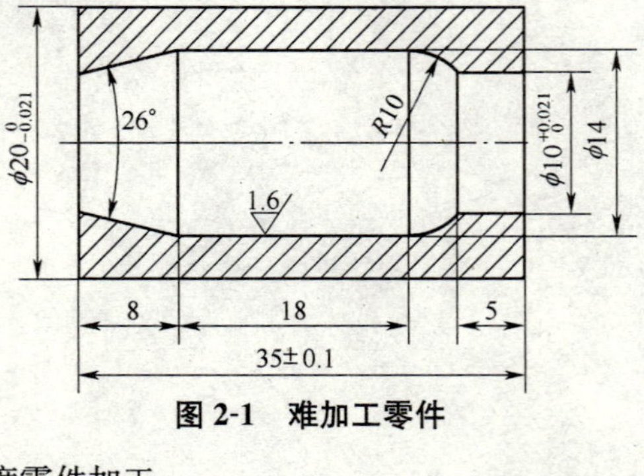

图 2-1　难加工零件

(2)高精度零件加工。

(3)带特殊螺纹的回转体零件加工。

(4)高效率加工。为了进一步提高车削加工的效率，通过增加数控车床的控制坐标轴，就能在一台数控车床上同时加工出两个多工序的相同或不同的零件，也便于实现一批复杂零件车削全过程的自动化。

第二节　数控车床加工工艺分析

在数控车床上加工零件通常要比在普通车床上加工零件的工艺过程复杂得多。在数控车床加工前，要将机床的运动过程、零件的工艺过程、刀具的形状、切削用量和走刀路线等按规定格式编入程序，这就要求程序设计人员要有相关方面的工艺知识基础。编程和操作人员，应对数控车床的性能、特点、切削范围和标准刀具、系统等有较全面的了解，并正确地确定加工方案，进行工艺设计，全面周到地考虑零件加工的全过程以及正确、合理地确定零件的加工程序。

一、数控加工工艺主要内容

(1)选择并决定零件的数控加工内容；

(2)零件图样的数控工艺性分析；

(3)数控加工的工艺路线设计；

(4)数控加工工序设计；

(5)数控加工专用技术文件的编写。

二、数控加工工艺内容的选择

对于某个零件来说，并非全部加工工艺过程都适合在数控车床上完成。而往往只是其中的一部分适合于数控加工。例如一些锻、铸件的粗加工在普通车床上加工，而精加工则在数控车床上加工。这就需要对零件图样进行仔细地工艺分析，选择那些最适合、最需要进行数控加工的内容和工序。在选择时，一般可按适应程度将零件分为以下三种情况考虑：

1. 最适应

(1)形状复杂，加工精度要求高，通用机床无法加工或很难保证加工质量的零件；

(2)具有复杂曲线或曲面轮廓的零件；

(3)具有难测量、难控制进给、难控制尺寸精度的零件；

(4)必须在一次装夹中完成多道工序的零件。

对于此类零件应把数控加工作为首选方案。

2. 较适应

(1)零件价值较高,在通用机床上加工时容易受人为因素干扰(如:工人技术水平的高低、情绪、环境波动等)而影响加工质量,从而造成较大的经济损失的零件;

(2)在通用机床上加工时必须制造复杂专用工装的零件;

(3)需要多次更改设计后才能定型的零件;

(4)在通用机床上加工需要做长时间调整的零件;

(5)用通用机床加工时,生产率很低或工人体力劳动强度很大的零件。考虑到生产效率和经济效益,一般情况下把它们作为数控加工的主要对象。

3. 不适应

(1)生产批量大的零件(不排除个别工序采用数控加工);

(2)装夹困难或完全靠找正定位来保证加工精度的零件;

(3)加工余量极不稳定而且数控车床上无在线检测系统可自动调整零件坐标位置的零件;

(4)必须用特定的工艺装备协调加工的零件,如果采用数控加工,在生产率和经济性方面一般无明显改善,甚至有可能得不偿失。

总之,在选择和决定数控车削加工内容时,还要考虑生产批量、生产周期、工序间周转情况等等。尽量做到合理,达到多、快、好、省的目的。

三、数控加工工艺性分析

对图样的工艺性分析与审查,一般是在零件图样设计和毛坯设计以后进行的,特别是在把原来采用普通车床加工的零件改为数控加工的情况下,零件设计都已经定型,我们再要求根据数控加工工艺的特点,对图样或毛坯进行较大的更改,一般是比较困难的。所以,应当在零件图样或毛坯图样初步设计定型之前进行工艺性审查与分析。编程人员要与设计人员密切合作,参与零件图样审查,提出恰当的修改意见,在不损害零件使用特性的许可范围内,更多地满足数控加工工艺的各种要求。

在选择和决定数控加工内容的过程中,数控技术人员已经对零件图样做过一些工艺性分析，但还不够具体与充分。在进行数控加工的工艺分析时，还应根据所掌握的数控加工基本特点及所用数控车床的功能和实际工作经验，力求把这一前期准备工作做得更仔细、更扎实，以便为其后要进行的工作铺平道路，减少失误和返工。

关于数控加工的工艺性问题，其涉及面很广，这里仅从数控加工的可能性与方便性两个角度提出一些必须分析和审查的主要内容。

1. 尺寸标注应符合数控加工的特点

在数控编程中，所有点、线、面的尺寸和位置都是以编程原点为基准的。因此，零件图中最好直接给出坐标尺寸，或尽量以同一基准引注尺寸。这种标注法，既便于编程，也便于尺寸之间的相互协调，在保持设计、工艺、检测基准与编程原点设置的一致性方面带来很大方便。由于零件设计人员往往在尺寸标注中较多地考虑装配等使用特性方面，而不得不采取局部分散的标注方法，这样会给工序安排与数控加工带来诸多不便。事实上，由于数控加工精度及重复定位精度都很高，不会因产生较大的积累误差而破坏使用性能，因而改动局部的分散标注法为集中引注或坐标式尺寸是完全可以的。

2. 几何要素的条件应完整、准确

在程序编制中，编程人员必须充分掌握构成零件轮廓的几何要素参数及各几何要素间的关系。因为在自动编程时要对构成零件轮廓的所有几何要素进行定义，手工编程时要计算出每一个节点的坐标，无论哪一点不明确或不确定，编程都无法进行。但由于零件设计人员在设计过程中考虑不周或被忽略，常常出现给出参数不全或不清楚，也可能有自相矛盾之处，如：圆弧与直线、圆弧与圆弧到底是相切还是相交或相离状态？这就增加了数学处理与节点计算的难度。所以，在审查与分析图样时，一定要仔细认真，发现问题及时找设计人员更改。

3. 定位基准可靠

在数控加工中，加工工序往往较集中，可对零件进行多工序的加工，以同一基准定位十分必要，否则很难保证两次安装加工后两个轮廓位置及尺寸协调。所以，如零件本身有合适的孔，最好就用它来做定位基准孔，即使零件上没有合适的孔，也要想办法专门设置工艺孔作为定位基准。如零件上实在无法制出工艺孔，可以考虑以零件轮廓的基准边定位，或在毛坯上增加工艺孔，在完成定位加工后再把工艺孔除去的方法。

四、数控加工工艺路线的设计

数控加工的工艺路线设计与用通用机床加工的工艺路线设计的主要区别在于它不是指从毛坯到成品的整个工艺过程，而仅是几道数控加工工序工艺过程的具体描述。因此在工艺路线设计中一定要注意到，由于数控加工工序一般均穿插于零件加工的整个工艺过程中间，因而要与普通加工工艺衔接好。例如，在数控车床还未达到普遍使用的条件下，一般应把毛坯件上过多的余量，特别是含有锻、铸等加工形成的硬皮层余量安排在普通车床上加工。如必须用数控车床加工，则要注意程序的灵活安排。如安排一些子程序对余量过多的部位先做一定的切削加工，即编制对大余量毛坯进行阶梯切削时的加工路线和分层切削时刀具的终止位置。

另外，许多用通用机床加工时由工人根据自己的实践经验和习惯所自行决定的工艺问题，如：工艺中各工步的划分与安排、刀具的几何形状、走刀路线及切削用量等，都是数控工艺设计时必须认真考虑的内容，并将正确的选择编入程序中。在数控工艺路线设计中主要应注意以下几个问题。

1. 工序的划分

根据数控加工的特点，数控加工工序的划分一般可按下列方法进行：

(1)*以一次安装、加工作为一道工序* 这种方法适合于加工内容不多的工件，加工完后就能达到待检状态。

(2)*以同一把刀具加工的内容划分工序* 有些零件虽然能在一次安装中加工出很多待加工面，但考虑到程序太长，会受到某些限制，如：控制系统的限制（主要是内存容量），机床连续工作时间的限制（如一道工序在一个工作班内不能结束）等。此外，程序太长会增加出错与检索困难。因此程序不能太长，即一道工序的内容不能太多。

(3)*以加工部位划分工序* 对于加工内容很多的零件，可按其结构特点将加工部位分成几个部分，如内形和外形、曲面和平面。

(4)*以粗、精加工划分工序* 对于易发生加工变形的零件，由于粗加工后可能发生的变形而需要进行矫正，故一般来说凡要进行粗、精加工的都要将工序分开。

总之，在划分工序时，一定要视零件的结构与工艺性、机床的功能、零件数控加工内容的多少、安装次数及本企业生产组织状况灵活掌握。什么零件宜采用工序集中的原则还是采用工序分散的原则，也要根据实际情况合理确定。

2. 顺序的安排

顺序的安排应根据零件的结构和毛坯的状况，以及定位安装与夹紧的需要来考虑，重点是工件的刚性不被破坏。顺序安排一般应按以下原则进行：

(1)上道工序的加工不能影响下道工序的定位与夹紧，中间穿插有通用机床加工工序的也要综合考虑；

(2)先进行内形内腔加工工序，后进行外形加工工序；

(3)以相同定位、夹紧方式或同一把刀具加工的工序，最好接连进行，以减少重复定位次数、换刀次数；

(4)在同一次安装中进行的多道工序，应先安排对工件刚性破坏较小的工序。

3. 数控加工工艺与普通工序的衔接

数控工序前后一般都穿插有其他普通工序，如衔接得不好就容易产生矛盾，因此在熟悉整个加工工艺内容的同时，要清楚数控加工工序与普通加工工序各自的技术要求、加工目的和加工特点。如：要不要留加工余量，留多少；定位面与孔的精度要求及形位公差；对矫正工序的技术要求；对毛坯的热处理状态等。这样才能使各工序达到相互能满足加工需要，且质量目标及技术要求明确，交接验收有依据。

数控工艺路线设计是下一步工序设计的基础，其设计质量会直接影响零件的加工质量与生产效率，设计工艺路线时应对零件图、毛坯图认真消化，结合数控加工的特点灵活运用普通加工工艺的一般原则，尽量把数控加工工艺路线设计得更合理一些。

五、数控加工工序的设计

当数控加工工艺路线设计完成后，各道数控加工工序的内容已基本确定，要达到的目标已比较明确，对其他一些问题，诸如刀具、夹具、量具和装夹方式等，也大体做到心中有数，接下来便可以着手数控工序的设计。

在确定工序内容时，要充分注意到数控加工的工艺是十分严密的。因为数控车床虽然自动化程度较高，但自适应性差。它不能像通用普通车床，加工时可以根据加工过程中出现的问题比较自由地进行人为调整，即使现代数控车床在自适应调整方面做出了不少努力与改进，但自由度也不大。比如，数控车床在攻制螺纹时，它就不知道孔中是否已挤满了切屑，是否需要退一下丝锥，或清理一下切屑再加工。所以，在数控加工的工序设计中必须注意加工过程中的每一个细节。同时，在对图形进行数学处理、计算和编程时，都要力求准确无误。因为，数控车床比同类普通车床价格要高得多，在数控车床上加工的也都是一些形状比较复杂、价值也较高的零件，万一损坏机床或零件都会造成较大的损失。在实际工作中，由于一个小数点或一个逗号的差错而酿造重大机床事故和质量事故的例子是屡见不鲜的。

数控工序设计的主要任务是进一步把本工序的加工内容、切削用量、工艺装备、定位夹紧方式及刀具运动轨迹都确定下来，为编制加工程序做好充分准备。

1. 确定走刀路线和安排工步顺序

在数控加工工艺过程中，刀具时刻处于数控系统的控制下，因而每一时刻都应有明确的运动轨迹及位置。走刀路线就是刀具在整个加工工序中的运动轨迹，它不但包括了工步的内容，也反映出工步顺序。走刀路线是编写程序的依据之一，因此，在确定走刀路线时，最好画一张工序简图，将已经拟定出的走刀路线画上去（包括进、退刀路线），这样可为编程带来不少方便。工步的划分与安排一般可随走刀路线来进行，在确定走刀路线时，主要考虑以下几点。

(1)寻求最短加工路线，减少空刀时间以提高加工效率。如加工图2-2(a)所示零件上的孔系，图2-2(b)的走刀路线为先加工完外圈孔后，再加工内圈孔；如果改用图2-2(c)的走刀路线，则减少空刀时间，可节省定位时间近一倍，提高了加工效率。

(2)为保证工件轮廓表面加工后的表面粗糙度要求，最终轮廓应安排在最后一次走刀中连续加工出来。

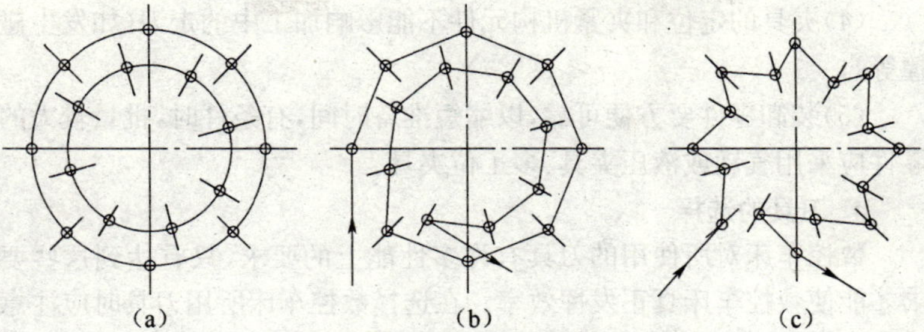

图 2-2　最短走刀路线的设计

(a)零件示意图　(b)路线 1　(c)路线 2

(3)车刀的进、退刀(切入与切出)路线要认真考虑,以尽量减少在轮廓切削中停刀(切削力突然变化造成弹性变形)而留下刀痕,也要避免在工件轮廓面上垂直上下刀而划伤工件表面。

(4)要选择工件在加工后变形小的路线,对横截面积小的细长零件应采用分几次走刀加工到最后尺寸或对称去余量法安排定刀路线。

2. 确定定位基准与夹紧方案

在确定定位基准与夹紧方案时应注意下列三点:

(1)尽可能做到设计、工艺与编程计算的基准统一,以利于提高编程时数值计算的简便性和精确性;

(2)尽量将工序集中,减少装夹次数,尽可能做到在一次装夹后就能加工出全部待加工表面;

(3)避免采用占机人工调整装夹方案。

3. 夹具的选择

由于夹具确定了零件在机床坐标系中的位置,即加工原点的位置,因而首先要求夹具能保证零件在机床坐标系中的正确坐标方向,同时协调零件与机床坐标系的尺寸。除此之外,主要考虑下列几点:

(1)尽量选用已有的通用夹具;

(2)当零件加工批量小时,可采用组合夹具、可调式夹具及其他通用夹具;

(3)当大批量或成批生产时才考虑采用专用夹具,但应力求结构简单;

(4)夹具的定位和夹紧机构元件不能影响加工中的走刀(如发生碰撞等);

(5)装卸零件要方便可靠,以缩短准备时间,有条件时,批量较大的零件应采用气动或液压夹具、多工位夹具。

4. 刀具的选择

数控车床对所使用的刀具有许多性能上的要求,只有达到这些要求才能使数控车床真正发挥效率。在选择数控车床所用刀具时应注意以下几个方面:

(1)良好的切削性能 现代数控车床正向着高速、高刚性和大功率方向发展,因而所使用刀具必须具有能够承受高速切削和强力切削的性能。同时,同一批刀具在切削性能和刀具寿命方面一定要稳定,这是由于在数控车床上为了保证加工质量,往往实行按刀具使用寿命换刀或由数控系统对刀具寿命进行管理。

(2)较高的精度 随着数控车床和柔性制造系统的发展,要求刀具能实现快速和自动换刀;又由于加工的零件日益复杂和精密,要求刀具必须具备较高的形状精度。对数控车床上所用的刀具也提出了较高的精度要求,有些车刀的刀尖圆弧尺寸精度高达 5μm,以满足精密零件的加工需要。

(3)先进的刀具材料 刀具材料是影响刀具性能的重要环节。除了不断发展常用的高速钢和硬质合金材料外,涂层硬质合金刀具已在国内外普遍使用。硬质合金刀片的涂层工艺是在韧性较大的硬质合金基体表面沉积一薄层(一般 5~7μm)高硬度的耐磨材料,把硬度和韧性高度地结合在一起,从而改善硬质合金刀片的切削性能。

在如何选择数控车削刀具方面,应掌握一条原则:尊重科学,按切削规律选择。对于不同的零件材质,在客观规律上就有一个切削速度(v)、背吃刀量(a_p)、进给量(f)三者互相适应的最佳切削参数。这对大零件、稀有金属零件和贵重零件更为重要,应在实践中不断摸索这个最佳切削参数。

在选择刀具时,要注意对工件的结构及工艺性认真分析,结合工件材料,毛坯余量及刀具加工部位综合考虑。在确定好以后,要把刀具规格、专用刀具代号和该刀所要加工的内容列表记录下来,供编程时使用。

5. 确定刀具与工件的相对位置

对于数控车床来说，在加工开始时，确定刀具与工件的相对位置是很重要的，它是通过对刀点来实现的。对刀点是指通过对刀确定刀具与工件相对位置的基准点。在程序编制时，不管实际上是刀具相对工件移动，还是工件相对刀具移动，都是把工件看作静止，而刀具在运动。对刀点往往就是零件的加工原点。它可以设在被加工零件上，也可以设在夹具上与零件定位基准有一定尺寸联系的某一位置。对刀点的选择原则如下：

(1)所选的对刀点应使程序编制简单；

(2)对刀点应选择在容易找正和便于确定零件的加工原点的位置；

(3)对刀点的位置应在加工时检查方便和可靠；

(4)有利于提高加工精度。

在使用对刀点确定加工原点时，就需要进行“对刀”。所谓对刀是指使“刀位点”与“对刀点”重合的操作。“刀位点”是指刀具的定位基准点，例如，车刀的刀位点是刀尖或刀尖圆弧中心；钻头的刀位点是钻尖。对刀的具体办法将在以下章节中结合机床进行介绍。

换刀点是为数控车床等多刀加工的机床编程而设置的，因为这些机床在加工过程中间要自动换刀。对于手动换刀时的数控车床等机床，也应确定相应的换刀位置。为防止换刀时碰伤零件或夹具，换刀点常常设置在被加工零件轮廓之外，并要有一定的安全量。

6. 确定切削用量

当编制数控加工程序时，编程人员必须确定每道工序的切削用量。确定时一定要根据机床说明书中规定的要求，以及刀具的耐用度去选择，当然也可结合实践经验采用类比的方法来确定切削用量。在选择切削用量时要充分保证刀具能加工完一个零件或保证刀具的耐用度不低于一个工作班，最少也不低于半个班的工作时间。

背吃刀量主要受机床刚度的限制，在机床刚度允许的情况下，尽可能使背吃刀量等于零件的加工余量，这样可以减少走刀次数，提高加工效率。对于表面粗糙度和精度要求较高的零件，要留有足够的精加工余量，数控加工的精加工余量可以比普通机床加工的余量小一些。切削速度、进给速度等参数的选择与普通机床加工基本相同，选择时还应参考机床的使用说明书。在计算好各部位与各把刀具的切削用量后，最好能建立一张切削用量表，主要是为了防止遗忘和方便编程。

六、程序编制的要求

(1)首先要能保证加工精度；

(2)路径规划合理、空行程少，程序运行时间短，加工效率高；

(3)能充分发挥数控系统的功能，提高加工效率；

(4)程序结构合理、规范、易读、易修改、易查错，最好采用模块式编程；

(5)在可能的情况下，程序段要少；

(6)书写清楚规范(大小写、空格、子程序顺序与主程序一致)。

七、程序中需注释的内容

原则是简繁适当。如是初学者或给初学者看的，应力求详细，可每条语句都注写；而对于经验丰富的人则可少写。

(1)各子程序功用，各加工部分改变时需注写；

(2)换刀或同一把刀调用不同刀补时需注写；

(3)对称中心、轴或旋转中心、轴或缩放中心处应注写；

(4)需暂停或停车测量或改变夹紧位置时应注写；

(5)其他你认为有必要的地方；

(6)程序开始应对程序做必要的说明。

第三节 数控车床常用夹具和对刀点的确定(对刀)

一、数控车床常用夹具

数控车床常用夹具分为两种基本类型，一类是安装在车床主轴上的夹具(三爪卡盘、四爪卡盘、顶尖、花盘、心轴等)，另一类是安装在滑板或床身上的夹具，用于某些形状不规则和尺寸较大工件的装夹。

数控车床多采用三爪自定心卡盘夹持工件，轴类工件还可采用一夹一顶的方式夹持工件。如图 2-3 所示。

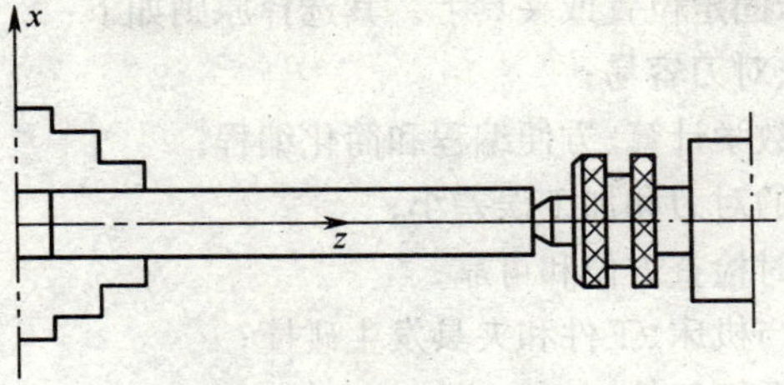

图 2-3　一夹一顶方式夹紧

由于数控车床主轴转速有时很高,为便于工件夹紧,可采用液压高速动力卡盘,它在出厂时已通过了严格平衡,具有高转速(极限转速可达 4000～6000r/min)、高夹紧力(最大推拉力为 2000～8000N)、高精度、调爪方便、通孔和使用寿命长等优点。还可使用软爪夹持工件,软爪弧面由操作者随机加工完成,可获得理想的夹持精度。通过调整油缸压力,可改变卡盘夹紧力,以满足夹持各种薄壁和易变形工件的特殊需要。为减少细长轴加工时受力变形,提高加工精度,以及在加工带孔轴类工件内孔时,可采用液压自动定心中心架,其定心精度达 0.03mm。此外,数控车床加工中还有其他相应的夹具,它们主要分为两大类,即用于轴类工件的夹具和用于盘类工件的夹具。

(1)用于轴类零件的夹具　有自动夹紧拨动卡盘、拨齿顶尖、三爪拨动卡盘和快速可调万能卡盘等。

数控车床加工轴类零件时,坯件装夹在主轴顶尖和尾座顶尖之间,由主轴上的拨盘或拨齿顶尖带动旋转。这类夹具在粗车时可以传递足够大的转矩,以适应于主轴的高速旋转车削。

(2)用于盘类零件的夹具　主要有可调卡爪式卡盘和快速可调卡盘。这类夹具适用于无尾座的卡盘式数控车床上。

二、对刀点的确定

对刀点可以设在被加工零件上,但对刀点必须是基准位置或已精加工过的部位。有时在第一道工序后对刀点被加工毁坏,会导致第二道工序和之后的对刀点无从查找,因此在第一道工序对刀时注意要在与定位基准有相对固定尺寸关系的地方设立一个相对对刀位置,这样可以根据它们之间的相对位置关系找回原对刀点。这个相对对刀位置通常设在机床固定位置或夹具上。其选择原则如下：

(1)找正、对刀容易；

(2)方便数学计算、方便编程和简化编程；

(3)引起的对刀和加工误差小；

(4)加工时检查方便和可靠；

(5)不要与机床、工件和夹具发生碰撞；

(6)方便拆卸工件；

(7)空行程不要太长。

三、数控车床对刀方法

1. FANUC 0—TD 系统数控车床的对刀方法

(1)直接用刀具试切对刀

①用外圆车刀先试切一外圆，X 轴不动，把刀具沿 Z 轴移开，停车。测量外圆直径后，按 MENU OFSET→ 形状 输入“MX 外圆直径值”，按 INPUT 键，即输入到刀具几何形状里。完成 X 轴的对刀。

②用外圆车刀再试切外圆端面，Z 轴不动，把刀具沿 X 轴移开，停车。按 MENU OFSET→ 形状 输入“MZ 0”，按 INPUT 键，即输入到刀具几何形状里。完成 Z 轴的对刀。

(2)用 G50 设置工件零点

①用外圆车刀先试切一外圆，选择 相对 、按 1 U 、按 CAN 键置“零”，测量外圆直径后，把刀沿 Z 轴正方向退点，选择 MDI 模式，输入 G01 U. . F0.3 切端面到中心；

②选择 MDI 模式，输入 G50 X0 Z0，启动 CYCLE START 键，把当前点设为零点；

③选择 MDI 模式，输入 G0 X150 Z150，启动 CYCLE START 键，使刀具离开工件进刀加工；

④这时程序开头：G50 X150 Z150 …

⑤注意：用 G50 X150 Z150，程序起点和终点必须一致，即 X150 Z150，这样才能保证重复加工时不撞机床或工件；

⑥如用第二参考点 G30,即能保证重复加工时不撞机床或工件,这时程序开头 G30 U0 W0 ;G50 X150 Z150;

⑦在 FANUC 系统里,第二参考点的位置在参数里设置,机床对刀完成后(X150 Z150),按鼠标右键出现对话框 X:-160.000 Z:-395.633 ▸ 存入第二参考点,按鼠标左键确认即可。

(3)工件移设置工件零点

①在 FANUC 0—TD 系统的 MENU OFSET 里,有一工件移界面,可输入零点偏移值;

②用外圆车刀先试切工件端面,这时 X,Z 坐标的位置如:X-260 Z-395,直接输入到偏移值里;

③选择 HOME 回参考点方式,按 +X +Z 轴回参考点,这时工件零点坐标系即建立;

④注意:这个零点一直保持,只有重新设置偏移值 Z0,才清除。

(4)G54~G59 设置工件零点

①用外圆车刀先试车一外圆,测量外圆直径后,把刀沿 Z 轴正方向退点,切端面到中心;

②把当前的 X 和 Z 轴坐标直接输入到 G54~G59 里,程序直接调用如:G54 X50 Z50…

③注意:可用 G53 指令清除 G54~G59 工件坐标系。

2. FANUC 0i 系统数控车床对刀方法

(1)直接用刀具试切对刀

①用外圆车刀先试切一外圆,X 轴不动,把刀具沿 Z 轴移开,停车,测量外圆直径后,按 OFSET SET → 补正 → 形状 输入"外圆直径值",按 测量 键,"X 轴"补偿值即自动输入到几何形状里;

②用外圆车刀再试切外圆端面,Z 轴不动,把刀具沿 X 轴移开,停车,按 OFSET SET → 补正 → 形状 输入"Z 0",按 测量 键,"Z 轴"补偿值即自动输入到几何形状里。

(2)用 G50 设置工件零点

①用外圆车刀先试切一段外圆,选择 相对 按→ X_U,这时

“U”坐标在闪烁，按 ORIGIN 键置“零”，测量工件外圆后，选择“MDI”模式，输入 G01 U-XX(XX 为测量直径) F0.3，切端面到中心；

②选择MDI 模式，输入 G50 X0 Z0，启动键，把当前点设为零点；

③选择MDI 模式，输入 G0 X150 Z150，使刀具离开工件；

④这时程序开头：G50 X150 Z150 …

⑤注意：用 G50 X150 Z150，程序起点和终点必须一致，即 X150 Z150，这样才能保证重复加工不撞工件；

⑥如用第二参考点 G30，即能保证重复加工不撞工件，这时程序开头为：

G30 U0 W0；

G50 X150 Z150；

⑦在 FANUC 系统里，第二参考点的位置在参数里设置，机床对完刀后（X150 Z150 ），按鼠标右键出现对话框 X:-160.000 Z:-395.833 ▸ 存入第二参考点，按鼠标左键确认即可。

(3)工件移设置工件零点

①在 FANUC 0i 系统的 OFSET SET 里，有一工件移界面，可输入零点偏移值；

②用外圆车刀先试切工件端面，这时 X，Z 坐标的位置如：X-260 Z-395，直接输入到偏移值里；

③选择回参考点方式，按 X，Z 轴回参考点，这时工件零点坐标系即建立；

④注意：这个零点一直保持，只有重新设置偏移值 Z0，才清除。

(4)G54～G59 设置工件零点

①用外圆车刀先试切一外圆，按 OFSET SET →→［坐标系］，如选择 G55，输入 X0，Z0，按［测量］，工件零点坐标即存入 G55 里，程序直接调用如：G55 X60 Z50…

②注意：可用 G53 指令清除 G54～G59 工件坐标系。

3. 对刀仪自动对刀

现在很多数控车床上都装备了对刀仪,使用对刀仪对刀可免去测量时产生的误差,大大提高对刀精度。由于使用对刀仪可以自动计算各把刀的刀长与刀宽的差值,并将其存入数控系统中,在加工另外的零件时只需要对标准刀具,这样就大大节约了时间。需要注意的是使用对刀仪对刀一般都设有标准刀具,在对刀的时候先对标准刀。

下面以采用 FANUC 0T 系统数控车床为例介绍对刀仪工作原理及使用方法。刀尖随刀架向已设定好位置的对刀仪位置检测点移动并与之慢速接触,直到内部电路接通发出电信号(通常可以听到嘀嘀声并且有指示灯显示)。在刀尖直径接触时将刀具所在点的 X 坐标存入到对应刀具参数的 X 中,将刀尖接触到长度方向点时刀具所在点的 Z 坐标存入到对应刀具参数的 Z 中。其他刀具的对刀按照相同的方法操作,如图 2-4 所示。

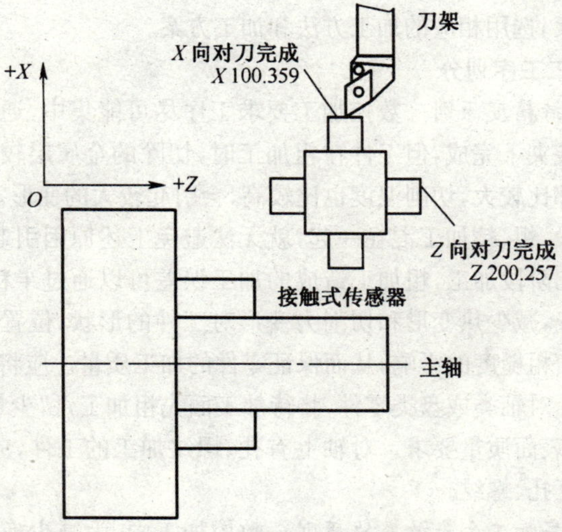

图 2-4　对刀仪对刀过程

事实上,在上一步的操作中只对好了 X 的零点以及该刀具相对于标准刀在 X 方向与 Z 方向的差值,在更换工件加工时再对 Z 零点即可。由于对刀仪在机械坐标系中的位置总是一定的,所以在更换工件后，只需要用标准刀对 Z 坐标原点就可以了。

手动移动刀架的 X,Z 轴，使标准刀具接近工件 Z 向的右端面，试切工件端面，按下“ POSITION RECORDER ”按钮，系统会自动记录刀具切削点在工件坐标系中 Z 向的位置，并将其他刀具与标准刀在 Z 方向的差值与这个值相加从而得到相应刀具的 Z 原点，其数值显示在 WORK SHIFT 工作画面上。

第四节 数控车削加工工艺及走刀路线的确定

一、加工工艺路线的拟订

1. 加工方法的选择

应根据零件的加工精度、表面粗糙度、材料、结构形状、尺寸及生产类型等因素，选用相应的加工方法和加工方案。

2. 加工工序划分

（1）保持精度原则　数控加工要求工序尽可能集中，通常粗、精加工在一次装夹下完成，但工件在粗加工时，切除的金属层较厚，切削力和夹紧力都比较大，切削温度也比较高，会引起较大的变形。如果不划分加工阶段，粗、精加工混在一起，就无法避免上述原因引起的加工误差。按加工阶段加工，粗加工造成的加工误差可以通过半精加工和精加工来纠正，减少热变形和切削力变形对工件的形状、位置精度，尺寸精度和表面粗糙度的影响，从而保证零件的加工质量。应将粗、精加工分开进行。对轴类或盘类零件，将待加工面先粗加工，留少量余量精加工，来保证表面质量要求。对轴上有孔、螺纹加工的工件，应先加工表面而后加工孔、螺纹。

（2）提高加工生产效率的原则　数控加工中，为减少换刀次数，节省换刀时间，应将需用同一把刀加工的加工部位全部完成后，再换另一把刀来加工其他部位。同时应尽量减少空行程，用同一把刀加工工件的多个部位时，应以最短的路线到达各加工部位。

合理使用设备，如粗加工余量大、切削用量大，可采用功率大、刚度好、效率高而精度低的车床。精加工切削力小,对车床破坏小,采用高精度车床。这样发挥了设备的各自特点,既能提高生产率,又能延长精密设备的使用寿命。

要及时发现毛坯缺陷,减少不必要的加工时间和刀具损耗、机床损耗。

(3)便于安排热处理工序原则

二、加工路线的确定

加工路线的确定首先必须保证被加工零件的尺寸精度和表面质量。

在数控加工中,刀具(严格说是刀位点)相对于工件的运动轨迹和方向称为加工路线,即刀具从对刀点开始运动起,直至结束加工程序所经过的路径,是编写程序的重要依据之一。包括切削加工的路径及刀具引入、返回等非切削空行程。

合理地选择进给路线对于数控加工是很重要的。应考虑以下几个方面。

1. 走刀路线最短

尽量缩短进给路线,减少空走刀行程,以提高生产效率。还可减少一些不必要的刀具消耗及机床进给机构滑动部件的磨损等。

(1)巧用起刀点 在循环加工中,根据工件的实际加工情况,将起刀点与对刀点分离,在确保安全和满足换刀需要的前提条件下,使起刀点尽量靠近工件,减少空走刀行程,缩短进给路线,节省在加工过程中的执行时间。

[**例 1**]车圆锥的加工路线分析。数控车床上车外圆锥,假设圆锥大径为 D,小径为 d,锥长为 L,车圆锥的加工路线如图 2-5 所示。

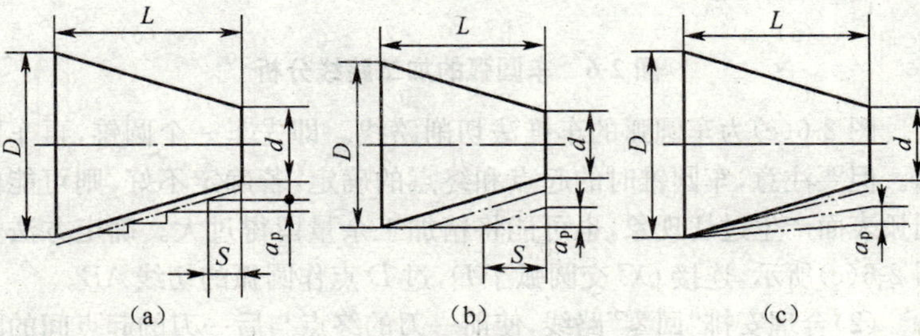

图 2-5 车圆锥的加工路线分析

按图 2-5(a)中的阶梯切削路线，开始多刀粗车，最后一刀精车；多刀粗车的终刀距 S 可由相似三角形做精确的计算得出。此种加工路线，粗车时，刀具背吃刀量相同，但精车时，背吃刀量不同；同时刀具切削运动的路线最短。

按图 2-5(b)中的相似斜线切削路线，也需计算粗车时终刀距 S，同样可由相似三角形中计算得出。按此种加工路线，刀具切削运动的距离较短。

按图 2-5(c)中的斜线加工路线，只需确定每次背吃刀量 a_p，而不需计算终刀距，编程方便。但在每次切削中背吃刀量是变化的，且刀具切削运动的路线较长。

[**例 2**]车圆弧的加工路线分析。

图 2-6(a)为车圆弧的同心圆弧切削路线。即用不同的半径圆来车削，最后将所需圆弧加工出来。此方法在确定了每次背吃刀量 a_P 后，对 90°圆弧的起点、终点坐标较易确定，数值计算简单，编程方便，经常采用。但按图 2-6(b)加工时，空行程时间较长。

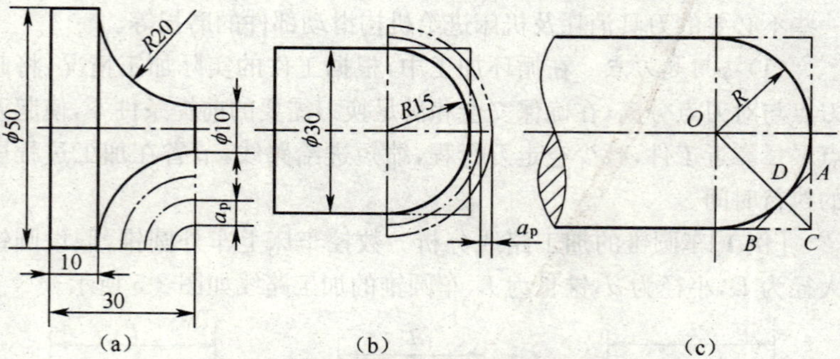

图 2-6 车圆弧的加工路线分析

图 2-6(c)为车圆弧的车锥法切削路线。即先车一个圆锥，再车圆弧。但要注意，车圆锥时的起点和终点的确定，若确定不好，则可能使圆弧表面产生过切现象，也可能将精加工余量留得过大。确定方法如图 2-6(c)所示，连接 OC 交圆弧于 D，过 D 点作圆弧的切线 AB。

(2)合理安排“回零”路线，使前一刀的终点与后一刀的起点间的距离尽量短，或者为零，以缩短进给路线，提高生产效率。

(3)粗加工或半精加工时，毛坯余量较大，应采用合适的循环加工方式，在兼顾被加工零件的刚性及加工工艺性等要求下，采取最短的切削进给路线，减少空行程时间，提高生产效率，降低刀具磨损。

2. 先粗后精

为了提高生产效率并保证零件的精加工质量，在切削加工时，应先安排粗加工工序，在较短的时间内，将精加工前大量的加工余量去除掉，同时尽量满足精加工的余量均匀性要求。

当粗加工工序安排完后，应接着安排换刀后进行的半精加工和精加工。其中，安排半精加工的目的是，当粗加工后所留余量的均匀性满足不了精加工要求时，则可安排半精加工作为过渡性工序，以便使精加工余量小而均匀。

合理选取起刀点、切入点和切入方式，保证切入过程平稳，没有冲击。为保证工件轮廓表面加工后的表面粗糙度要求，精加工时，最终轮廓应安排在最后一次走刀连续加工出来。认真考虑刀具的切入和切出路线，尽量减少在轮廓处停止进给，以避免切削力突然变化造成弹性变形而留下刀痕。一般应沿着零件表面的切向切入和切出，尽量避免沿工件轮廓的垂直方向进、退刀而划伤工件。下面以车削图 2-7 所示手柄零件为例，说明先粗后精的工序的划分。

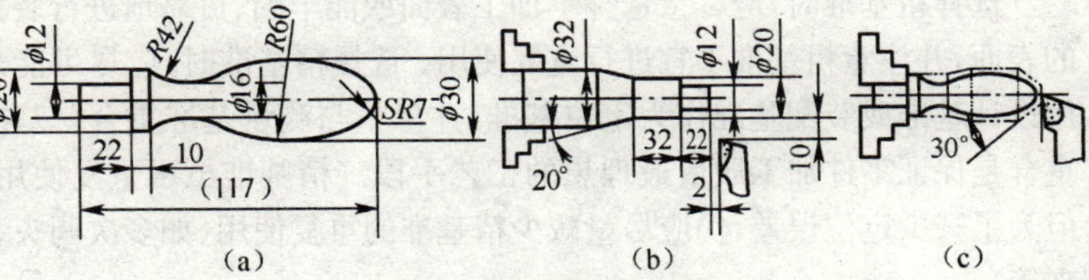

图 2-7　手柄的粗、精加工

该手柄零件所用毛坯料为 ϕ32mm 棒料，批量生产，加工时用一台数控车床。工序划分如下：

第一道工序[按图 2-7(b)所示将一批工件全部车出，包括切断]，夹持棒料外圆柱面，工序内容有：先车出 ϕ12mm 和 ϕ20mm 两圆柱面及圆锥面(粗车掉 *R*42mm 圆弧的部分余量)，换刀后按总长要求留下加工余量切断。

第二道工序[见图 2-7(c)],用 ϕ12mm 外圆及 ϕ20mm 端面装夹,工序内容有:先车削包括 SR7mm 球面的 30°圆锥面,然后对全部圆弧表面半精车(留少量的精车余量),最后换精车刀将全部圆弧表面一刀精车成形。

由此可见,在数控加工划分工序时,一定要根据零件的结构与工艺性,零件的批量,机床的功能,零件数控加工内容的多少,程序的大小,安装次数及生产组织状况灵活掌握和运用。

3. 先近后远

在一般情况下,特别是在粗加工时,通常安排离对刀点近的部位先加工,离对刀点远的部位后加工。以便缩短刀具移动距离,减少空行程时间。对于车削加工,先近后远有利于保持毛坯件或半成品件的刚性,改善其切削条件。

4. 先内后外

对既要加工内表面(内型和内腔),又要加工外表面的零件,在制定其加工方案时,通常应安排先加工内型和内腔,后加工外表面。这是因为控制内表面的尺寸和形状较困难,刀具刚性相应较差,刀尖(刀刃)的耐用度易受切削热影响而降低,以及在加工中清除切屑较困难等。

5. 定位基准先行

选择粗基准时,应尽量选择不加工表面或能牢固、可靠地进行装夹的表面,并注意粗基准不宜进行重复使用。选择精基准时,应尽可能采用设计基准或装配基准作为定位基准,并尽量与测量基准重合。基准重合是保证零件加工质量最理想的工艺手段。精基准虽可重复使用,但为了减少定位误差,仍应尽量减少精基准的重复使用(如多次调头装夹等)。

设法减少定位、装夹次数,尽可能做到一次定位装夹后能加工出工件上全部或大部分待加工表面,以减少装夹误差,提高加工表面之间的相互位置精度,充分发挥机床的效率。

6. 安全可靠

要避免刀具与非加工面的干涉,并避免刀具与工件相撞。如工件中沟槽的车削加工,在编程时要注意进退刀点应与沟槽方向垂直,“G00”指令在退刀时尽量避免“X,Z”同时移动使用。

7. 有利于简化数值计算,减少程序段数目和编制程序工作量

8. 对特殊零件采用“先精后粗”的加工工序

在某些特殊情况下,加工工序不按“先近后远”、“先粗后精”原则考虑,而作“先精后粗”的特殊处理,反而能更好地保证工件的尺寸公差要求。

9. 选择工件在加工后变形较小的路线

对于细长零件,应采用分几次走刀加工到最后尺寸。

10. 其他

在确定轴向移动尺寸时,应考虑刀具的引入长度和超越长度。因精加工的进给路线基本上都是沿零件轮廓顺序进行的,因此确定进给路线的工作重点是确定粗加工及空行程的进给路线。轮廓粗车切削进给路线一般有三种:数控系统固有的沿工件轮廓进给的路线、三角形循环进给路线和矩形循环进给路线。在同等切削条件下,矩形循环进给路线切削时间最短,刀具损耗最少。

合理的工艺方案除了依靠大量的实践经验外,还应善于分析,必要时可辅以一些简单计算。

上述原则并不是一成不变的,对于某些特殊情况,则需要采取灵活方便的方案。如有的工件就必须先精加工后粗加工就是一个例子。这有赖于编程人员和操作者实际加工经验的不断积累与学习。

三、加工过程中切削用量的确定

数控车削加工中的切削用量包括背吃刀量 a_p、切削速度 v_c 和进给量 f,称作切削用量三要素,是调整机床的参量。

影响切削用量选择的因素有很多:如机床、夹具、刀具及工件的刚性,工件精度及表面粗糙度,刀具材料,切削液的种类、冷却方式,工件材料的硬度及热处理状况,工件数量,机床性能、加工工艺安排等。

合理选择切削用量的原则是:粗加工时,一般以提高生产率为主,但也应考虑经济性和加工成本;半精加工和精加工时,应在保证加工质量的前提下,兼顾切削效率、经济性和加工成本。选择切削用量时,应该在切削系统强度、刚性允许的条件下充分利用机床功率,最大限度地发挥刀具的切削性能。所选取的数值要在机床给定的切削参数允许范围内,同时要使切削速度、背吃刀量和进给量三者都能相互适应,形成最佳的切削效果。

切削用量具体数值应根据机床使用说明书、切削用量手册，并结合经验来确定。要考虑的因素有：

1. 背吃刀量 a_p 的确定

又称切削深度或吃刀深度，指在垂直于进给运动方向上测量的主切削刃切入工件的深度，单位为mm。

在机床、夹具、工件和刀具工艺系统刚度允许的情况下，应以最少的进给次数切除加工余量，这是提高生产率的一个有效措施。为了保证零件的加工精度和表面粗糙度，一般应给精加工留一定的余量0.2～0.5mm。数控车床的加工余量可略小于普通车床。

车削外圆时：

$$a_p=(dw-dm)/2 \quad (mm) \tag{2-1}$$

式中 dw——待加工表面的直径(mm)；

dm——已加工表面的直径(mm)。

2. 切削速度 v_c 的确定

主运动为旋转运动时：

$$v_c=\pi dn/(1000\times 60) \quad (m/s) \tag{2-2}$$

式中 d——工件或刀具的直径(mm)；

n——工件或刀具的转速(r/min)。

依据机床的性能、被加工零件的材料和刀具允许的切削速度，查阅相关的数控加工切削用量资料，选取切削速度。在确定了切削速度 v_c(m/min)之后，根据工件直径 D 用下面的公式便可计算出主轴转速 n(r/min)。

$$n=\frac{1000v_c}{\pi D} \tag{2-3}$$

式中 D——工件直径(mm)。

提高 v_c 是提高生产率的一个措施，但 v_c 与刀具耐用度的关系比较密切。随着 v_c 的增大，刀具耐用度急剧下降，故 v_c 的选择主要取决于刀具耐用度。另外，切削速度与加工材料也有很大关系，数控车床的控制面板上一般备有主轴转速修调（倍率）开关，可在加工过程中对主轴转速进行整倍数调整。

决定切削速度的因素很多，概括起来有：

(1)刀具材料 刀具材料不同，允许的最高切削速度也不同。高速钢刀具耐高温切削速度不到 50m/min，碳化物刀具耐高温切削速度可达 100m/min 以上，陶瓷刀具的耐高温切削速度可高达 1000m/min。

(2)工件材料 工件材料硬度高低会影响刀具切削速度，同一刀具加工硬材料时，切削速度要降低，而加工较软材料时，切削速度可以提高。

(3)刀具寿命 刀具使用时间（寿命）要求长，则应采用较低的切削速度；反之，可采用较高的切削速度。

(4)切削深度与进刀量 切削深度与进刀量大，切削抗力也大，切削热会增加，故切削速度应降低。

(5)刀具的形状 刀具的形状、角度的大小、刃口的锋利程度都会影响切削速度的选取。

(6)机床刚性 机床刚性好可提高切削速度；反之，则需降低切削速度。

3. 进给量(进给速度 f)的确定

指刀具在进给运动方向上相对于工件的位移量，用 f 表示 。

应根据零件的加工精度和表面粗糙度要求，以及刀具和工件材料来选择。进给速度 f 的增加也可以提高生产效率。加工表面粗糙度要求低时，f 可选择得大些。在加工过程中，进给速度 f 也可通过机床控制面板上的修调开关进行人工调整，但是最大进给速度要受到设备刚度和进给系统性能等的限制。车、钻、镗时单位为 mm/r 或 mm/min。

综上所述，切削用量的选择一般首先选择背吃刀量，其次是选择进给速度，最后选择切削速度。随着数控车床在生产实际中的广泛应用，要求编程人员必须熟悉刀具的选择方法和切削用量的确定原则，从而保证零件的加工质量和加工效率，充分发挥数控车床的优点。

第五节 数控车床刀具的选择和应用

车刀是车削的主要切削刀具，车刀的选择和刃磨的优劣，将直接影响加工生产率和加工质量，如工件的尺寸精度和表面粗糙度在很大的程度上是由刀具来保证的。因此，在数控车削加工过程中，操作者必须对刀具的选择和应用有详细的了解。本节将重点介绍车刀的基础知识。

一、数控车床对刀具的要求

为了保证数控车床的加工精度、提高生产率及降低刀具的消耗，在选用数控车床所用刀具时对刀具提出更高的要求，如可靠的断屑、高的耐用度、快速调整与更换等。

1. 适应高速切削要求，具有良好的切削性能

为提高生产效率和加工高硬度材料的要求，数控车床向着高速度、大进给、高刚性和大功率发展。中等规格的数控车床，其主轴最高转速一般为 3000～5000r/min，工作进给速度由 0～5m/min 提高到 0～15m/min。

2. 适应高硬度工件材料（如淬火模具钢）的加工

数控车床所用刀具必须有承受高速切削和较大进给量的性能，而且要求刀具有较高的耐用度。新型刀具材料如涂层硬质合金、陶瓷和超硬材料（如聚晶金刚石和立方氮化硼）的使用，更能发挥数控车床的优势。

3. 高的可靠性

数控车床加工的基本前提之一是刀具的可靠性，加工中不会发生意外的损坏。刀具的性能一定要稳定可靠，同一批刀具的切削性能和耐用度不得有较大差异。

4. 较高的刀具耐用度

刀具在切削过程中不断地被磨损而造成工件尺寸的变化，从而影响加工精度。刀具在两次调整之间所能加工出合格零件的数量，称为刀具的耐用度。在数控车床加工过程中，提高刀具耐用度非常重要。

5. 高精度

为了适应数控车床的高精度加工，刀具及其装夹机构必须具有很高的精度，以保证它在机床上的安装精度（通常在 0.005mm 以内）和重复定位精度。

6. 可靠的断屑及排屑措施

切屑的处理对保证数控车床正常工作有着特别重要的意义。在数控车床加工中，紊乱的带状切屑会给加工过程带来很多危害。在可靠卷屑的基础上，还需要畅通无阻地排屑，对于孔加工刀具尤其如此。

7. 精确迅速的调整

数控车床所用刀具一般带有调整装置，这样就能够补偿由于刀具磨损而造成的工件尺寸的变化。

8. 自动快速的换刀

数控车床一般采用机外预调尺寸的刀具，而且换刀是在加工的自动循环过程中实现的，即自动换刀。这就要求刀具应能与机床快速、准确地接合和脱开，并能适应机械手或机器人的操作。所以连接刀具的刀杆、刀夹，已发展成各种适应自动化加工要求的结构，而成为包括刀具在内的数控工具系统。

9. 刀具标准化、模块化、通用化及复合化

数控车床所用刀具的标准化，可使刀具品种规格减少，成本降低。数控工具系统模块化、通用化，可使刀具适用于不同的数控车床，从而提高生产率，保证加工精度。

二、数控车床刀具的制造材料

根据刀具的制造材料不同一般可以分为五大类：

1. 高速钢刀具

是一种加入了较多的钨、钼、铬、钒等合金元素的高合金工具钢。高速钢具有较高的热稳定性、高的强度和韧性、一定的硬度和耐磨性，在600℃仍然能保持较高的硬度。按用途不同，高速钢可分为通用型高速钢和高性能高速钢。

通用型高速钢广泛用以制造各种复杂刀具，可以切削硬度在250～280HBS以下的结构钢和铸铁材料。其典型牌号有W18Cr4V（简称W18），W14Cr4VMnXt，W6Mo5Cr4V2（简称M2），W9Mo3Cr4V（简称W9）。高性能高速钢包括高碳高速钢、高钒高速钢、钴高速钢和超硬高速钢等。其刀具耐用度为通有型高速钢刀具的1.5～3倍，适合于加工超高强度等难加工材料。其典型牌号有W2Mo9Cr4Vo8（M42），是应用最广的含钴超硬高速钢，具有良好的综合性能；W6Mo5Cr4V2Al和W10Mo4Cr4V3Al（5F-6）是两种含铝的超硬高速钢，具有良好的切削性能。

2. 硬质合金刀具

是将钨钴类（WC），钨钛钴类（WC-TiC），钨钛钽（铌）钴类[WC-

TiC(NbC)-TaC]等难熔金属碳化物，用金属黏结剂 Co 或 Ni 等经粉末冶金方法压制烧结而成。

按照 ISO 标准以硬质合金的硬度、抗弯强度等指标为依据，将切削用硬质合金分为三类：P 类（相当于我国的 YT 类）、K 类（相当于我国的 YG 类）和 M 类（相当于我国的 YW 类），分别用三种颜色来标识。

P 类：蓝色标识，钨钛钴类，成分是 WC＋TiC＋Co，常用牌号有 P01，P10，P30，分别对应 YT30（精加工）、YT15（半精加工）、YT5（粗加工），属于高合金化的硬质合金牌号。这类合金主要用于加工钢或其他韧性较大的塑性金属，适于加工长切屑的黑色金属，不适于加工脆性金属。

M 类：黄色标识，钨钛钽（铌）钴类，成分是 WC＋TiC（NbC）＋TaC＋Co，常用牌号有 M10，M20，分别对应 YW1（精加工、半精加工）、YW2（粗加工、半精加工），属于中合金化的硬质合金牌号。这类合金为通用合金型，既可以加工铸铁、有色金属，又可以加工碳素钢、合金钢；主要加工高温合金、高锰钢、不锈钢、可锻铸铁、球墨铸铁、合金铸铁等难加工材料，适于加工长切屑或短切屑的黑色金属及有色金属。

K 类：红色标识，钨钴类，成分是 WC＋Co，常用牌号有 K01，K10，K20，分别对应 YG3（精加工）、YG6（半精加工）、YG8（粗加工），属于单纯 WC 的硬质合金牌号。主要用于加工铸铁、有色金属等脆性材料，或冲击性较大的场合，适于加工短切屑的黑色金属、有色金属及非金属材料。

在 ISO 标准中，通常又在 K，P，M 三种代号之后附加 01，05，10，20，30，40，50 等数字进一步细分。一般说来，数字越小，硬度越高，韧度降低；数字越大，韧度提高，但硬度降低。

涂层硬质合金刀具是在韧性较好的硬质合金或高速钢刀具基体上，涂覆一薄层耐磨性高的难熔金属化合物而成的。常用的涂层材料有 TiC，TiN，TiCN，TiB2，ZrO_2 及 Al_2O_3 等陶瓷材料。涂层可采用单涂层，也可采用双涂层或多涂层，涂层厚度一般为 0.005～0.015mm。

硬质合金的涂层方法分为两类。一类为化学涂层法（CVD 法），一类为物理涂层法（PVD 法）。化学涂层是将各种化合物通过化学反应，沉积在工具表面上形成表面膜，反应温度一般在 1000 ℃左右。物理涂层是在 550℃以下将金属和气体离子化后，喷涂在工具表面上。

硬质合金涂层一般采用化学涂层法（CVD 法）生产，涂层物质以 TiC 最为广泛。数控车床上机夹不重磨刀具的广泛使用，为发展涂层硬质合金刀片开辟了广阔的天地。涂层刀具的使用范围广泛，从非金属、铝合金到铸铁、钢以及高强度钢、高硬度钢和耐热合金、钛合金等难加工材料的切削均可使用。实际加工应用中，涂层硬质合金刀片的耐用度至少可提高 1～3 倍 。涂层硬质合金的通用性广。涂层高速钢刀具主要有钻头、丝锥、滚刀、立铣刀等。

因为涂层刀具有比基体高得多的硬度、抗氧化性能、抗黏结性能以及低的摩擦系数，因而有高的耐磨性和抗月牙洼磨损能力，且可降低切削力及切削温度，所以在加工中可采用比未涂层刀具高得多的切削用量，从而使生产效率大大提高。

3. 陶瓷刀具

按其主要成分大致可分为以下三类。

(1)氧化铝系陶瓷　此类陶瓷的突出优点是硬度及耐磨性高，缺点是脆性大，抗弯强度低，抗热冲击性能差，目前多数用于铸铁及调质钢的高速精加工。

(2)氮化硅系陶瓷　这种陶瓷的抗弯强度和断裂韧性比氧化铝系陶瓷有所提高，抗热冲击性能也较好，在加工淬硬钢、冷硬铸铁、石墨制品及玻璃钢等材料时有很好的效果。

(3)复合氮化硅一氧化铝（$Si_3N_4+Al_2O_3$）系陶瓷　该材料具有极好的耐高温性能、抗热冲击和抗机械冲击性能，是加工铸铁材料的理想刀具材料。其特点之一是能采用大进给量，加之允许采用很高的切削速度，因此可以极大地提高生产率。

4. 立方氮化硼刀具（CBN）

立方氮化硼是靠超高压、高温技术人工合成的新型材料，其结构与金刚石相似。它的硬度略逊于金刚石，但热硬性远高于金刚石，且与铁族元素亲和力小，加工中不易产生切屑瘤。

5. 聚晶金刚石刀具（PCD）

聚晶金刚石是用人造金刚石颗粒，通过添加 CO、硬质合金、NiCr 、Si-SiC 以及陶瓷结合剂，在高温（1200℃）、高压下烧结成形的刀具，在实际中得到了广泛的应用。

上述几类刀具材料，从总体上来说，在材料的硬度、耐磨性方面，金刚石为最高，立方氮化硼、陶瓷、硬质合金到高速钢依次降低；而从材料的韧性来看，则高速钢最高，硬质合金、陶瓷、立方氮化硼、金刚石依次降低。涂层刀具材料具有较好的实用性能，也是将来实现刀具材料硬度和韧性并存的重要手段。在数控车床中，目前采用最为广泛的刀具材料是硬质合金，因为从经济性、适应性、多样性、工艺性等多方面，硬质合金的综合效果都优于陶瓷、立方氮化硼和聚晶金刚石。

三、数控车床加工刀具的选择

应根据数控车床的加工能力、工件材料的性能、刀具材料性能、加工工序、切削用量以及其他相关因素正确选用刀具。刀具选择总的原则是：安装调整方便、刚性好、耐用度和精度高。在满足加工要求的前提下，尽量选择较短的刀柄，以提高刀具的刚性。选取刀具时，要使刀具的尺寸与被加工工件的表面尺寸相适应。

在经济型数控车床的加工过程中，由于刀具的刃磨、测量和更换多为人工手动进行，占用辅助时间较长，因此，必须合理安排刀具的排列顺序。一般应遵循以下原则：

(1)尽量减少刀具数量，即一把刀具装夹后，应完成其所能进行的所有加工步骤；

(2)粗、精加工的刀具应分开使用，即使是相同尺寸规格的刀具，以保证加工精度；

(3)应尽可能利用数控车床的自动换刀功能，以提高生产效率等。

根据加工需要，数控车床加工刀具常用的有数控机夹刀具和焊接刀具，普通数控车床刀具主要采用机夹可转位刀片的刀具。所以，车削系统刀具和普通数控车床刀具的选择主要是可转位刀片的选择。根据被加工零件的材料、表面粗糙度要求和加工余量等条件，来决定刀片的类型。此处主要介绍车削加工中刀片的选择方法，其他切削加工刀片的选择，可参考相关内容。

1. 刀片材料的选择

主要依据被加工工件的材料、被加工表面的精度要求、切削载荷的大小以及切削加工过程中有无冲击和振动等条件决定。

2. 刀片尺寸选择

刀片尺寸的大小取决于有效切削刃的长度 L，有效切削刃长度 L 与背吃刀量 a_p 和主偏角 k_r 有关。

3. 刀片形状选择

刀片形状主要依据被加工工件的表面形状、切削方法、刀具寿命和刀片的转位次数等因素来选择。

4. 刀片的刀尖圆弧半径的选择

刀尖圆弧半径的大小直接影响刀尖的强度和被加工零件的表面粗糙度。刀尖圆弧半径增大，表面粗糙度值增大，切削力增大且易产生振动，切削性能下降，但刀刃强度增加，刀具前后刀面的磨损减少。选择原则为：在切削深度较小的精加工、细长轴加工或机床刚度较差的情况下，选取刀尖圆弧半径较小些；在需要刀刃强度高、零件直径大的粗加工中，选用刀尖圆弧半径较大些。

四、切削运动和车刀角度

1. 切削运动

切削运动是指刀具与工件之间的相对运动。分为：

(1)主运动　即刀具从工件上切下切屑所需要的基本运动。一般是主轴转动或工件转动。

(2)进给运动　即使工件继续投入切削的运动。在车削中一般是车刀相对工件运动。

2. 车削加工过程中形成的工件表面(如图 2-8)

(1)已加工表面　切削后得到的表面；

(2)待加工表面　即将被切去的表面；

(3)过渡表面　正在被切削的表面。

3. 车刀的几何结构

车刀切削部分的构成要素：车刀切削部分由前刀面、主后刀面、副后刀面、主切削刃、副切削刃和刀尖组成(如图 2-9)。

(1)前面　又称前刀面，刀具上切屑流过的表面；

(2)主后面　又称主后刀面，刀具上与前面相交形成主切削刃的表面，车削时和过渡表面相对；

(3)副后面　又称副后刀面，刀具上与前面相交形成副切削刃的表

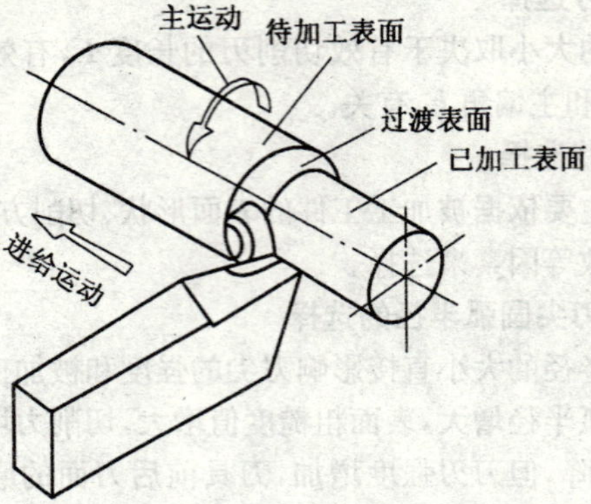

图 2-8　车削加工中形成的工件表面

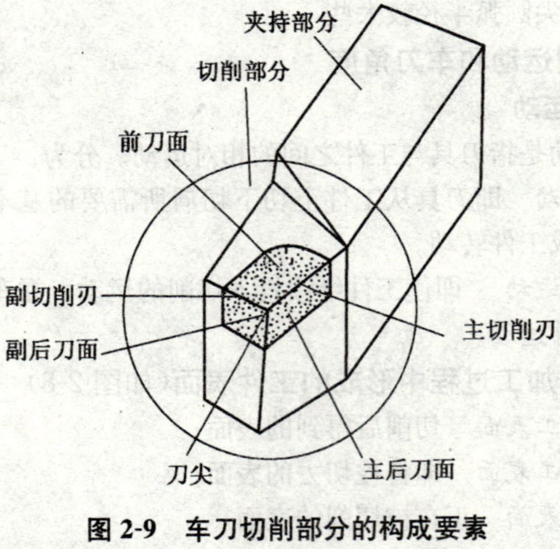

图 2-9　车刀切削部分的构成要素

面，车削时和已加工表面相对；

(4)**切削刃(主切削刃)**　起始于切削刃上主偏角为零的点，并至少有一段切削刃拟用来在工件上切出过渡表面的那个整段切削刃，它担负着主要的切削工作；

(5)**副切削刃**　切削刃上除主切削刃以外的刃，亦起始于主偏角为零的点，但它向背离主切削刃的方向延伸，它担负着部分切削工作；

(6)刀尖　指主切削刃与副切削刃的连接处相当少的一部分切削刃。

4. 刀具的角度

(1)车刀角度参考系(如图 2-10)

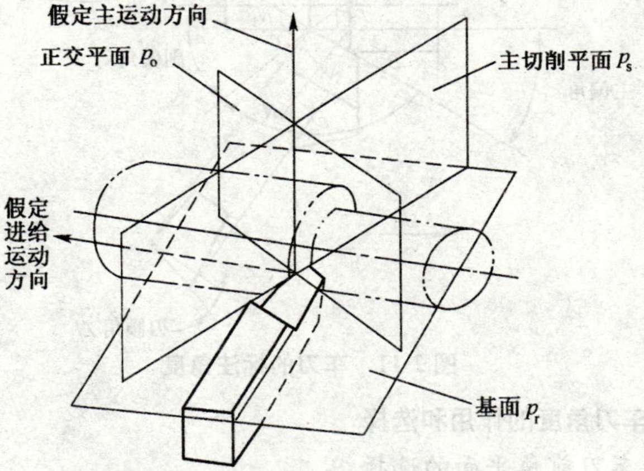

图 2-10　刀具角度参考系

①基面 p_r:通过主切削刃选定点的平面,一般其方位要垂直于假定的主运动方向。

②主切削平面 p_s:通过主切削刃选定点与主切削刃相切并垂直于基面的平面。

③正交平面 p_o:通过主切削刃选定点并同时垂直于基面和切削平面的平面。正交平面原称作主剖面。

(2)车刀的标注角度(如图 2-11)

①前角 γ_o　前面与基面之间的夹角。

②后角 α_o　后面与主切削平面之间的夹角。

③主偏角 K_r　主切削平面与假定工作平面之间的夹角。主偏角可以理解为是主刀刃和进给方向之间的夹角。

④副偏角 K_r'　副切削平面与假定工作平面之间的夹角。副偏角可以理解为是副刀刃和背离进给方向之间的夹角。

⑤刃倾角 λ_s　主切削刃与基面之间的夹角。

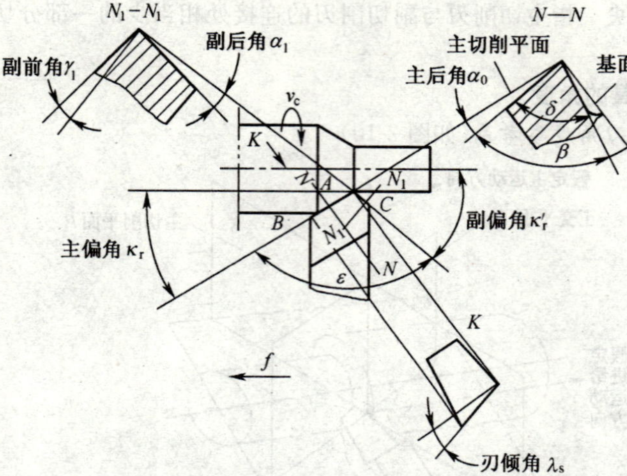

图 2-11 车刀的标注角度

5. 车刀角度的作用和选择

(1)车刀前角平面的选择

①正前角平面：这种车刀的特点是结构简单、刀刃锐利，但强度低、传热能力差、切削变形小、不易断屑。多用于各种高速钢刀具和切削刃形状复杂的成形刀具。

②正前角平面带倒棱型：倒棱的宽度一定要使切屑沿前刀面而不是沿负倒棱流出，否则会变为负前角。倒棱参数在切削塑性材料时为 0.5～0.8f，倒棱角度为 5°～10°。多用于铸锻件或断续加工。

③正前角曲面带倒棱型：这种车刀是在平面带倒棱的基础上，前刀面上又磨出一个曲面，称为卷屑槽或月牙槽。在粗加工和半精加工中采用得较多。

(2)车刀角度的选择

①前角 γ_o 的选择：前角越大，刀刃锋利，越利于切削，但前角过大会削弱切削刃的强度，总的原则是“固中求锐”。对于高速钢车刀，加工 R_m<800MPa 的结构钢前角为 20°～25°，加工 R_m＝800～1000MPa 的结构钢前角为 15°～20°；对于硬质合金车刀，加工 R_m<800MPa 的结构钢前角为 15°～20°，加工 R_m＝800～1000MPa 的结构钢前角为 10°～

15°。

②后角 α_o 的选择：后角影响主后面与工件过渡表面间的摩擦及刀刃的强度。在粗加工时，以保证刀具强度为主，应取较小的后角，一般取 4°～6°；精加工时以保证表面质量为主，一般取 8°～12°。高速钢车刀的后角比同类型硬质合金大一些。一般车刀的副后角和主后角取相同的数值，但切断刀受刀头强度限制，副后角较小，一般取 1.5°～2°。

③主偏角 K_r 的选择：主偏角主要影响切削条件和刀具寿命，也影响切削分力之间的比例。要根据工件的形状要求合理选择主偏角。

④副偏角 K_r' 的选择：副偏角影响副切削刃与工件间的摩擦及表面质量。

⑤刃倾角 λ_s：刃倾角主要影响切屑流向。当刃倾角为零时，切屑基本朝垂直于主切削刃方向排出；当刃倾角为正时，切屑基本朝待加工表面排出；当刃倾角为负时，切屑基本朝垂直于已加工表面排出。

⑥过渡刃的选择：过渡刃可以是直线形也可以是圆弧形，过渡刃的长度要大于走刀量。

6. 金属切削过程

如图 2-12 所示，从始滑移线 *OA* 开始，到终滑移线 *OM* 为第Ⅰ变形区—— 剪切区；第Ⅱ变形区—— 滞流区；第Ⅲ变形区——塑变区。

切削过程实质：弹性变形——塑性变形——分离。

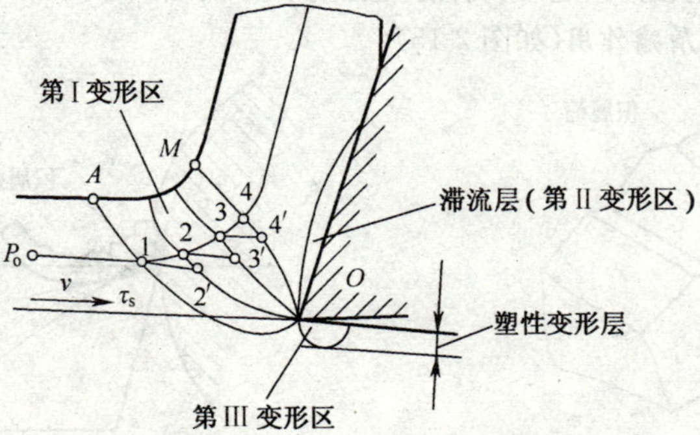

图 2-12　切削过程的三个变形区

7. 常见的切屑形态(如图 2-13)

(1)带状切屑　切削力变化比较小,切削过程较平稳;

(2)节状切屑　切削过程不够平稳,表面粗糙度 Ra 值较大;

(3)崩碎切屑　切削过程极不稳定,刀具刃口易崩刃或磨损。

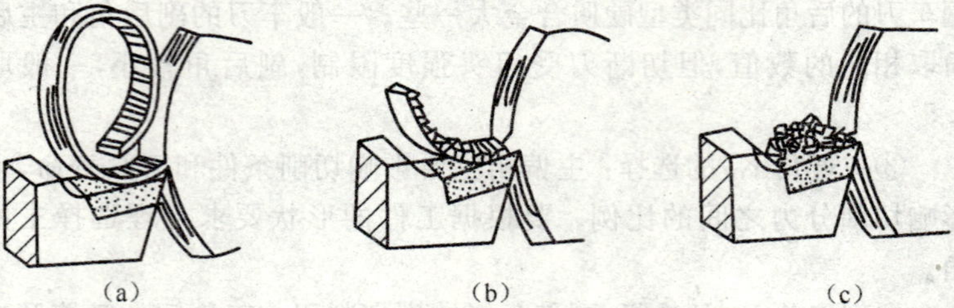

图 2-13　常见的切屑形态

(a)带状切屑　(b)节状切屑　(c)崩碎切屑

8. 积屑瘤(如图 2-14)

(1)积屑瘤形成(在第Ⅱ变形区)　积屑瘤是指在加工中碳钢时,在刀尖处出现的小块且硬度较高的金属黏附物。在加工过程中,由于工件材料是被挤裂的,因此切屑对刀具的前面产生很大的压力,并摩擦生成大量的切削热。在这种高温高压的作用下,与刀具前面接触的那一部分切屑由于摩擦力的影响,流动速度相对减慢,形成"滞流层"。当摩擦力一旦大于材料内部晶格之间的结合力时,"滞流层"中的一些材料就会黏附在刀具近刀尖的前面上,形成积屑瘤。

(2)积屑瘤作用(如图 2-15)

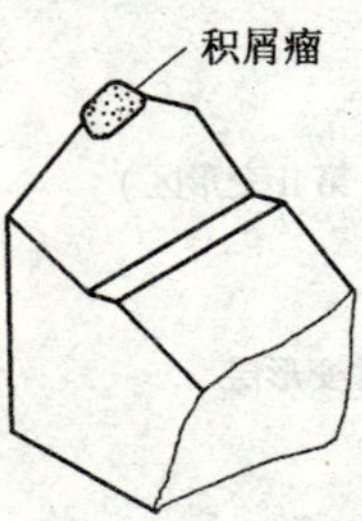

图 2-14　积屑瘤

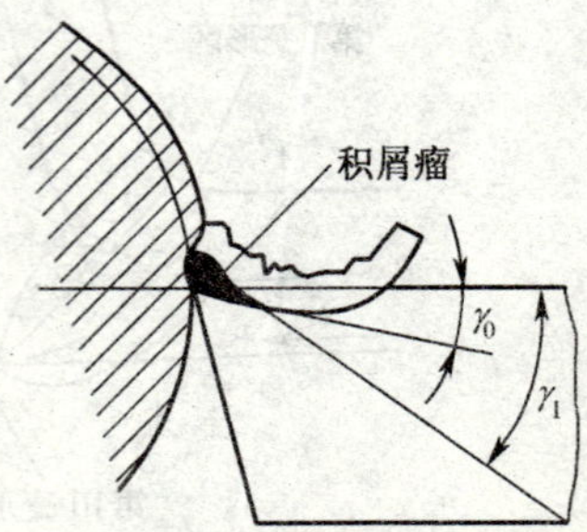

图 2-15　积屑瘤形成与作用

①增大实际工作前角，保护切削刃，切削轻快；

②使实际切削深度变化；

③易引起振动，降低工件表面质量。

所以，粗加工时允许积屑瘤存在，精加工则不允许积屑瘤存在。有时因积屑瘤的存在，改变了切削刃的形状，导致切削刃崩刃。

(3)积屑瘤影响因素

①工件材料：塑性高时，积屑瘤容易产生，可通过正火、调质等热处理解决；

②切削速度：低速（<0.08m/s）或很高速（>1.67m/s）时，积屑瘤不易产生；中速（0.08～1.67m/s）时，积屑瘤容易产生（300℃）；

③刀具：增大前角，减小走刀量，选择涂层硬质合金或金属陶瓷刀具等材料，提高刀具表面质量及合理使用润滑液，可使积屑瘤不易产生。

9. 切削力与切削功率

(1)切削力　切削过程中，刀具对工件所施加的力称为切削力。切削力来源于两个方面：

①被切材料层因弹性变形和塑性变形而产生的变形抗力——$P_{变}$；

②刀具前刀面与切屑之间、后刀面与工件过渡表面之间相对运动而产生的摩擦阻力——$P_{摩}$。

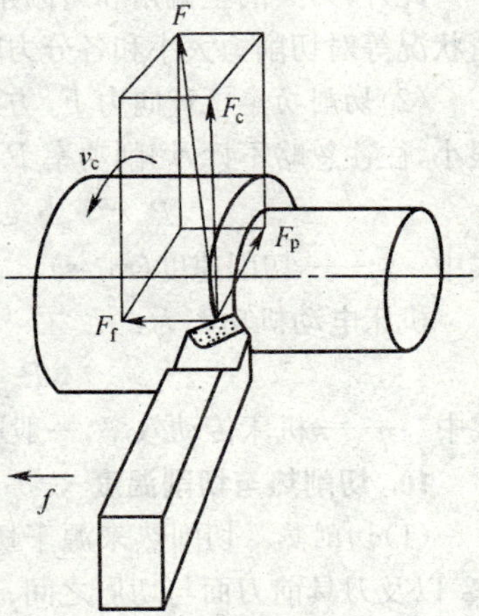

图 2-16　切削力的分解

总切削力 F 是一个空间矢量，其大小和方向随切削条件的变化而变化。可分解为三个互相垂直的分力，如图 2-16 所示。三个分力分别是：

①主切削力 F_c：总切削力 F 在主运动方向上的分力。它垂直于工作基面，与切削速度方向平行，故又称切向力。消耗机床总功率的 95%以上，是

计算切削功率和车刀强度、确定机床动力的主要依据。

②背向力 F_p：总切削力 F 在垂直于工作平面方向上的分力。它投影在工作基面上，并与工件轴线垂直，故又称径向力。

它一般不消耗机床功率，但易使工件变形、振动，是影响工件加工质量的主要分力。

③进给力 F_f：总切削力 F 在进给运动方向上的分力，它投影在工作基面上，并与工件轴线平行，故又称轴向力。只消耗机床功率的1%～5%，是机床进给机构强度与刚度设计的主要依据。

三个分力的关系是：

$$F^2=F_c^2+F_p^2+F_f^2 \tag{2-4}$$

$$F_p=(0.15\sim0.7)F_c \tag{2-5}$$

$$F_f=(0.1\sim0.6)F_c \tag{2-6}$$

切削力的影响因素有：

①工件材料的硬度和强度愈高，则变形抗力愈大，因此切削力愈大；

②切削用量中对切削力影响最大的是背吃刀量，其次是进给量，而切削速度影响最小；

③刀具前角增大，被切金属的变形减小，故切削力减小。

此外，刀具的主偏角和刃倾角的大小、刀具的安装与磨损及冷却润滑状况等对切削力大小和各分力间的比例都存在程度不同的影响。

(2)切削功率　背向力 F_p 方向运动速度为零(不做功)，进给力 F_f 很小，往往忽略不计，切削功率 P_m 为：

$$P_m=F_c\cdot v_c\times10^{-3}\quad(\mathrm{kW}) \tag{2-7}$$

式中　v_c——切削速度(m /s)。

机床电动机功率为：

$$P_e\geqslant P_m/\eta \tag{2-8}$$

式中　η——机床传动效率，一般取0.75～0.85。

10. 切削热与切削温度

(1)切削热　切削热来源于切削层金属弹性变形和塑性变形——$Q_{变}$ 以及刀具前刀面与切屑之间、后刀面与工件之间的摩擦——$Q_{摩}$。

当中等速度车削钢件时，切削热的散热比例为：

切屑带走＝50%～86%；

传入工件=9%~3%；

传入刀具=40%~10%；

散入空气≈1%。

切削热的影响：来自传入工件和刀具的热量(传入切屑和空气的热量无影响)，它使工件升温变形，产生尺寸和形状误差，工件精度下降；高温会“烧伤”工件表面，表面质量下降；刀具局部温度上升，硬度下降，加速刀具磨损，导致工件质量下降。

(2)切削温度　切削温度是指工件、刀具和切屑三者接触表面上的平均温度，是产生和传散切削热综合作用的结果。影响因素有：

①工件材料：工件材料的强度、硬度越高，切削温度也就越高；材料的导热性好，可使切削温度降低；

②切削用量：加大切削用量会使切削温度升高；切削用量中对切削温度影响最大的是切削速度，其次是进给量，而背吃刀量的影响最小；

③刀具角度：刀具的前角增大，切削层变形小，切削温度降低；

④切削液：使用适当的切削液可明显降低切削温度。

11. 刀具耐用度

(1)刀具磨损的过程　刀具后面磨损量 V_B 与切削时间之间的磨损曲线，分为三个阶段(如图 2-17)：

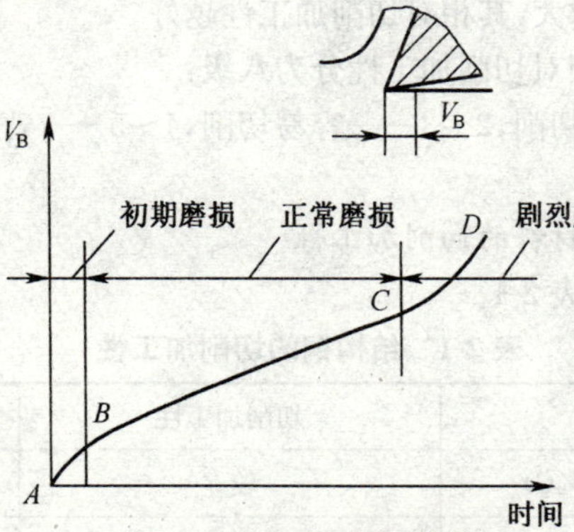

图 2-17　刀具磨损的过程

①*AB* 段　初期磨损；

②*BC* 段　正常磨损；

③CD段 剧烈磨损。

(2)刀具耐用度T 刀具磨钝标准是指刀具允许的最大磨损量，通常以主后面中间部分平均磨损量V_B作为磨钝标准。

刀具寿命是指一把新刀由开始切削到报废为止的总切削时间，用t表示。显然，刀具耐用度T与刀具寿命t之间存在以下关系：

$$t=n\cdot T\ (\text{min}) \tag{2-9}$$

式中 n——刀具刃磨次数。

通常，硬质合金车刀的耐用度$T=60\sim90$ min；高速钢钻头的耐用度$T=80\sim120$min。

选择刀具耐用度有两种方法：

①根据工件单件工时最短的原则来确定的最高生产率耐用度T_p；

②根据工序成本最低的原则来确定的经济耐用度T_c。

两者有这样的关系：$T_c>T_p$。

12. 工件材料的切削加工性

(1)切削加工性 切削加工性是指对某种工件材料进行切削加工的难易程度。一般以抗拉强度$R_m=735$MPa的45＃钢的v60作基准，写作(v60)j。材料的相对加工性K_v为

$$K_v=\text{v60}/(\text{v60})\text{j} \tag{2-10}$$

其中，K_v值越大，其相对切削加工性越好。

工件材料的相对切削加工性分为八级：

1——很容易切削，2～3——容易切削，4～5——普通，6～8——难切削。

(2)常用金属材料的切削加工性

①结构钢：见表2-1。

表2-1 结构钢的切削加工性

碳含量	切削加工性	改善方法
低碳钢(≤0.25%C)	较差	正火
中碳钢(>0.25～0.6%C)	较好	正火
高碳钢(>0.6～0.8%C，含P)	稍难(次于中碳钢)	
高碳钢(>0.8%C，含Fe_3C)	不好	球化退火

②合金结构钢：低于碳含量相同的碳钢；

③铝、镁合金：良好（但热膨胀系数大）；

④不锈钢：较差[比低碳钢、高碳钢（含 Fe_3C）都差]；

⑤高温合金：极差；

⑥钛合金：难切（比不锈钢差，比高温合金好）。

(3)切削加工性能排序　见表 2-2。

表 2-2　常用金属材料的加工性能排序(由高至低)

→

铝合金	镁合金	中碳钢	高碳钢(含 P)	低碳钢	高碳钢(含 Fe_3C)	不锈钢	钛合金	高温合金

五、断屑

在车削加工过程中，断屑可靠与否，对正常生产与操作者安全都有着重大影响。在车削加工中，崩碎切屑会飞溅伤人，并容易研损机床；而长条带状切屑会缠绕在工件或刀具上，容易刮伤工件，引发刀具破损，甚至影响操作者的安全。对于数控车床，由于其刀具数量较多，刀架与刀具联系密切，断屑问题就显得尤为重要，只要其中一把车刀断屑不可靠，就可能破坏数控车床的自动循环，甚至破坏整条自动线正常运转，所以在设计、选用或刃磨刀具时，必须考虑刀具断屑的可靠性。而对于数控车床，并应满足下列要求：

(1)切屑不得缠绕在刀具、工件及其相邻的工具、装备上；

(2)切屑不得飞溅，以保证操作者与观察者的安全；

(3)精加工时，切屑不可划伤工件的已加工表面，以影响已加工表面的质量；

(4)保证刀具预定的耐用度，不能过早磨损并尽量防止其破损；

(5)切屑流出时，不妨碍切削液的喷注；

(6)切屑不会划伤机床导轨或其他部件等。

在满足上述要求的基础上，不同刀具对切屑长度还有不同要求。例如一般粗车钢料的最大切屑长度为 100mm 左右，精车则应稍长。要避免产生过于细碎的切屑，因为它容易嵌入机床导轨和刀具装置的一些重要部位(如基准面),这样不仅需要附加防护装置,还给清除切屑带来一定的困难。

对于某些不易断屑的刀具,如成形车刀、切槽车刀和切断车刀等,在数控车床上,应保证其稳定的卷屑。

1. 切屑形状的具体分类

根据工件材料、刀具几何参数和切削用量等的具体情况,切屑形状一般有:带状屑、C 形屑、崩碎屑、宝塔状卷屑、发条状卷屑、长紧螺卷屑、螺卷屑等(见图 2-18)。

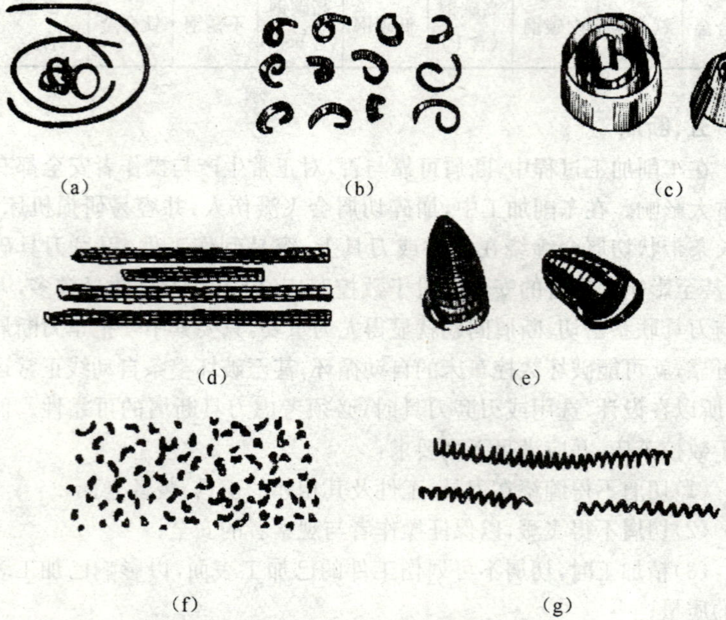

图 2-18　切屑形状

(a)带状屑　(b)C 形屑　(C)发条状卷屑　(d)长紧卷屑　(e)宝塔状卷屑　(f)崩碎屑　(g)长螺卷屑

(1)带状屑[图 2-18(a)]　高速切削塑性金属材料时,如不采取断屑措施,极易形成带状屑,此形屑连绵不断,常会缠绕在工件或刀具上,易划伤工件表面或打坏刀具的切削刃,甚至伤人,因此应尽量避免形成带状屑。但有时也希望得到带状屑，以使切屑能顺利排出。例如镗孔时。

(2)C形屑[图2-18(b)] 车削一般的碳钢、合金钢材料时，如采用带有断屑槽的车刀则易形成C形屑。C形屑没有了带状屑的缺点。但C形屑多数是碰撞在车刀后刀面或工件表面而折断的。切屑高频率的碰断和折断会影响切削过程的平稳性，从而影响已加工表面的粗糙度。所以，精加工时一般不希望得到C形屑。而多希望得到长螺卷屑[见图2-18(g)]，使切削过程比较平稳。

(3)发条状卷屑[图2-18(c)] 在重型车床上用大切深、大进给量车削钢件时，切屑又宽又厚，若形成C形屑则容易损伤切削刃，甚至会飞崩伤人。所以通常将断屑槽的槽底圆弧半径加大，使切屑成发条状在加工表面上碰撞折断，并靠其自重坠落。

(4)长紧卷屑[图2-18(d)] 长紧卷屑形成过程比较平稳，清理也方便，在数控车床上是一种比较理想的屑形。

(5)宝塔状卷屑[图2-18(e)] 数控车床加工时，希望得到此形屑，因为这样的切屑不会缠绕在刀具和工件上。而且清理也方便。

(6)崩碎屑[图2-18(f)] 在车削铸铁、脆黄铜、铸青铜等脆性材料时，极易形成针状或碎片状的崩碎屑，既易飞溅伤人、又易研损机床。若采用卷屑措施，则可使切屑连成短卷状。

由上述屑形可以看出，切削加工的具体条件不同，希望得到切屑的形状也不同，但不论什么形状的切屑，都要断屑可靠。

2. 切屑折断的原理

金属切削过程中，切屑是否容易折断，与切屑的变形有直接关系。切削过程中所形成的切屑，由于经过了比较大的塑性变形，它的硬度将会有所提高，而塑性和韧性则显著降低，这种现象叫冷作硬化。经过冷作硬化以后，切屑变得硬而脆，当它受到交变的弯曲或冲击载荷时就容易折断。切屑所经受的塑性变形越大，硬脆现象越显著，折断也就越容易。在切削难断屑的高强度、高塑性、高韧性的材料时，应当设法增大切屑的变形，以降低它的塑性和韧性，便于达到断屑的目的。

3. 断屑槽对断(卷)屑的影响

断屑槽不仅对切屑起着附加变形的作用，而且对切屑的形状和切屑的折断有着重要的影响。在车削加工中，利用断屑槽的不同形状、尺寸及断屑槽与主切削刃之间的倾斜角，来实现控制切屑的卷曲与折断。下面对断屑槽的形状对切屑折断的影响进行分析。

(1)断屑槽和前刀面的形状　断屑槽的形状有直线圆弧型、直线型和全圆弧型三种(见图 2-19)。

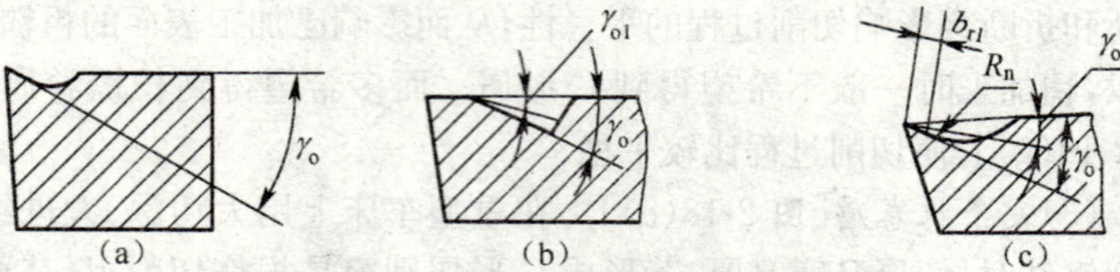

图 2-19　前刀面和断屑槽的形状

(a)直线圆弧型断屑槽　(b)直线型断屑槽　(C)圆弧型断屑槽

①直线圆弧型断屑槽[见图 2-19(a)]　由一段直线和一段圆弧连接而成。直线部分构成刀具的前刀面，槽底圆弧半径的大小对切屑的卷曲和变形有一定的影响。圆弧半径小，则切屑卷曲半径小，而切屑变形大；圆弧半径大，则切屑卷曲半径大，而切屑变形小。在中等切深下(a_p=2～6mm)，一般可选圆弧半径=0.4～0.7mm 。

②直线型断屑槽[见图 2-19(b)]　由两段直线相交而成，其槽底角(也称为断屑台楔角)代替了圆弧的作用。槽底角小，则切屑的卷曲半径小，切屑变形大；槽底角大，则切屑的卷曲半径大，切屑变形小。在中等切深下，断屑台楔角一般选用 60°～70°。

上述两种形状断屑槽适用于加工碳素钢与合金结构钢，一般前角在 γ_o=5°～15°范围内。

③圆弧型断屑槽[见图 2-19(c)]　主要参数有槽宽、槽底圆弧半径和前角。

当切削紫铜、不锈钢等高塑性材料时，常选用全圆弧型断屑槽。因为加工高塑性材料时，刀具前角选得比较大(γ_o=25°～30°)；同样大的前角，全圆弧断屑槽刀具的切削刃比较坚固，另外槽也较浅，便于流屑，故比较实用。

(2)断屑槽的宽度　断屑槽宽度与进给量 f、切削深度 a_p 有关。当进给量 f 增大时，切削厚度增大，断屑槽的宽度应相应加宽；切削深度大，槽也应适当加宽。

如果用进给量初选断屑槽的宽度，粗略地说，对于切削中碳钢，断屑槽的宽度 B 与进给量 f 的关系约为 $B=10f$；而切削合金钢时，为增大切屑变形，可取 $B=7f$。

断屑槽的宽度 B 也应与切削深度 a_p 相适应。一般也可以粗略地依据 a_p 来选择断屑槽的宽度 B，当 a_p 大时，B 也应当大些；而 a_p 小时，则 B 应适当减小。因为当切深大而槽太窄时，切屑宽，不易在槽中卷曲，这样，切屑往往不流入槽底而自行形成带状屑；当切深小而槽太宽时，切屑窄，流动比较自由，变形不够充分，也不易折断。

4. 几种常用的断屑方法

利用断屑槽断屑、利用断屑器断屑、利用断屑装置断屑、利用在工件表面上的预先开槽的方法断屑、改变刀具几何参数和调整切削用量断屑；此外，采用切削液可以降低切屑的塑性和韧性，也有利于断屑；提高切削液压力更能促使切屑折断，孔加工中，尤其是深孔加工有时就采用这种方法。

六、修磨刀具时砂轮的选用

(1)氧化铝砂轮　呈白色或蓝色，其砂粒韧性好，比较锋利，但硬度稍低，适用于刃磨高速钢与硬质合金的刀杆部分。氧化铝砂轮也叫刚玉砂轮。

(2)碳化硅砂轮　呈绿色，其砂粒硬度高，切削性能好，但较脆，适用于刃磨硬质合金车刀。

砂轮的粗细以粒度表示，粗磨时用粗粒度的砂轮，精磨时用细粒度的砂轮。粗磨硬质合金车刀一般选 60～80＃砂轮，精磨硬质合金车刀一般选 100～120＃砂轮。

七、焊接车刀的刃磨的方法和步骤

(1)先磨去前面、后面上的焊渣　并将车刀底面磨平，可用粒度号为 40～60＃的氧化铝砂轮。

(2)粗磨主后面和副后面的刀柄部分　刃磨时，在砂轮的外圆柱面略高于砂轮中心的水平位置将车刀翘起一个比刀体上后角大 2°～3°的角度，并作左右缓慢移动，以便刃磨刀体上的主后角和副后角。可用粒度为 40～60＃、硬度为中软的氧化铝砂轮。

(3)粗磨刀体上的主后面　磨后刀面时，刀柄应与砂轮轴线保持平行，同时刀体的底平面向砂轮方向倾斜一个比主后角大2°～5°的角度。刃磨时，先把车刀已磨好的后面靠在砂轮的外圆柱面上，以接近砂轮的中心位置为刃磨的起始位置，然后使刃继续向砂轮靠近，并作左右缓慢移动，当砂轮磨至刀刃处即可结束，这样可同时磨出主偏角与主后角。可用粒度60～80＃的碳化硅砂轮。

(4)粗磨刀体上的副后角　磨副后角时，刀柄尾部应向右转过一个副偏角的角度，同时车刀底平面向砂轮方向倾斜一个比副后角大2°～5°的角度。具体刃磨方法与粗磨刀体上主后面大体相同，不同的是粗磨副后面时砂轮应磨到刀尖处为止，也可同时磨出副偏角和副后角。

(5)粗磨前面　以砂轮的外圆柱面粗磨出车刀的前面，并在磨前面的同时磨出前角。

(6)磨断屑槽　手工刃磨的断屑槽一般为圆弧型，须将砂轮的外圆柱面和端面的交角处用修砂轮的金刚石笔修磨成相应的圆弧。若要刃磨出直线型断屑槽，则砂轮的交角须修磨得很尖锐。刃磨时可向下磨或向上磨，但选择刃磨断屑槽部位时，应考虑留出刀头倒棱的宽度。

刃磨断屑槽的注意事项：

①砂轮交角处应经常保持尖锐或具有一定形状的圆弧，当砂轮的棱边有较大的棱角时，应及时修整；

②刃磨的起点位置应该与刀尖、主切削刃离开一定的距离，与主切削刃的距离为断屑槽宽度的一半加上倒棱的宽度；

③刃磨时，注意不能用力过大，车刀沿刀柄方向缓慢移动；尺寸小的一次成形，尺寸大的可分为粗磨与精磨两个过程磨削成形。

(7)精磨主后面与副后面　精磨前最好修整好砂轮，保持砂轮平稳旋转，车刀的底平面靠在调整好的托架上，并使切削刃轻轻靠在砂轮端面上，沿砂轮的端面缓慢左右移动。可选项用粒度为100～120＃的砂轮。

(8)磨负倒棱　负倒棱的倾斜角度为－5°～－10°，宽度$b=(0.5\sim0.8)f$。对于采用较大前角的硬质合金车刀，以及强度、硬度特别低的材料不宜采用负倒棱。

磨负倒棱时，用力轻微，要使主切削刃的后端向刀尖方向摆动。刃磨时可采用直磨法和横磨法，最好采用直磨法。

(9)*磨过渡刃*　磨过渡刃与磨后刀面的方法相同，刃磨车削较硬材料的车刀时，也可在过渡刃上磨出负倒棱。

(10)*车刀的手工研磨*　用油石研磨，要求动作平稳，用力均匀。

注意：刃磨时应站在砂轮的侧面进行刃磨，防止砂轮破碎的碎片伤人。

八、车刀的安装

在实际切削中，车刀安装的高低，车刀刀杆轴线是否垂直，对车刀实际切削角度有很大影响。以车削外圆为例，当车刀刀尖高于工件轴线时，因其车削平面与基面的位置发生变化，使前角增大、后角减小；反之，则前角减小、后角增大。车刀安装的歪斜，对主偏角、副偏角影响也较大，特别是在车螺纹时，会使牙形半角产生误差。因此，正确地安装车刀，是保证加工质量、减小刀具磨损和提高刀具使用寿命的重要步骤。

1. 安装车刀注意事项

(1)刀头不宜伸出太长，否则切削时容易产生振动，影响工件加工精度和表面粗糙度。一般刀头伸出长度不超过刀杆厚度的两倍，能看见刀尖车削即可。

(2)刀尖应与车床主轴中心线等高。车刀装得太高，后角减小，后刀面与工件加剧摩擦；装得太低，前角减少，切削不顺利，会使刀尖崩碎。刀尖的高低，可根据尾架顶尖高低来调整。

根据经验，粗车外圆时，可将车刀装得比工件中心稍高一些；精车外圆时，可将车刀装得比工件中心稍低一些。这要根据工件直径的大小来决定，无论装高或装低，一般不能超过工件直径的1%。

(3)车刀底面的垫片要平整，并尽可能用厚垫片，以减少垫片数量。调整好刀尖高低后，至少要用两个螺钉交替将车刀拧紧。图 2-20 所示是不正确安装车刀的几种情况。

2. 数控车刀的刀位点

数控车刀的刀位点是指在加工程序编制中，用以表示刀具特征的点，也是对刀和加工的基准点。对于车刀，各类车刀的刀位点如图2-21所示。

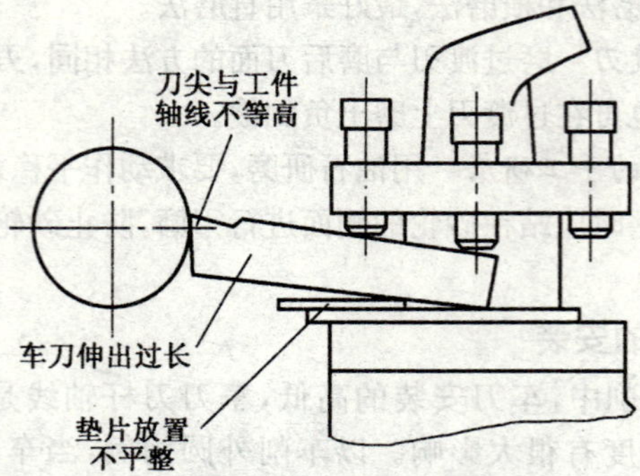

图 2-20　不正确安装车刀的几种情况

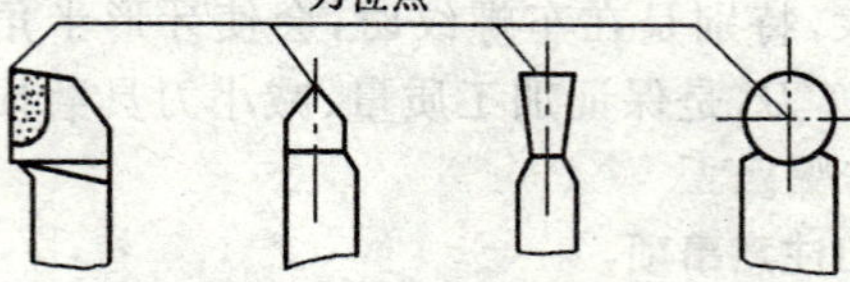

图 2-21　数控车刀的刀位点

九、数控刀具的特点

数控刀具与普通车床上所用的刀具相比，有许多不同的要求，主要有以下特点：刚性好(尤其是粗加工刀具)、精度高、抗振及热变形小；互换性好，便于快速换刀；寿命高，切削性能稳定、可靠；刀具的尺寸便于调整，以减少换刀调整时间；刀具应能可靠地断屑或卷屑，以利于切屑的排除；系列化、标准化，以利于编程和刀具管理。这些特点使数控刀具系统适应数控车床的高速、高效、多功能、自动化程度高、快换和经济等要求。

数控刀具根据刀具结构可分为：

(1)整体式　由整块材料加工而成。使用时根据不同用途将切削部分磨削成所需形状。优点是结构简单、使用方便、可靠和更换迅速等。

(2)镶嵌式　采用焊接或机夹式连接，机夹式又可分为不转位和可转位两种。当刀具的工作长度与直径比大于 4 时，为了减少刀具的振动，提高加工精度，应该采用特殊结构的刀具，主要应用在镗孔加工上。

(3)内冷式　刀具的切削、冷却液通过机床主轴或刀盘流到刀体内部，并从喷孔喷射到刀具切削刃部位。

(4)特殊式　包括强力夹紧、可逆攻丝、复合式刀具和减振式刀具等。

现在数控车床的刀具主要采用不重磨机夹可转位刀具，它已占数控刀具的 30%～40%，金属切除量占总数的 80%～90%。数控车床常用的刀具如图 2-22 所示。

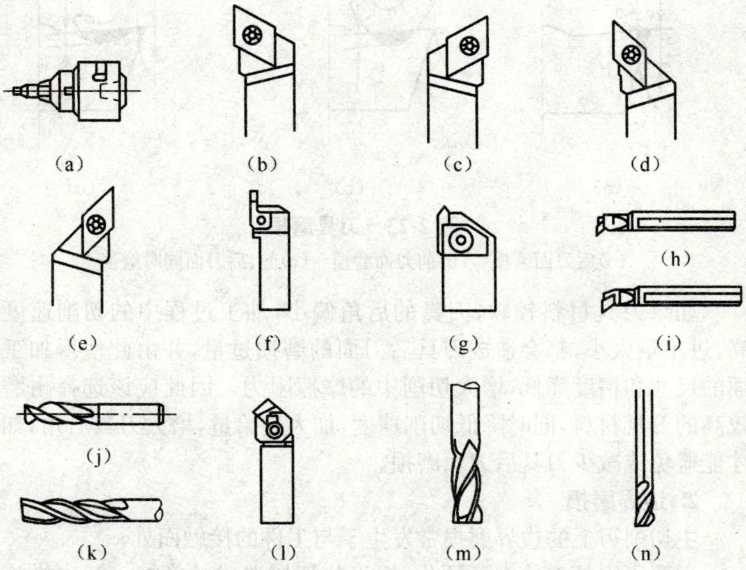

图 2-22　数控车床刀具

(a)中心钻　(b)外圆左偏粗车刀　(c)外圆右偏粗车刀　(d)外圆左偏精车刀　(e)外圆右偏精车刀　(f)外圆切槽刀　(g)外圆螺纹刀　(h)粗径孔刀(1)　(i)粗径孔刀(2)　(j)麻花钻　(k)Z 向铣刀　(l)45°端面刀　(m)X 向铣刀　(n)球头铣刀

十、数控刀具的失效形式

在数控加工过程中，当刀具磨损到一定程度，崩刃、卷刃(塑变)或破损时，刀具即丧失了其加工功能而无法保证零件的加工质量，此种现象称为刀具失效。刀具失效的主要形式及其产生的原因有以下几个方面。

1. 后刀面磨损

是由机械交变应力引起地出现在刀具后刀面上的摩擦磨损，用 *VB* 表示，如图 2-23(a)所示。

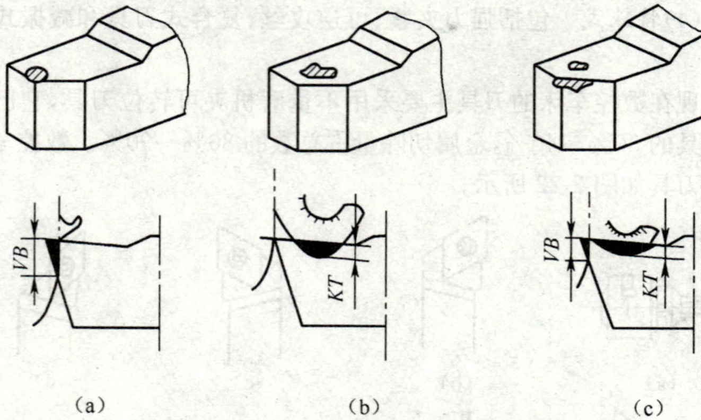

图 2-23 刀具磨损

(a)后刀面磨损 (b)前刀面磨损 (c)前、后刀面同时磨损

如果刀具材料较软，刀具的后角偏小，加工过程中的切削速度偏高，进给量太小，都会造成刀具后刀面的磨损过量，并由此使得加工表面的尺寸和精度降低，增大切削中的摩擦阻力。因此应该选择耐磨性较高的刀具材料，同时降低切削速度，加大进给量，增大刀具后角，如此才能避免或减少刀具后刀面磨损。

2. 边界磨损

主切削刃上的边界磨损常发生于与工件的接触面处。

主要原因是工件表面硬化、锯齿状切屑造成的摩擦。解决措施是降低切削速度和减少进给量，同时选择耐磨刀具材料，并增大刀具的前角使得切削刃锋利。

3. 前刀面磨损和前、后刀面同时磨损

是在刀具的前刀面上由摩擦和扩散导致的磨损，前刀面磨损用 *KT* 表示，如图 2-23(b)所示。

前刀面磨损主要由切屑和工件材料的接触，以及对发热区域的扩散引起。另外刀具材料过软，加工过程中切削速度较高，进给量较大，也是前刀面磨损产生的原因。前刀面磨损会使刀具产生变形、干扰排屑和降低切削刃的强度。应该采用降低切削速度和进给量,同时选择涂层硬质合金材料,来达到减小前刀面磨损的目的。图 2-23(c)所示为前、后刀面同时磨损。

4. 塑性变形

是切削刃在高温或高应力作用下产生的变形。

切削速度太高、进给量太大以及工件材料中硬点的作用,刀具材料太软和切削刃温度较高等现象,都是产生塑性变形的主要原因。塑性变形的产生会影响切屑的形成质量,并导致刀具崩刃。可以通过降低切削速度和进给量,选择耐磨性高和导热性能好的刀具材料等措施,达到减少塑性变形的目的。

5. 积屑瘤(见本节四、8. 所述)

6. 刃口剥落

指切削刃口上出现一些很小的缺口,是非均匀的磨损。

主要由断续切削、切屑排除不流畅等因素造成。应该在加工时降低进给速度、选择韧性好的刀具材料和切削刃强度高的刀片,来避免刃口剥落现象的产生。

7. 崩刃

崩刃将损坏刀具和影响工件精度。

主要原因有刀具刃口的过度磨损和较高的加工应力,也可由于刀具材料过硬、切削刃强度不足以及进给量太大造成。避免措施有刀具应该选择韧性较好的材料,加工时应减小进给量和切削深度,另外还可选择高强度或刀尖圆角较大的刀片。

8. 热裂纹

是由于断续切削时的温度变化而产生的垂直于切削刃的裂纹。

热裂纹会降低工件表面的加工质量,并导致刃口剥落。避免措施有刀具应该选择韧性好的材料,同时在加工中减小进给量和切削深度,并进行干式切削,或在湿式切削加工时有充足的冷却液。

十一、数控可转位刀片与刀片代码

常用数控车削机夹刀片的形状和符号见图 2-24 所示。按照国际标准 ISO 1832:1985 中可转位刀片的代码表示方法,代码由 10 位字符

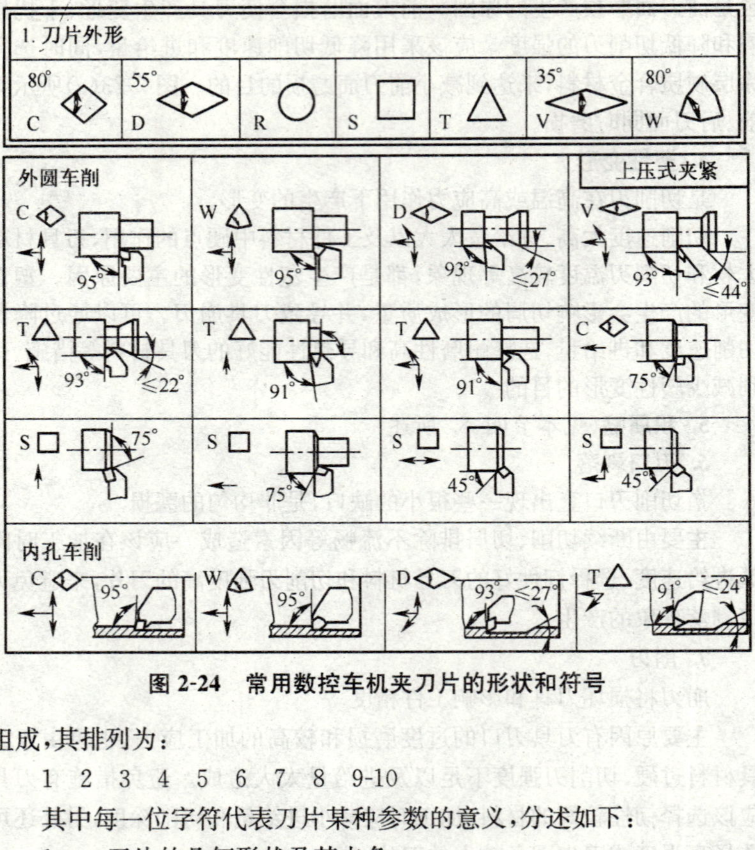

图 2-24 常用数控车机夹刀片的形状和符号

组成，其排列为：

1 2 3 4 5 6 7 8 9-10

其中每一位字符代表刀片某种参数的意义，分述如下：

1——刀片的几何形状及其夹角；

2——刀片主切削刃后角(法角)；

3——刀片内接圆直径 d 与厚度 s 的精度级别；

4——刀片型式、紧固方法或断屑槽；

5——刀片边长、切削刃长度；

6——刀片厚度；

7——刀尖圆角半径 r_{ε} 或主偏角 k_{r} 或修光刃后角 α_{n}；

8——切削刃状态，刀尖切削刃或倒棱切削刃；

9——进刀方向或倒刃宽度；

10——厂商的补充符号或倒刃角度。

一般情况下，第 8 位和第 9 位代码是当有要求时才被填写使用，第 10 位代码根据具体厂商的不同而不同。

例如：车刀可转位刀片 TNUM160408ERA2 的表示含义为：

T——60°三角形刀片；N——法后角为 0°；U——内切圆直径 d 为 6.35mm 时，刀尖转位尺寸允差 0.13mm，内接圆允差 0.08mm，厚度允差 0.13mm；M——圆柱孔单面断屑槽；16——刀刃长度 16mm；04——刀片厚度 4.76mm；08——刀尖圆弧半径 0.8mm；E——刀刃倒圆；R——向左方向切削；A2——直沟卷屑槽，槽宽 2mm。

十二、数控可转位刀具刀片的夹紧

可转位刀片的刀具由刀片、定位元件、夹紧元件和刀体所组成，为了使刀具能达到良好的切削性能，对刀片的夹紧元件有以下基本要求：

(1)夹紧可靠，不允许刀片松动和移动；

(2)定位准确，确保定位精度和重复精度；

(3)排屑流畅，有足够的排屑空间；

(4)结构简单，操作方便，制造成本低，转位动作快、缩短换刀时间。

可转位刀片的夹紧方式通常采用杠杆式、楔形压板式、螺钉上压式等。一般将它们依照其适应性分为 3 个等级，3 级表示最合适的选择，如图 2-25 所示。

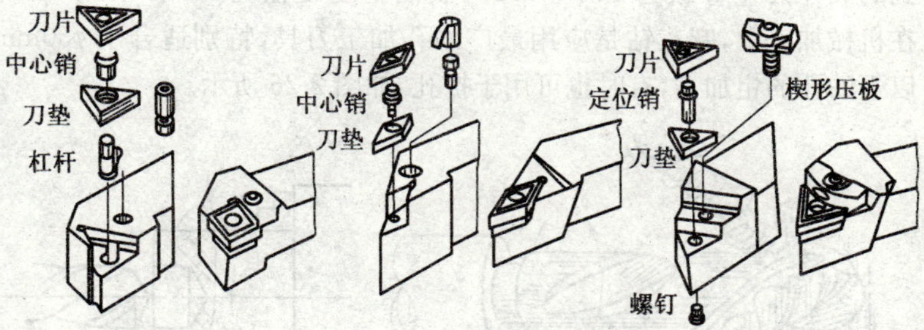

图 2-25　数控车刀可转位刀片的夹紧方式

(a) 杠杆式夹紧　(b) 螺钉上压式夹紧　(c)楔形压板式夹紧

十三、数控车床所用刀具的装夹

为使数控车床能快速更换且能保证较高的换刀精度，数控车床有一个较为完善的工具系统，主要由两部分组成：一部分是刀具，另一部分是刀夹（夹刀器）。

1. 利用转塔刀架（或电动刀架）装夹

数控车床的刀架有多种形式，各厂家生产的数控车床其刀架结构各不相同，所以各种数控车床所配的工具系统也各不相同。一般是把系列化、标准化的精密刀具应用到不同结构的转塔刀架或快换刀架上，以达到快速更换的目的。

2. 快换刀夹

数控车床及车削中心也可采用快换刀夹。

3. 模块式车削工具及其装夹

转塔刀架转位或更换刀夹（整体式）只更换刀具头部，就能够实现快速换刀。

十四、数控车床孔加工和孔加工刀具

1. 钻孔

用麻花钻在工件实体部位加工孔称为钻孔。孔加工技术是机械加工领域中的一项关键技术，也是当今机械加工中大有可为的应用技术。据统计，钻孔的工作量约占机械加工的五分之一。钻孔属粗加工，可达到的尺寸公差等级为 IT9～IT13，表面粗糙度值为 $Ra50 \sim 12.5\mu m$。在机械加工中，麻花钻是应用最广的孔加工刀具，特别适合于 $\phi 50mm$ 以下的孔的粗加工，有时也可用于扩孔，如图 2-26 所示。

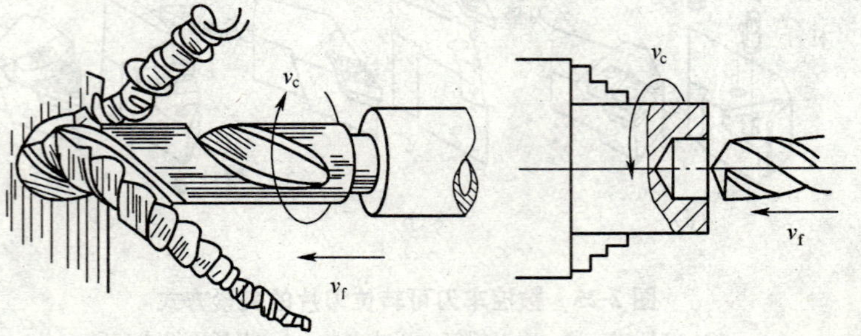

图 2-26　钻头和钻孔

(1)*麻花钻的组成*　麻花钻由工作部分(分为切削部分和导向部分)、颈部和柄部组成,如图 2-27 所示。

①工作部分(钻体):前端为切削部分,承担主要的切削工作;后端为导向部分,起引导钻头的作用,也是切削部分的后备部分。工作部分有两个对称的刃瓣 、两条对称的螺旋槽;导向部分磨有两条棱边。由于麻花钻长度较长,钻芯直径小而刚性差,又有横刃的影响,故钻孔有以下工艺特点:钻孔容易偏斜,钻削时钻头两切削刃径向力不等将引起孔径扩大,孔的表面质量较差,钻削时轴向力大。

②颈部:位于工作部分与柄部之间,制作钻头时供砂轮退刀用,又是做钻头直径、生产厂家的标记处。

③柄部:钻头装夹部分。

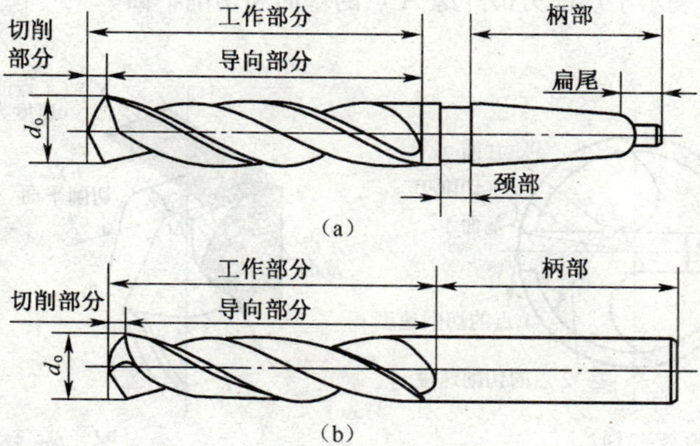

图 2-27　麻花钻的结构

(a)锥柄麻花钻　(b)直柄麻花钻

(2)*标准麻花钻的几何参数*　麻花钻有两条主切削刃、两条副切削刃和一条横刃,如图 2-28 所示。两条螺旋槽钻沟形成前刀面,主后刀面在钻头端面上。钻头外缘上两小段窄棱边形成的刃带是副后刀面,在钻孔时刃带起导向作用;为减小与孔壁的摩擦,刃带向柄部方向有较小的倒锥量,从而形成副偏角。在钻心上的切削刃叫横刃,两条主切削刃通过横刃相连接。为保证钻头必要的刚性和强度,其钻心直径 d_c 向柄部方向递增。

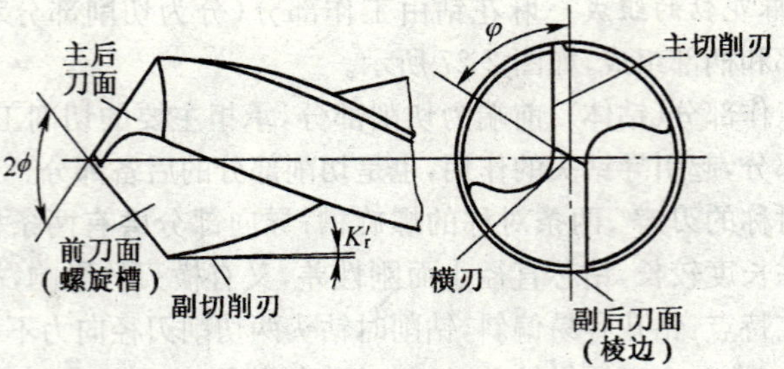

图 2-28 标准麻花钻的几何参数

麻花钻主切削刃上各点因其切削速度方向不同，基面和切削平面位置也不同，如图 2-29(a)所示，但基面总是包含钻头轴线的平面。图 2-29(b)表示了切削刃最外缘 A 点的基面和切削平面。

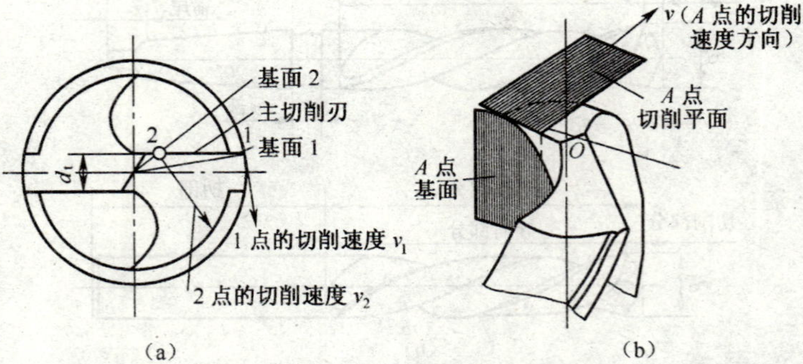

图 2-29 麻花钻的基面与切削平面

(3)麻花钻的主要几何角度

①前角 γ_{ox}——在正交平面(主截面)内测量的前面与基面之间的夹角，如图 2-30 所示。主切削刃上各点的前角不等，近外缘处 $\gamma_o=30°$，接近横刃处 $\gamma_o=-30°$，横刃处 $\gamma_o=-54°\sim-60°$；即麻花钻主切削刃各点前角数值变化很大，从外缘到钻心，前角逐渐减小；对标准麻花钻，前角由 30°减小到－30°。

前角的作用:决定切除材料的难易程度。前角愈大，切削愈省力，但钻头强度愈差。

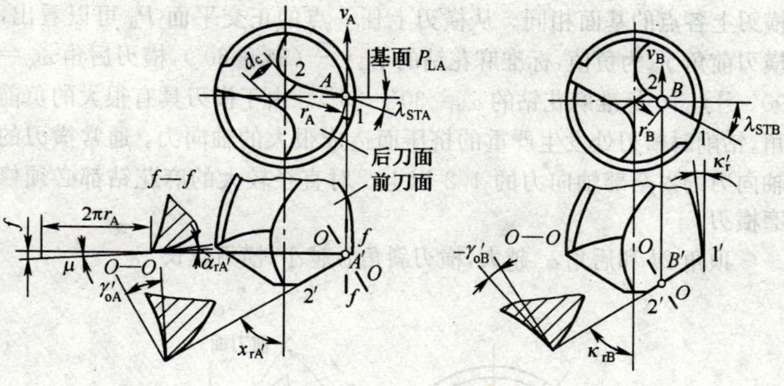

图 2-30　麻花钻的几何角度

②后角 α_{ox}——在柱截面内后刀面与切削平面之间的夹角。外缘处 α_o 较小，α_o＝9°～－12°；主切削刃上各点的后角不等，钻心处 α_o＝20°～－26°，横刃处 α_v＝ 30°～－60°，如图 2-31 所示。

③顶角 2ϕ——两主切削刃在其平行平面上的投影之间的夹角，如图 2-28 所示，其大小由加工条件决定。标准的 2ϕ＝118°±2°，此时两主切削刃呈直线形；若 2ϕ＞118°，此时两主切削刃呈内凹形曲线；若 2ϕ＜118°，此时两主切削刃呈外凸形曲线。

实用意义：顶角减小，切削刃长度增加、负荷减小、轴向抗力减小、易定心、散热好、刀具耐用度提高，但排屑困难；2ϕ＝118°是比较合理的角度。

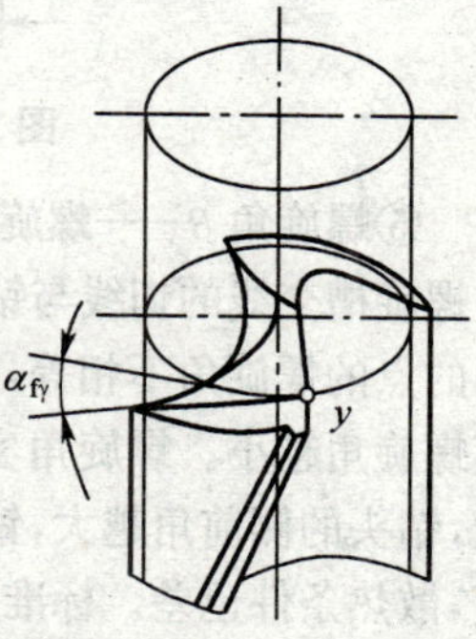

图 2-31　麻花钻的后角

④横刃斜角 ψ——端面投影图中，横刃与主切削刃之间的夹角大小，如图 2-32 所示。横刃是两个主后刀面的相交线。标准麻花钻的横刃斜角 ψ＝50°～ 55°，它是钻头主后刀面磨成后自然形成的，与顶角 2ϕ、后角 α_o、钻心有关。当后角磨得偏大时，横刃斜角减小，横刃长度增大。因此，在刃磨麻花钻时，可以观察 ψ 角的大小来判断后角是否磨得合适。横刃通过钻头中心，并且在钻头端面上的投影为一条直线，因此

横刃上各点的基面相同。从横刃上任一点的正交平面 P_o 可以看出，横刃前角 $\gamma_{o\psi}$ 为负值，标准麻花钻的 $\gamma_{o\psi}=-(54°\sim60°)$，横刃后角 $\alpha_{o\psi}=90°-|\gamma_{o\psi}|$（标准麻花钻的 $\alpha_{o\psi}=30°\sim36°$）。由于横刃具有很大的负前角，钻削时横刃处发生严重的挤压而造成很大的轴向力。通常横刃的轴向力约占全部轴向力的 1/2 以上。对直径较大的麻花钻都必须修磨横刃。

顶角 2ϕ 和后角 α_o 越大，横刃斜角 ψ 越小，横刃越长。

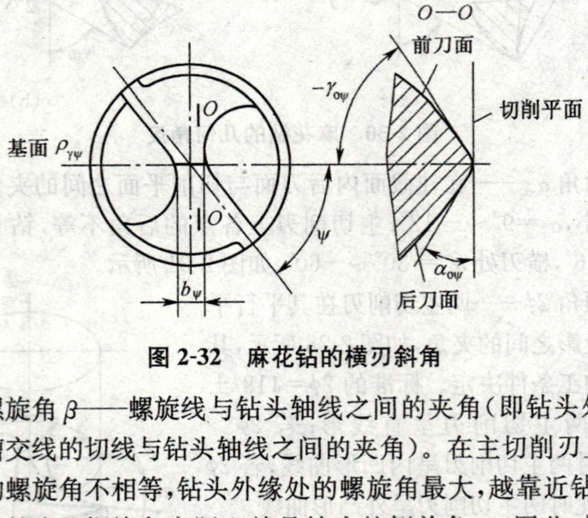

图 2-32　麻花钻的横刃斜角

⑤螺旋角 β——螺旋线与钻头轴线之间的夹角（即钻头外圆柱面与螺旋槽交线的切线与钻头轴线之间的夹角）。在主切削刃上半径不同的点的螺旋角不相等，钻头外缘处的螺旋角最大，越靠近钻头中心，其螺旋角越小。螺旋角实际上就是钻头的侧前角 γ_f，因此，螺旋角越大，钻头的侧前角越大，钻头越锋利。但是螺旋角过大，会削弱钻头强度，散热条件也差。标准麻花钻的螺旋角一般在 18° ～ 30°范围内，大直径钻头取大值。

⑥端面刃倾角 λ_{stx}—— 主切削刃在端面上的投影与选定点的基面之间的夹角，如图 2-33 所示。因为主切削刃上各点基面、切削平面位置不同，所以刃倾角也是变化的，图 2-30 中表示出主切削刃上最外缘处的刃倾角。

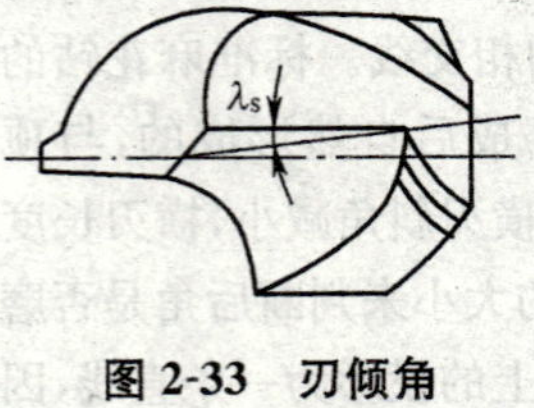

图 2-33　刃倾角

⑦主偏角 K_{rx}——主切削刃在选定点基面上的投影与钻头进给方向间的夹角，

如图 2-30 所示。

⑧横刃前角 γ_ψ 及横刃后角 α_ψ——横刃前角 γ_ψ 为负值，横刃后角 $\alpha_\psi=90-|\gamma_\psi|$。给钻削带来的影响有：横刃处发生严重挤压而造成很大的进给抗力。由于主切削刃上各点基面位置不同，因此主切削刃上各点主偏角也变化，愈接近钻心，主偏角愈小。

⑨副偏角 K'_r——国家标准中规定直径大于 0.75mm 的麻花钻在导向部分上制有两条窄的棱边外，还规定直径大于 1mm 的麻花钻有向柄部方向减小的直径倒锥量，从而形成副偏角 K'_r 与副后角 α'_o。

(4)*麻花钻的刃磨*　大部分情况下，麻花钻没有专用设备来重磨，重磨主要靠手工操作进行。显然，手工操作精度不高，会产生诸如切削刃不对称、后角左右不等、后刀面不在同一曲面上等一系列问题。大量生产实践表明，麻花钻后刀面的几何形状与刃磨质量直接影响钻头的切削性能和使用寿命，所以钻头磨损后，主要就是刃磨钻尖的后刀面。有条件的可以使用工具磨床、专用的钻头刃磨机床、经改装的外圆磨床等进行修磨。

为了保证麻花钻有良好切削性能和可靠的使用寿命，麻花钻设计时后角是变化的。刃磨后刀面时将主切削刃上各点的后角磨成外缘处小，越靠近钻心越大。如图 2-34 所示，要在砂轮上磨出锥面后刀面，必须具有以下运动。

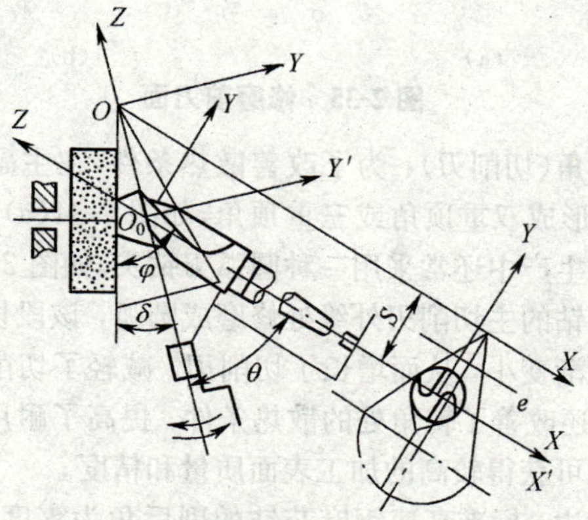

图 2-34　钻头磨削运动

①磨削锥运动：为了形成磨削锥，使钻头绕锥轴旋转，该运动是一个往复摆动。

②钻头进给运动：为了磨去钻头余量，需要沿钻头轴向或与主刃垂直的方向进给。

③砂轮修整运动：由图 2-34 可知，当使钻头围绕假想的包含主切削刃的圆锥轴线旋转时，相对于切削刃而具有后角的圆锥面即形成后刀面。

麻花钻的刃磨包括以下几个方面。

①修磨横刃斜角：可采用将整个横刃磨去、磨短横刃、加大横刃前角、磨短横刃同时加大前角等修磨形式改善麻花钻的切削性能。

②修磨前刀面：加工较硬材料时，可将主切削刃外缘处的前刀面磨去一部分，适当减小该处前角，以保证足够强度，如图 2-35(a)所示；当加工较软材料时，在前刀面上磨出卷屑槽，加大前角，减小切屑变形，降低温度，改善工件表面加工质量，如图 2-35(b)所示。

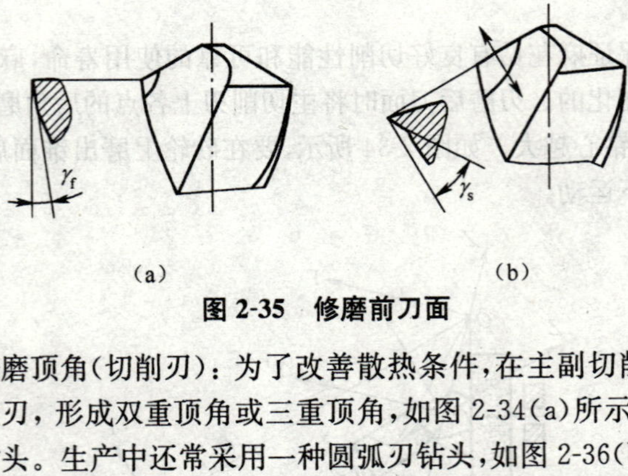

图 2-35　修磨前刀面

③修磨顶角(切削刃)：为了改善散热条件，在主副切削刃交接处磨出过渡刃，形成双重顶角或三重顶角，如图 2-34(a)所示，后者用于大直径钻头。生产中还常采用一种圆弧刃钻头，如图 2-36(b)所示，就是将标准麻花钻的主切削刃外缘处修磨成圆弧，该段切削刃上各点顶角由里向外逐渐变小，从而增长了切削刃，减轻了切削刃单位长度上的负荷，而且还改善了转角处的散热条件，提高了耐用度。采用圆弧刃钻头钻孔还可获得较高的加工表面质量和精度。

④修磨棱边：标准高速钢麻花钻的副后角为零度，在加工无硬皮的工件时，为了减小棱边与孔壁的摩擦，减小钻头磨损，对于直径较大

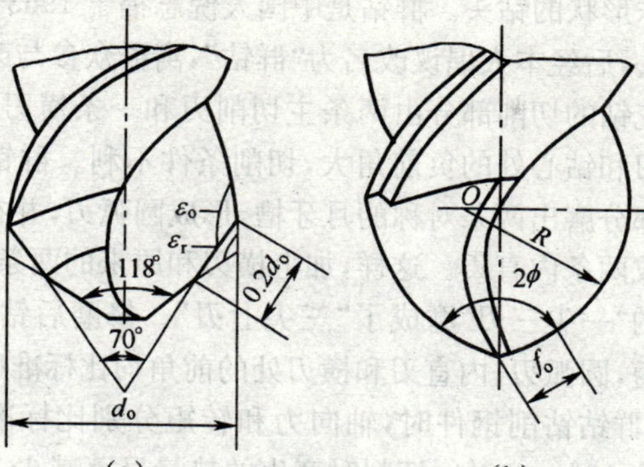

图 2-36　修磨顶角(切削刃)

(a)双重顶角　(b)圆弧刃钻头

(>12mm)的钻头,可按图 2-37 所示的方法磨出副后角 $\alpha_1=6°\sim8°$,并留下宽度为 0.1～0.2mm 的窄棱边。

⑤修磨分屑槽:在钻头后刀面上磨出分屑槽,如图 2-38 所示,有利于排屑及切削液的注入,大大改善了切削条件,特别适用于在韧性材料上加工较深的孔。为了避免在加工表面上留下凸起部分,两条切削刃上的分屑槽位置必须互相错开。

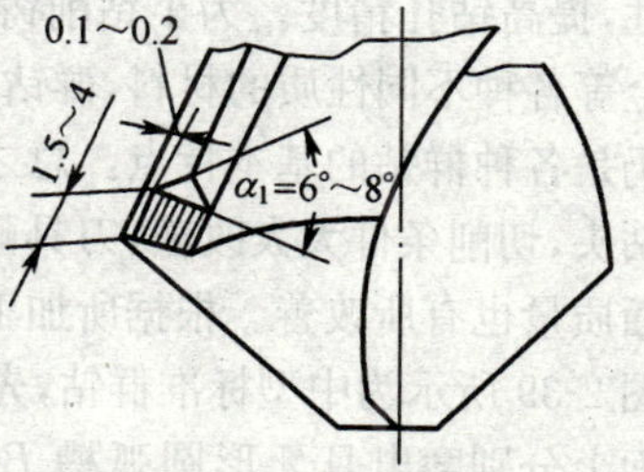

图 2-37　修磨棱边

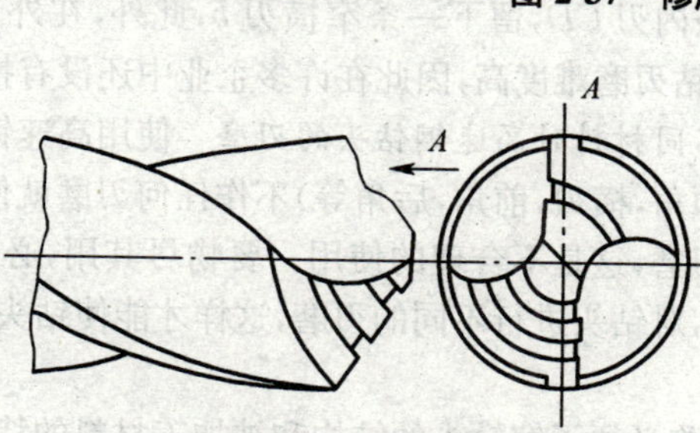

图 2-38　磨出分屑槽

⑥修磨群钻:群钻是综合应用上述措施,将标准麻花钻的切削部

分修磨成特殊形状的钻头。群钻是中国人倪志福于1953年创造的，原名倪志福钻头，后经本人倡议改名为“群钻”，寓群众参与改进和完善之意。标准麻花钻的切削部分由两条主切削刃和一条横刃构成，最主要的缺点是横刃和钻心处的负前角大，切削条件不利。群钻是把标准麻花钻的切削部分磨出两条对称的月牙槽，形成圆弧刃，并在横刃和钻心处经修磨形成两条内直刃。这样，加上横刃和原来的两条外直刃，就将标准麻花钻的“一尖三刃”磨成了“三尖七刃”。修磨后钻尖高度降低，横刃长度缩短，圆弧刃、内直刃和横刃处的前角均比标准麻花钻相应处大。因此，用群钻钻削钢件时，轴向力和转矩分别比标准麻花钻降低30％～50％和10％～30％，切削时产生的热量显著减少。标准麻花钻钻削钢件时形成较宽的螺旋形带状切屑，不利于排屑和冷却。群钻由于有月牙槽，有利于断屑、排屑和切削液进入切削区，进一步减小了切削力和降低切削热。由于以上原因，刀具寿命可比标准麻花钻提高2～3倍，或生产率提高2倍以上。群钻的三个尖顶，可改善钻削时的定心性，提高钻孔精度。为了钻削铸铁、紫铜、黄铜、不锈钢、铝合金和钛合金等各种不同性质的材料，群钻又有多种变型，但“月牙槽”和“窄横刃”仍是各种群钻的基本特点。总之，群钻是一种修磨得比较完善的先进钻头，切削条件大大改善，刀具耐用度显著提高。此外，加工精度与表面质量也有所改善。根据所加工的材料不同，群钻修磨的形状也不同。图2-39所示为中型标准群钻，先磨出两条外刃 *AB*，然后再在两个后刀面上分别磨出月牙形圆弧槽 *BC*，最后修磨横刃，使之缩短、变尖、变低，以形成两条内刃 *CD*，留下一条窄横刃 *b*，此外，在外刃上还磨出分屑槽。由于群钻刃磨难度高，因此在许多企业中还没有推广开。

(5)钻削不同材料时高速钢钻头的刃磨　使用高速钢钻头时，如果对切削刃部(顶角，横刃，前角，后角等)不作任何刃磨就使用，或者无目的、无要求的刃磨，这是不合理的使用。要物尽其用，必须按被加工材料的不同性质，对钻头进行不同的刃磨，这样才能使钻头真正发挥应有的效能。

钻头刃磨前必须了解钻头的结构和被加工材料的特性以及两者之间的矛盾，了解在钻孔中所产生的问题，这样才能有针对性地进行刃磨，解决问题。

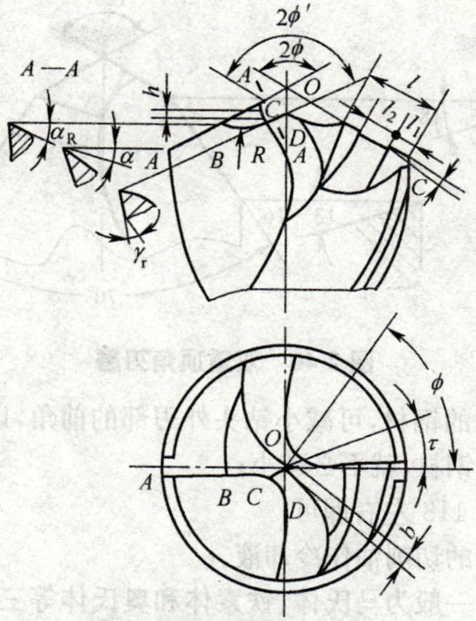

图 2-39　中型标准群钻

1)铸铁　硬度低(一般为 175～250HB),强度低,脆性大,塑性变形小,热导率较低,组织较松,切屑成粉碎状,钻头的磨损几乎全在后面上,外缘转角处磨损最大,阻碍了刀具寿命和生产效率的提高。对于以上问题可采取下列办法:

①钻头采用双重顶角,外缘转角处易磨损,那么就干脆先磨去而形成双顶角,如图 2-40 所示,这样可将钻头寿命提高 1～2 倍;

②适当加大后角,外刃后角采用 13°～16°以减少摩擦,提高钻头寿命;

③钻削时要加大进给量,并适当降低切削速度,而不宜采用高转速小进给量;

④如果采用冷却液,切不可断续使用,同时流量要适当,否则,流量小或断续将造成孔的局部硬化,而且粉末状切屑研磨刃口也会加快钻头磨损。

2)高强度钢　如工具钢、渗碳钢、弹簧钢、轴承钢、耐热钢等。钻孔时,钻头切削刃磨损较快,寿命较短。对于以上问题,可采用下列办法:

①选用高性能高速钢或硬质合金制作的钻头;

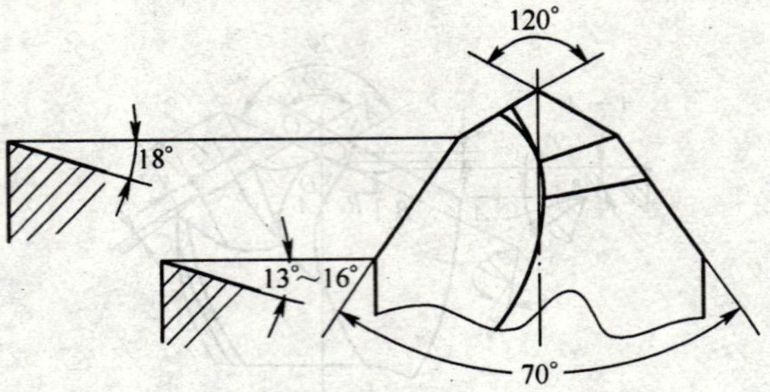

图 2-40 双重顶角刃磨

②对硬而脆的钢材，可减小钻头外刃部的前角，以提高刃口强度；对硬而塑性好的钢材，就不必减小；

③顶角选用 118°左右即可；

④采用含磷的切削油作冷却液。

3）不锈钢 一般为马氏体、铁素体和奥氏体等三类不锈钢。马氏体不锈钢能抗大气腐蚀，力学性能好，经调质处理可改善切削性能，如果硬度高于 30HRC，则钻头磨损较快。铁素体不锈钢的含铬量比马氏体不锈钢高，故热处理不能强化，其切削性能比马氏体不锈钢差。奥氏体不锈钢的强度与中碳钢相近，而其塑性、韧性较高，在切削时负荷很大，切削过程中加工硬化现象严重，导热差，切削热集中在钻头的刃口处，在切削过程中易产生积屑瘤，以及组织中含有少量的碳化钛，致使钻头很快磨损。对以上问题，可采用下列解决办法：

①适当选用较大的进给量和较低的切削速度，这样有利于切屑折断，可有效地提高钻头寿命；

②顶角加大（$2\phi=135°\sim140°$），可提高钻头寿命；

③刃磨钻头顶角时，两个钻刃必须对称；

④机床和装夹夹头的刚性要好；

⑤冷却液要充分。

4）钛合金 具有高强度、密度小、耐腐蚀、耐低温和耐高温的特性。按其退火后的组织可分为 α 相钛合金、β 相钛合金和 $\alpha+\beta$ 相钛合金。α 相钛合金（TA 类）不能热处理强化，故室温性能不高，具有中等塑性，可切削性尚可。β 相钛合金通过淬火时效处理，可获得较高的室温性能。$\alpha+\beta$相钛合金（TC类）加工时切屑与前面的接触长度较短，切削力作用在刃口附近，由于导热系数甚小，切削刃口温度较高，加速了钻头磨损，而且由于加工硬化现象较严重，弹性系数较小，因此钻孔的收缩量较大，也影响钻头的寿命。对于以上问题，可采用下列解决办法：

①由于钛合金弹性变形较大，孔易于收缩，故将钻尖稍磨偏，以适当加大孔的扩张量；

②加大主切削刃的后角和减小刃带宽度以减小钻头与孔壁的摩擦；

③在外缘转角处磨出小顶角的过渡修光刃，以改善散热条件；

④主切削刃处，适当减小前角。

5）黄铜　钻孔零件通常是铸造黄铜，其特点是耐磨，抗腐蚀，但硬度和强度较低，切削负荷较小，而且塑性较差，切屑成碎片（但压力加工黄铜的塑性较好，切屑不易断）。在钻削黄铜过程中经常会发生“扎刀”现象，也就是钻头自动切入现象，尤其在即将钻穿孔时更会自动下窜，很不安全，使孔出口处划坏和带毛刺或使钻头崩刃，重则钻头折断。对于以上问题，可采取下列解决方法：

①要减少“扎刀”应使切削刃不太锋利，故而减小切削刃外缘处的前角，使 $\gamma=6°\sim8°$；

②修磨横刃使其变窄，并且对称，这样可钻出较理想的孔。

6）铝合金　主要是铸造铝合金，钻孔时易产生积屑瘤，表面粗糙度差；当钻深孔时排屑较难，轻则使孔壁碰伤，重则切屑堵在钻头槽内，造成钻头折断；铝合金的弹性系数小，而线膨胀系数较大，因此在钻孔中会发生孔收缩；铸造铝合金中含硅，硅的化合物很硬，会使钻头磨损加剧。但铝合金强度低、硬度低，切削负荷小；除纯铝外，一般铝合金的塑性小，延伸率低，因此断屑较顺利。对于以上问题，可采取下列解决办法：

①为防止钻孔中发生孔收缩，可加大后角，钻尖可磨略偏一点；

②钻深孔时，顶角可选用 $2\phi=135°\sim160°$。

（6）硬质合金钻头　如图 2-41 所示。硬质合金钻头在加工铸铁等脆性材料、有色金属以及玻璃、石材、塑料等非金属材料时应用广泛，其耐用度和生产率比高速钢钻头有显著提高。

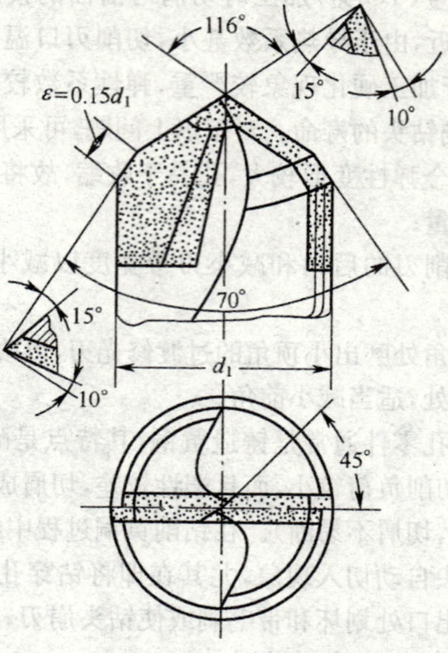

图 2-41　钻铸铁孔用硬质合金钻头

(7)钻孔注意事项

①起钻时进给量要小，待钻头头部全部进入工件后，才能正常钻削；刀具夹持悬伸部分应尽可能地短，以增强其安装刚性；加工设备系统刚性较好，主轴有足够的功率，工件夹持牢固可靠。

②要合理选用切削液，有效地减小钻削中的摩擦和改善散热条件。钻孔一般作为粗加工，切削液的主要作用是提高钻头寿命，也就是冷却性能要好，通常采用乳化油水溶液，其热容量大，导热系数较高，具有良好的冷却性能。如果钻孔表面粗糙度和精度有所要求，那么应采用以润滑为主的切削油，如加工铝合金工件时采用机油与煤油的混合油为宜，并充分加注切削液，防止因钻头过热而退火降低硬度。

③钻小孔或钻较深孔时，由于铁屑不易排出，必须经常退出排屑，否则会因铁屑堵塞而使钻头"咬死"或折断。

④钻小孔时，主轴转速应选择快些；钻头的直径越大，钻头转速应相应降低。

⑤当钻头将要钻通工件时，由于钻头横刃首先钻出，因此轴向阻力大减，这时进给速度必须减慢，否则钻头容易被工件卡死，造成锥柄在床尾套筒内打滑而损坏锥柄和锥孔。

⑥必须制订合理的钻头磨钝标准，及时重磨，以恢复其切削能力。例如：钻削一般结构钢，以钻头外缘转角处的磨损极限来决定重磨，其磨损量△=(0.7～1.0)$f_o$mm（f_o为刃带宽度）。

2. 扩孔

扩孔是用扩孔钻对已钻出的孔做进一步加工，以扩大孔径并提高精度和降低表面粗糙度值。扩孔可达到的尺寸公差等级为IT9～IT11，表面粗糙度值为Ra12.5～6.3μm，属于孔的半精加工方法，常作铰削、镗削前的预加工，也可作为精度不高的孔的终加工。扩孔余量$(D-d)$可查表。扩孔钻的形式随直径不同而不同，直径10～32mm的为锥柄扩孔钻，如图2-42所示。

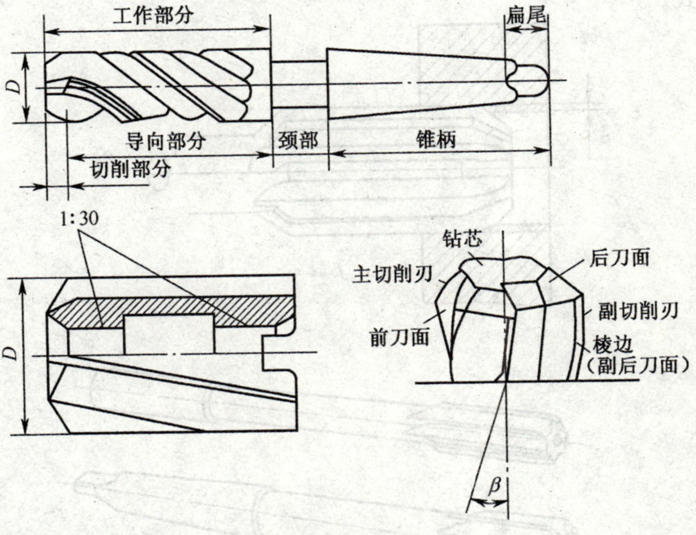

图2-42 扩孔钻的结构

扩孔钻的结构与麻花钻相比有以下特点：

(1)刚性较好 由于扩孔的背吃刀量小，切屑少，扩孔钻的容屑槽浅而窄，钻芯直径较大，增加了扩孔钻工作部分的刚性；

(2)导向性好　扩孔钻有 3～4 个刀齿，刀具周边的棱边数增多，导向作用相对增强；

(3)切削条件较好　扩孔钻无横刃参加切削，切削轻快，可采用较大的进给量，生产率较高；又因切屑少，排屑顺利，不易刮伤已加工表面。

因此扩孔与钻孔相比，加工精度高，表面粗糙度值较低，且可在一定程度上校正钻孔的轴线误差。此外，适用于扩孔的机床与钻孔相同。

3. 铰孔

铰孔是在半精加工(扩孔或半精镗)的基础上对孔进行加工的一种精加工方法。铰孔的尺寸公差等级可达 IT9～IT6，表面粗糙度值可达 $Ra3.2 \sim 0.2\mu m$。铰刀和铰孔如图 2-43 所示。

铰孔的方式有机铰和手铰两种，在机床上进行铰削称为机铰，用手工进行铰削的称为手铰。铰刀一般相应分为机用铰刀和手用铰刀两种形式。

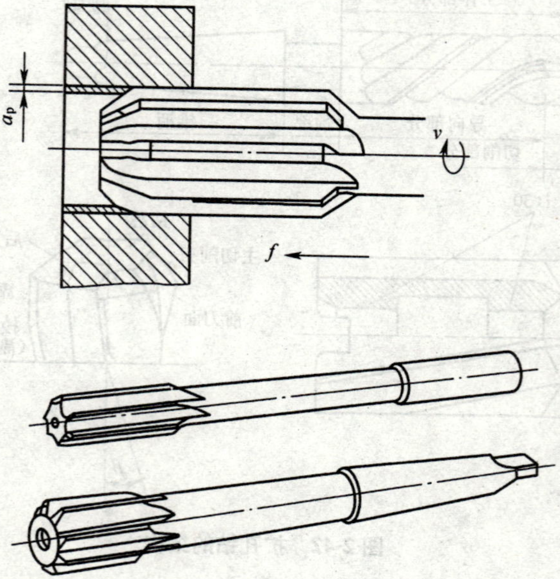

图 2-43　铰刀和铰孔

铰削时注意事项：铰削的余量很小，若余量过大，则切削温度高，会使铰刀直径膨胀导致孔径扩大，使切屑增多而擦伤孔的表面；若余量过小，则会留下原孔的刀痕而影响表面粗糙度。一般粗铰余量为 0.15～0.25mm，精铰余量为 0.05～0.15mm。铰削应采用低切削速度，以免产生积屑瘤和引起振动，一般粗铰为 4～10m/min，精铰为 1.5～5m/min。机铰的进给量可比钻孔时高 3～4 倍，一般可取 0.5～1.5mm/r。为了散热以及冲排屑末、减小摩擦、抑制振动和降低表面粗糙度值，铰削时应选用合适的切削液，铰削钢件常用乳化液，铰削铸铁件可用煤油。

4. 车孔（镗孔）

镗孔是用镗刀对已钻出、铸出或锻出的孔做进一步的加工。镗孔是常用的孔加工方法之一，可分为粗镗、半精镗和精镗。粗镗的尺寸公差等级为 IT13～IT12，表面粗糙度值为 Ra12.5～6.3μm；半精镗的尺寸公差等级为 IT10～IT9，表面粗糙度值为 Ra6.3～3.2μm；精镗的尺寸公差等级为 IT8～IT7，表面粗糙度值为 Ra1.6～0.8μm。根据加工情况不同，可分为通孔车刀和盲孔车刀。

（1）通孔车刀　几何形状基本上与外圆车刀相似，如图 2-44 所示。为减小径向力，主偏角应取得较大，$K_r=60°\sim75°$之间，$K'_r=15°\sim30°$。

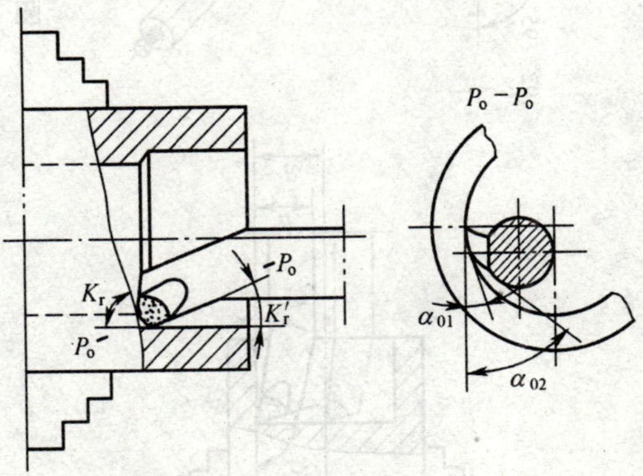

图 2-44　通孔车刀镗孔

（2）盲孔车刀　用来加工盲孔或台阶孔，如图 2-45 所示。切削部

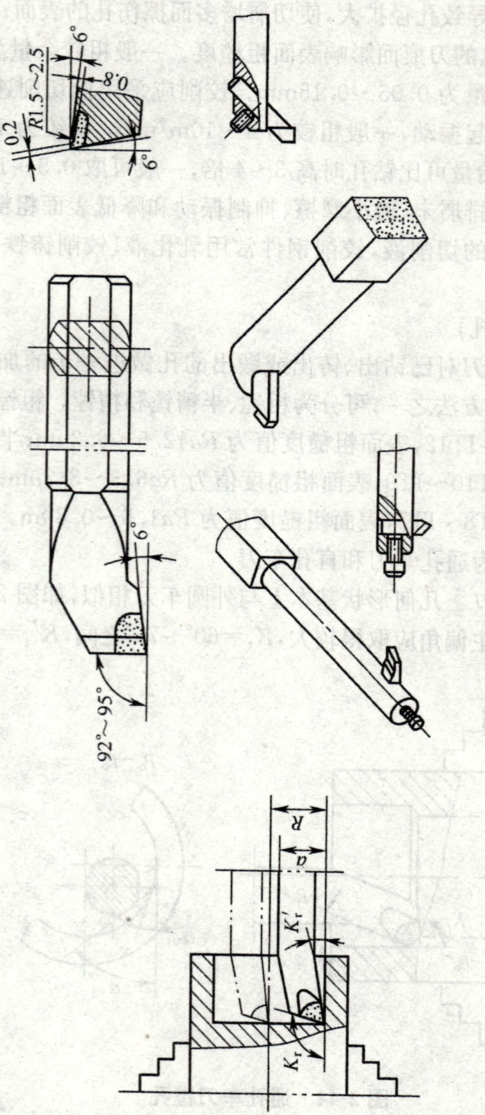

图 2-45　盲孔车刀和车盲孔

分的几何形状基本上与偏刀相似，主偏角一般为92°～95°，刀尖在刀杆的最前端，刀尖与刀杆外端的距离应小于内孔半径，否则孔的底平面无法车平。

车孔加工的关键技术是解决内孔车刀的刚性和排屑问题。增加内孔车刀的刚性主要采取以下两项措施：

(1)尽量增加刀杆的截面积。一般的内孔车刀有一个缺点，刀杆的截面积小于孔截面积的1/4，解决方法是让刀尖位于刀杆的中心线上。

(2)刀杆的伸出长度尽可能缩短。刀杆伸出长度只要略大于孔深即可。常采用可调节刀杆长度的车刀。

第六节　数控车削编程相关数值计算

在编写数控程序时，根据零件形状尺寸、加工工艺路线的要求和定义的走刀路径，在适当的工件坐标系上计算零件与刀具相对运动的轨迹的坐标值，以获得刀位数据，如几何元素的起点、终点、圆弧的圆心、几何元素的交点或切点等坐标值。

一、基点

零件的轮廓曲线一般是由许多不同的几何元素组成的，如直线、圆弧、二次曲线等。通常将各个几何元素间的连接点称为基点。如两条直线的交点、直线与圆弧的交点或切点、圆弧与圆弧的交点或切点、圆弧与二次曲线的交点或切点等。

二、节点

一般数控系统都具有直线和圆弧插补功能，当零件的轮廓为非圆曲线时，常用连续的直线段或圆弧段逼近、拟合零件轮廓曲线。逼近直线或逼近圆弧与非圆曲线的交点或切点称为节点。

三、刀具中心轨迹的计算

对于不具有刀具补偿功能的数控车床，如某些经济型的数控车床，必须计算刀具中心轨迹。

四、辅助计算

辅助计算包括增量计算、脉冲数计算和辅助程序段的数值计算。

不同的数控系统辅助计算的内容和步骤也不尽相同。值得说明的是随着计算机和CAD,CAM软件的普及和应用,图样中相关节点、基点坐标值的计算就变得简单了。

在数控车削加工的相关数值计算中,主要是涉及基点计算,数控车床的手工编程中,在完成了工艺分析和确定了加工路线后,最关键的就是零件轮廓的基点了,基点坐标是编程中必需的重要数据。

根据编程的要求,基点直接计算的内容有:每条运动轨迹的起点和终点在选定坐标系中的坐标值,圆弧运动轨迹的圆心坐标值。

基点直接计算的方法比较简单,一般可根据零件图样所给的已知条件用人工计算完成。即依据零件图样上给定的尺寸,运用代数、三角函数、几何或解析几何的有关知识,直接计算出数值。在计算时,要注意小数点后的位数要留够,以保证足够的精度。下面用一个例子进行简单介绍。

如图2-46中A点坐标。计算过程略,计算结果为$A(\phi43.9,37)$。

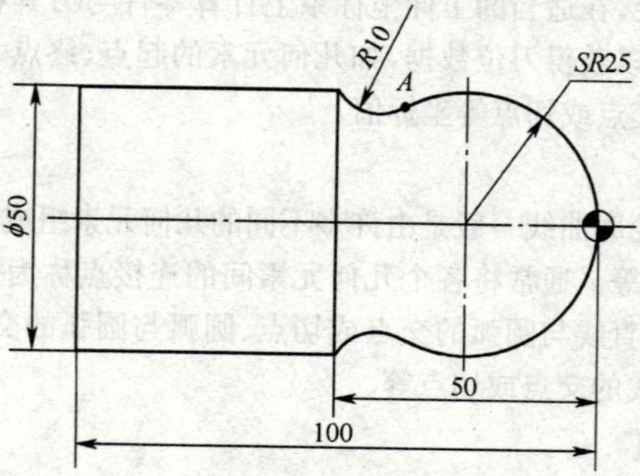

图2-46 坐标计算

对于简单的零件,基点的计算有时很简单,但对于复杂的零件,其计算工作量往往会很大,为提高编程效率,必要时可应用CAD/CAM软件辅助编程。

第七节 数控车床加工工艺文件

数控加工专用技术文件在生产中通常可指导操作工人正确的按程

序加工，同时也可对产品的质量起保证作用，有的甚至是产品制造的依据。所以，在编写数控加工专用技术文件时，应像编写工艺规程一样准确、明了。数控加工专用技术文件编写基本要求有：

(1)字迹工整、文字言简意赅；

(2)草图清晰、尺寸标注准确无误；

(3)应该说明的问题要全部说得清楚、正确；

(4)文图相符、文实相符，不能互相矛盾；

(5)当程序更改时，相应文件要同时更改，须办理更改手续的要及时办理；

(6)准备长期使用的程序和文件要统一编号，办理存档手续，建立相应的管理制度。

数控加工专用技术文件是数控加工工艺设计的内容之一。这些技术文件既是数控加工的依据、产品验收的依据，也是操作者遵守、执行的规程。技术文件是对数控加工的具体说明，目的是让操作者明确加工程序的内容、装夹方式、各个加工部位所选用的刀具及其他技术问题。数控加工技术文件主要有：数控编程任务书、工件安装和原点设定卡片、数控加工工序卡片、数控加工走刀路线图、数控刀具卡片等。

为加强技术文件管理，数控加工专用技术文件也应标准化、规范化，但目前国内尚无统一标准，文件格式可根据企业实际情况自行设计。

1. 数控编程任务书

即工艺人员对数控加工工序的技术要求和工序说明，以及数控加工前应保证的加工余量，它是编程人员和工艺人员协调工作和编制数控程序的重要依据之一。根据应用实践，一般应对加工程序做出说明的主要内容如下：

(1)所用数控设备型号及数控系统型号；

(2)对刀点(编程原点)及允许的对刀误差；

(3)加工原点的位置及坐标方向；

(4)所用刀具的规格、图号及其在程序中对应的刀具号，必须按实际刀具半径或长度加大或缩小补偿值的特殊要求(如：用同一条程序、同一把刀具，利用改变刀具半径补偿值做粗精加工时)，更换该刀具的程序段号等；

(5)整个程序加工内容的安排(相当于工步内容说明与工步顺序),使操作者明白先干什么,后干什么;

(6)子程序的说明,对程序中编入的子程序应说明其内容,使操作者明白这一子程序是干什么的;

(7)其他需要做特殊说明的问题,如:需要在加工中更换夹紧点,计划停车程序段号,中间测量用的计划停车段号,允许的最大切削用量等。表 2-3 为数控编程任务书的格式。

表 2-3 数控编程任务书

工艺处	任务书编号	数控编程任务书		产品零件图号			
				零件名称			
		共 页 第 页		使用数控设备			
主要工序说明及技术要求	说明						
	编程收到日期		月	日		经手人	
编制	审核		编程	审核		批准	

2. 数控加工工件安装和原点设定卡片(简称装夹图和零件设定卡)

即数控加工原点定位方法和夹紧方法,并应注明加工原点设置位置和坐标方向,使用的夹具名称和编号等,详见表 2-4。

表 2-4 工件安装和原点设定卡片

零件图号	1-22	数控加工工件安装和原点设定卡片	工序号	
零件名称	轴		装夹次数	

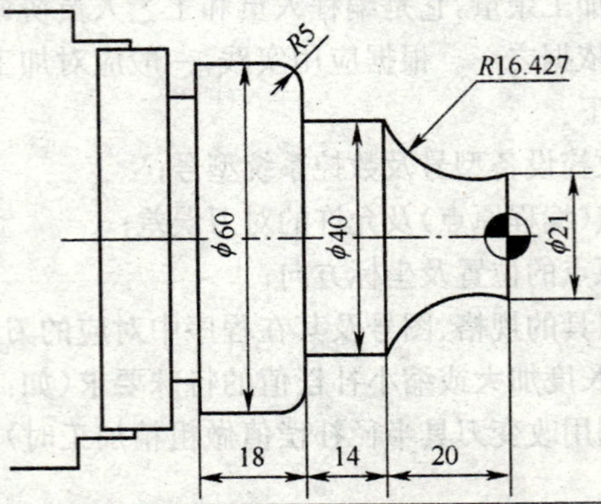

续表 2-4

编制(日期)	审核(日期)		批准(日期)	第 页			
				共 页	序号	夹具名称	夹具图号

3. 数控加工工序卡片

数控加工工序卡片与普通加工工序卡片有许多相似之处，所不同的是：工序简图中应注明编程原点与对刀点，要进行简要编程说明（如：所用机床型号、程序介质、程序编号、刀具半径补偿方式、加工方式等）及切削参数（即程序编入的主轴转速、进给速度、最大背吃刀量等）的选择等。在工序加工内容不十分复杂的情况下，用数控加工工序卡片的形式较好，可以把零件草图，尺寸、技术要求、工序内容及程序要说明的问题集中反映在一张卡片上，做到一目了然。工序卡片可参考表 2-5 的格式。

表 2-5 数控加工工序卡片

单位	数控加工工序卡片	产品名称或代号				零件名称		零件图号
		＊＊＊＊				＊＊＊＊		＊＊＊＊
工序简图		车 间				使用设备		
		＊＊＊＊				＊＊＊＊		
		工艺序号				程序编号		
		＊＊＊＊				O＊＊＊＊		
		夹具名称				夹具编号		
		（三爪卡盘）				＊＊＊＊		
工步号	工步作业内容	加工面	刀具号	刀补量	主轴转速	进给速度	背吃刀量	备注
编制		审核		批准		年 月 日	共 页	第 页

4. 数控加工走刀路线图

在数控加工中，常常要注意并防止刀具在运动过程中与夹具或工件发生意外碰撞，为此必须提示操作者关于编程中的刀具运动路线（如：从哪里进刀、在哪里退刀等），使操作者在加工前就有所了解并计划好夹紧位置及控制夹紧元件的尺寸，这样可以减少上述事故的发生。此外，对有些被加工零件，由于工艺性问题，必须在加工中挪动夹紧位置，也需要事先告诉操作者：在哪个程序段前挪动，夹紧点在零件的什么地方，然后更换到什么地方，需要在什么地方事先备好夹紧工件等，以防出现安全问题。表 2-6 为一种常用格式。

为简化走刀路线图，一般可采取统一约定的符号来表示。不同的机床可以采用不同图例与格式。

表 2-6　数控加工走刀路线图

数控加工走刀路线图			零件图号	(NC01)	工序号		工步号		程序号	(O123)
机床型号	(CK6140)	程序段号	(N10～N320)	加工内容					共　页	第　页
									编程	
									校对	
									审批	
符号	⊙	⊗	◕	→						
含义	进刀	退刀	编程原点	走刀方向						

5. 数控刀具卡片及刀具调整单

刀具卡片记录了刀具编号、刀具结构、刀柄规格、组合件名称代号、刀片型号和材料等。它是组装刀具和调整刀具的依据。

实践证明，仅用加工程序单和工艺规程来进行实际加工还有许多不足之处。由于操作者对程序的内容不清楚，对编程人员的意图不够理解，经常需要编程人员在现场进行口头解释、说明与指导，这种做法在程序仅使用一、二次就不再用了的场合还是可以的。但是，若程序是用于长期批量生产的，则编程人员很难都到达现场；再者，如程序编制人员临时不在现场或调离，已熟悉的操作工人不在场或调离，麻烦就更多了，弄不好会造成质量事故或临时停产。因此，对加工程序进行必要的详细说明是很有用的，特别是对于那些需要长时间保留和使用的程序尤其重要。

数控刀具卡片及刀具调整单要求对所用刀具的规格、图号及其在程序中对应的刀具号，必须按实际刀具圆弧半径或长度加大或缩小补偿值的特殊要求(如：用同一条程序、同一把刀具，利用改变刀具补偿值作粗精加工时)，更换该刀具的程序段号等做必要的说明。

其他需要做特殊说明的问题，如：需要在加工中更换夹紧位置的计划停车程序段号，中间测量用的计划停车段号，允许的最大刀具半径和长度补偿值等。卡片的格式见表 2-7。

表 2-7 数控刀具卡片

零件图号	(1-1)	数控刀具卡片				使用设备
刀具名称	(车刀)					(CK-6140)
刀具编号		换刀方式	(自动)	程序编号		
刀具组成	序号	编号	刀具名称	规格	数量	备注
	1					
	2					
	3					

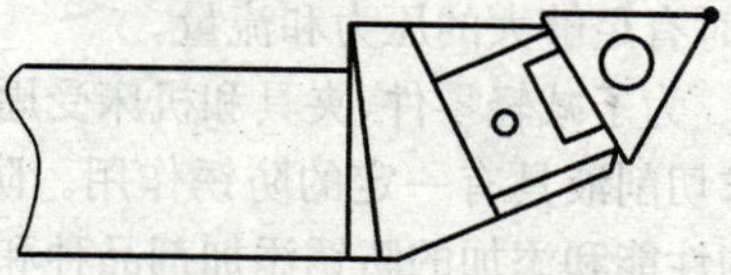

备注						
编制		审校		批准		共 页	第 页

不同的机床或不同的加工目的可能会需要不同形式的数控加工专用技术文件。在工作中，可根据具体情况自行设计文件格式以满足加

工要求。

第八节 切削液的选择

在金属切削过程中，合理选择切削液，可以改善工件与刀具间的摩擦状况，降低切削力和切削温度，减轻刀具磨损，减小工件的热变形，从而可以提高刀具耐用度，提高加工效率和加工质量。

一、切削液的作用

(1)冷却作用 切削液可以将切削过程中产生的切削热迅速地从切削区域带走，使切削区温度降低。切削液的流动性越好，比热容、导热系数和汽化热等参数越高，则其冷却性能越好。

(2)润滑作用 切削液能在刀具的前、后刀面与工件之间形成一层润滑薄膜，可减少或避免刀具与零件或切屑间的直接接触，减轻摩擦和黏结程度，因而可以减轻刀具的磨损，提高工件表面的加工质量。

为保证润滑作用的实现，要求切削液能够迅速渗入刀具与工件或切屑的接触界面，形成牢固的润滑油膜，使其不致在高温、高压及剧烈摩擦的条件下被破坏。

(3)清洗作用 在切削过程中，会产生大量切屑、金属碎片和粉末，特别是在磨削过程中，砂轮上的砂粒会随时脱落和破碎下来。使用切削液便可以及时地将它们从刀具(或砂轮)和工件上冲洗下去，从而避免切屑黏附刀具、堵塞排屑和划伤已加工表面。这一作用对于磨削、螺纹加工和深孔加工等工序尤为重要。为此，要求切削液具有良好的流动性，并且在使用时有足够大的压力和流量。

(4)防锈作用 为了减轻零件、夹具和机床受周围介质(如蒸汽、水分等)的腐蚀，要求切削液具有一定的防锈作用。防锈作用的好坏，取决于切削液本身的性能和添加的防锈添加剂品种和比例。

二、切削液的种类

常用的切削液分为三大类，即水溶液、乳化液和切削油。

(1)水溶液 水溶液是以水为主要成分的切削液。水的导热好，冷却效果好。但单纯的水容易使金属生锈，润滑效果差。因此，常在水溶液中加入一定量的添加剂，如防锈添加剂、表面活性物质和油性添加剂等，使其既具有良好的防锈性能，又具有一定的润滑性能。在配制水溶液时，要特别注意水质情况，如果是硬水，必须进行软化处理。

(2)乳化液　乳化液是将乳化油用50%～98%的水稀释而成，呈乳白色或半透明状的液体，具有良好的冷却作用，但润滑、防锈性能较差。常再加入一定量的极压添加剂和防锈添加剂，配制成极压乳化液或防锈乳化液。

(3)切削油　切削油的主要成分是矿物油，少数采用动、植物油或复合油。纯矿物油能在摩擦界面上形成坚固的润滑膜，润滑效果较差。实际使用中，常加入油性添加剂、极压添加剂和防锈添加剂，以提高其润滑和防锈作用。

三、切削液的选用

(1)粗加工时切削液的选用　粗车时，加工余量较大，切削用量大，产生大量的切削热。采用高速钢刀具切削时，使用切削油的主要目的是降低切削温度，减少刀具磨损。硬质合金刀具耐热性好，一般不用切削液，必要时可采用低浓度乳化液或水溶液，但必须连续、充分地浇注，以免处于高温状态的硬质合金刀具产生巨大的内应力而出现裂纹。

(2)精加工时切削液的选用　精车时，要求表面粗糙度值较小，一般选用润滑性能较好的切削液，如高浓度的乳化液或含极压添加剂的切削油。

(3)根据零件材料的性质选用　切削塑性材料时需用切削液。切削铸铁、黄铜等脆性材料时，一般不用切削液，以免崩碎切屑黏附在机床的运动部件上。

(4)加工高强度钢、高温合金等难加工材料　由于切削加工处于极压润滑摩擦状态，选用含极压添加剂的切削液。

(5)陶瓷刀具　一般不加切削液。

(6)切削镁合金　不能用油溶液，以免燃烧，发生事故。

复习思考题

1. 数控加工工艺主要包括哪些内容？
2. 试述数控车削走刀路线的确定。
3. 什么是对刀？
4. 试述数控车削切削用量的选择。

5. 常用刀具材料有哪些?
6. 试述车刀刀具角度的选择原则。
7. 什么是积屑瘤? 积屑瘤有何作用?
8. 切削温度对工件质量的影响?
9. 数控车削中切屑对加工的影响?
10. 车刀的失效形式有哪些?
11. 通孔镗刀和盲孔镗刀在刀具角度方面有何区别?
12. 切削液的作用和切削液的选择方法。

第三章　FANUC 系统数控车床编程

第一节　数控车床坐标系

一、数控车床坐标方向的规定

数控机床通过各个移动部件的运动产生刀具与工件之间的相对运动来实现切削加工。为表示各移动部件的移动方位和方向（机床坐标轴），在国际标准化组织 ISO 标准中统一规定采用右手直角笛卡尔坐标系对机床的坐标系进行命名。如图 3-1 所示。

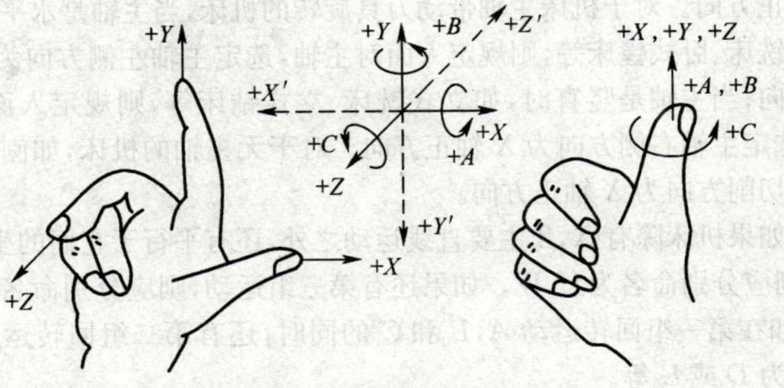

图 3-1　右手直角笛卡尔坐标系

右手笛卡尔直角坐标系使用方法：

(1)伸出右手的大拇指、食指和中指，并互为 90°，则大拇指代表 X 坐标，食指代表 Y 坐标，中指代表 Z 坐标；

(2)大拇指的指向为 X 坐标的正方向，食指的指向为 Y 坐标的正方向，中指的指向为 Z 坐标的正方向；

(3)围绕 X,Y,Z 坐标旋转的旋转坐标分别用 A,B,C 表示，根据右手螺旋定则，大拇指的指向为 X,Y,Z 坐标中任意轴的正向，则其余握拳四指所指的方向即为旋转坐标 A,B,C 的正向，见图 3-1 所示。

通常在坐标轴命名或编程时，不论在加工中是刀具移动，还是被加工工件移动，都一律假定工件相对静止不动而刀具在移动，并同时规定刀具远离工件的方向作为坐标轴的正方向。

二、确定数控车床坐标轴

一般是先确定 Z 轴，再确定 X 轴。

(1)*确定 Z 轴* 对于有主轴的机床，如车床、铣床等以机床主轴轴线方向作为 Z 轴方向。对于没有主轴的机床，如刨床，则以与装夹工件的工作台相垂直的直线作为 Z 轴方向。如果机床有几个主轴，则选择其中一个与机床工作台面相垂直的主轴作为主要主轴，并以它来确定 Z 轴方向。

(2)*确定 X 轴* X 轴一般位于与工件安装面相平行的水平面内。对于机床主轴带动工件旋转的机床，如车床、磨床等，则在水平面内选定垂直于工件旋转轴线的方向为 X 轴，且刀具远离主轴轴线方向为 X 轴的正方向。对于机床主轴带动刀具旋转的机床，当主轴是水平时，如卧式铣床、卧式镗床等，则规定人面对主轴，选定主轴左侧方向为 X 轴正方向；当主轴是竖直时，如立式铣床、立式钻床等，则规定人面对主轴，选定主轴右侧方向为 X 轴正方向。对于无主轴的机床，如刨床，则选定切削方向为 X 轴正方向。

如果机床除有 X,Z 主要直线运动之外，还有平行于它们的坐标运动，则应分别命名为 U,W。如果还有第三组运动，则应分别命名为 P，R。如在第一组回转运动 A,B 和 C 的同时，还有第二组回转运动，可命名为 D 或 E 等。

卧式数控车床的刀架位置有前置和后置两种。如图 3-2 所示。

三、机床坐标系

机床坐标系是用来确定工件坐标的基本坐标系。

以机床原点为坐标原点建立起来的 X,Y,Z 轴直角坐标系，称为机床坐标系。机床原点为机床上的一个固定点，也称机床零点。

机床零点是通过机床参考点间接确定的，机床参考点也是机床上的一个固定点，其与机床零点间有一确定的相对位置，一般设置在刀具运动的 X,Y,Z 正向最大极限位置。在机床每次通电之后，工作之前，

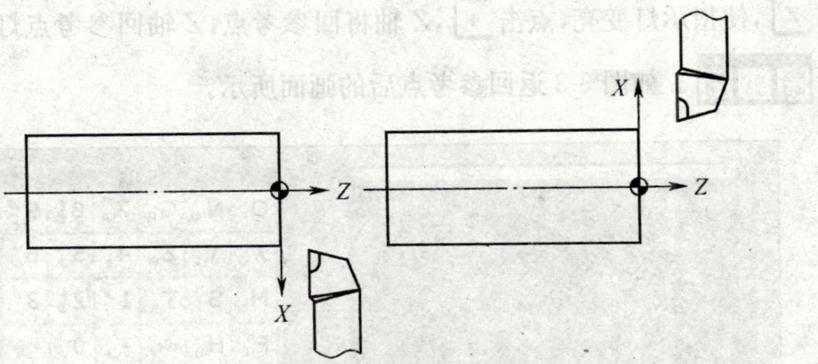

图 3-2　卧式数控车床的刀架位置

(a)前置刀架　(b)后置刀架

必须进行回机床零点操作。目前,数控机床完成回归参考点运动的检测元件通常为增量式脉冲编码器,即通过检测转角来确定机床工作台移动的距离。刀具运动到机床参考点,其位置由机械挡块及电动机零点位置来确定。当进行回参考点的操作时,装在纵向和横向拖板上的行程开关,碰到挡块后,向数控系统发出信号,由系统控制拖板停止运动,完成回参考点的操作。这样,通过机床回零操作,确定了机床零点,从而准确地建立机床坐标系,即相当于数控系统内部建立一个以机床零点为坐标原点的机床坐标系。机床坐标系是机床固有的坐标系,一般情况下,机床坐标系在机床出厂前由制造商采用精密测量确定并已经调整好,不允许操作者随意变动。

数控车床返回参考点的操作步骤:

(1)检查操作面板上返回参考点指示灯是否亮,若指示灯亮,则已进入返回参考点模式;若指示灯不亮,则点击“回参考点”按钮,转入回参考点模式。

(2)在回参考点模式下,为防止刀架和尾座相撞,先将 X 轴回参考点,点击操作面板上的“X 轴选择”按钮 X ,使 X 轴方向移动指示灯变亮 X ,点击“正方向移动”按钮 + ,此时 X 轴将回参考点;返回 X 参考原点后,X 轴回参考点灯变亮。同样,再点击“Z 轴选择”按钮

Z ，使指示灯变亮，点击 + ，Z 轴将回参考点，Z 轴回参考点灯变亮，。如图 3-3 返回参考点后的画面所示。

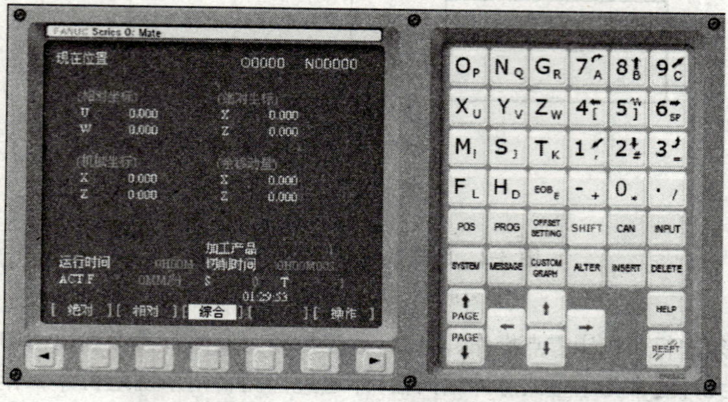

图 3-3　FANUC—0i 系统Ⅰ返回参考点后的画面

说明：

(1)在绝对式行程测量的控制系统中，可以不用返回参考点，就可以进行加工而不会出现报警和工件尺寸超差现象。

(2)不管机床检测反馈元件是配用增量式脉冲编码器还是绝对式脉冲编码器，在某些情况下，机床某一轴或全部轴都要先回参考原点，如执行换刀程序。是否返回参考原点请参照数控车床操作说明书。

四、机床原点

机床原点是指在机床上设置的一个固定点，即机床坐标系的原点。它在机床装配、调试时就已确定下来，是数控机床进行加工运动的基准参考点。在数控车床上，机床原点一般取在卡盘端面与主轴中心线的交点处，可以通过设置参数的方法，将机床原点设定在 X、Z 坐标的正方向极限位置上，即机床原点和机床参考点重合。

五、工件坐标系的设定

工件坐标系是指在数控编程时，在工件上确定的基准坐标系，其坐标系原点也是数控加工的对刀点。

工件坐标系的设定是以工件原点为基准的，工件原点又称为程序原点、编程原点、工件零点。工件坐标系的零点是由操作者或编程者自由选择的，其选择的原则是：

(1)应使工件零点与工件的尺寸基准重合，力求设计基准、工艺基准与编程原点统一，以减少基准不重合误差和数控编程中的计算工作量；

(2)让零件图中的尺寸容易换算成坐标值，尽量直接用图样尺寸作为坐标值，便于编程计算；

(3)工件零点应选在容易找正，在加工过程中便于检查、测量的位置；

(4)引起的加工误差小。

根据上述的原则，数控车床的工件原点通常选在工件轮廓右端面和主轴轴线的交点处。如图 3-4 所示。

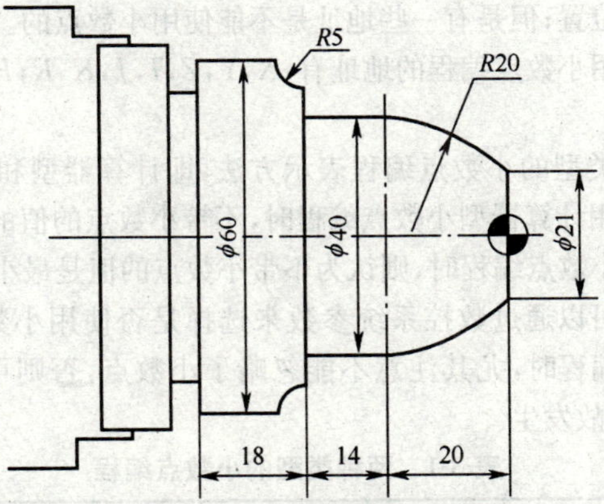

图 3-4 工件零点设定位置

工件坐标系的原点位置是在工件装夹完毕后，通过对刀进行确定，它反映的是工件与机床零点之间的距离位置关系。工件坐标系一旦固定，一般不再改变。工件坐标系与编程坐标系两者必须统一，即在加工时，工件坐标系和编程坐标系是一致的。

设定工件坐标系有两种方法，一种是以 G50 的方式，另一种是以 G54～G59 的方式，用 G50 设定工件坐标系是数控车削常用的方法。G50 是一个非运动指令，只起预置寄存数据的作用，一般放在零件加工程序的第一个程序段位置上，其指令格式为：G50X_ Z_；

第二节 数控车床编程

一、数控车床的编程特点

(1)可以采用绝对坐标编程、增量坐标编程，或绝对、增量坐标混合编程。

(2)为了提高工件径向尺寸精度，方便编程与测量，*X* 向脉冲当量取 *Z* 向的一半。

(3)*X* 坐标一般以工件的直径值表示。

(4)小数点编程。车床数控系统可以输入带小数点的数值，对于表示尺寸、速度、时间等指令值可以使用小数点，小数点的位置是毫米、英寸、秒、度的位置；但是有一些地址是不能使用小数点的。

可以使用小数点编程的地址有：*X*，*Y*，*Z*，*I*，*J*，*K*，*R*，*F*，*U*，*V*，*W*，*A*，*B*，*C*。

有两种类型的小数点编程表示方法，即计算器型和常用型，如表3-1所示。当用计算器型小数点编程时，不带小数点的值的单位是mm；当用常用型小数点编程时，则认为不带小数点的值是最小输入单位，即0.001mm。可以通过数控系统参数来选择是否使用小数点编程。当使用小数点编程时，尤其注意不能忽略了小数点，否则可能导致撞机床、工件的事故发生。

表3-1 两种类型的小数点编程

程序指令	计算器型小数点编程	常用型小数点编程
X10	10mm	0.01mm
X10.	10mm	10mm

数控车床加工主要是用来加工回转体零件的，由于回转体零件的径向尺寸，无论是设计尺寸还是测量尺寸都是以直径值来表示的，因此，数控车床既可以采用直径编程方式，也可以采用半径编程方式，区别在于 *X* 轴的坐标值不同。采用直径编程方式，用绝对坐标编程时，*X* 坐标值为直径值；采用相对坐标编程时，以刀具径向实际位移值的二倍

值为编程值。相对而言，直径编程较半径编程更方便，尤其在进行手工编程时，可以避免将直径值换算成半径值而可能发生的简单计算错误。如加工一个直径为100.5mm的外圆，只需将直径100.5mm定义为X坐标值，而不需换算成半径值50.25mm。所有的数控系统都设有系统变量以确定采用哪种方式编程，如需改变，可以参照机床使用说明书或咨询生产厂家，最好在设备出厂前由生产厂家确定。

(5)具备固定和复合循环加工功能，可以实现多次重复循环切削。

(6)具备刀尖圆弧半径补偿功能。

二、数控编程方法

分为手工编程和自动编程。

(1)手工编程　手工编程是指编制零件数控加工程序的各个步骤，即从零件图样分析、工艺决策、确定加工路线和工艺参数、计算刀位轨迹坐标数据、编写零件的数控加工程序单直至程序的检验，均由人工来完成。对于点位加工或几何形状不太复杂的轮廓加工，几何计算较简单，程序段也不多，手工编程即可满足加工。如简单阶梯轴的车削加工，一般不需要复杂的坐标计算，往往可以由操作人员根据工序图上的数据，直接在数控车床的面板上编写、输入数控加工程序。但对轮廓形状不是由简单的直线、圆弧组成的复杂零件，特别是空间复杂曲面零件，数值计算则相当繁琐，工作量大，容易出错，且很难校对，采用手工编程很难完成，此时必须采用自动编程完成加工。

(2)自动编程　自动编程是采用计算机辅助数控编程技术实现的，它需要一套专门的数控编程软件。现代数控编程软件主要分为以批处理命令方式为主的各种类型的语言编程系统和交互式CAD/CAM集成化编程系统。在编程时编程人员首先利用计算机辅助设计(CAD)或自动编程软件本身的零件造型功能，构建出零件几何形状，然后对零件图样进行工艺分析，确定加工方案，其后还需利用软件的计算机辅助制造(CAM)功能，完成工艺方案的制订、切削用量的选择、刀具及其参数的设定，自动计算并生成刀位轨迹文件，利用后置处理功能生成指定数控系统用的加工程序。因此我们把这种自动编程方式称为图形交互式自动编程。这种自动编程系统是一种CAD与CAM高度结合的自动编程系统。对于几何形状复杂的零件，以及几何元素不复杂但编制程序量很大的零件，用手工编程难以完成，就要采用自动编程。采用自动编程方式可最大限度地减少编程人员的工作量，大大提高编程效率，而且可以解决用手工编程无法解决的复杂零件的编程难题。

三、数控加工编程的内容与步骤

正确的加工程序不仅应保证加工出符合图样要求的合格工件，同时应能使数控车床的功能得到合理的应用与充分的发挥，以使数控车床能安全、可靠、高效地工作。数控加工程序的编制过程是一个比较复杂的工艺决策过程，应做好充分的准备工作，如了解车床、工件装夹方式、工件毛坯形状、工件的材料、刀具等。

一般来说，数控编程过程主要包括：分析零件图样、工艺处理、数学处理、编写程序单、输入数控程序及程序检验。下面对其进行简单介绍。

1. 零件图分析

零件图是制订工艺规程最主要的原始资料，在制订工艺规程时，必须首先加以认真分析。了解零件的用途、性能及工作条件，熟悉零件在产品中的功能和零件上各表面的功用，主要技术要求制订的依据，以及材料的选择是否合理等。

2. 加工工艺决策

在数控编程之前，编程人员应了解所使用数控车床的规格及性能、数控系统所具备的功能及编程指令格式等。根据零件形状尺寸及其技术要求，分析零件的加工工艺，选定合适的车床、刀具与夹具，确定合理的零件加工工艺路线、工步顺序以及切削用量等工艺参数。

(1)工、夹具的设计和选择　应特别注意要迅速完成工件的定位和夹紧过程，以减少辅助时间。使用组合夹具，生产准备周期短，夹具零件可以反复使用，经济效果好。此外，所用夹具应便于安装，便于协调工件和车床坐标系之间的尺寸关系。

(2)数控车削加工阶段划分　当零件的加工质量要求较高时，往往不可能用一道工序来满足其要求，而要用几道工序逐步达到所要求的加工质量。为保证加工质量，合理地使用设备、人力，零件的加工过程通常按工序性质不同，可分为粗加工、半精加工、精加工和光整加工四个阶段。

(3)数控车削加工工序的划分原则　有两种不同原则,即工序集中原则和工序分散原则。工序集中的特点是:

①有利于采用高生产率的专用设备和数控机床,可大大提高劳动生产率;

②设备数量少,减少了操作工人和操作面积;

③工序数目少,工艺路线短,简化了生产计划和生产组织工作;

④工件安装次数少,缩短了辅助时间,容易保证加工表面的相互位置精度;

⑤数控机床、专用设备和工艺装备投资大,尤其是专用设备和工艺装备调整和维修比较麻烦,生产准备工作量大,新产品转换周期长。

工序分散的特点是:

①设备与工艺装备比较简单,调整方便,工人容易掌握,生产准备工作量少,容易适应产品的更换;

②便于采用最合理的切削用量,减少基本时间;

③设备数量多,操作人员多,生产面积大。

在数控车床上加工零件,应按工序集中的原则划分工序,在一次安装下尽可能完成大部分甚至全部的表面加工。根据零件的结构形状不同,通常选择外圆、端面或内孔、端面装夹,并力求设计基准、工艺基准和编程原点的统一。

3. 数学处理(见第二章,第六节)

4. 编制程序

根据制定的加工路线、刀具运动轨迹、切削用量、刀具号码、刀具补偿要求及辅助动作,按照车床数控系统使用的指令代码及程序格式要求,编写或生成零件加工程序清单,并需要进行初步的人工检查,必要时进行反复修改。

5. 程序输入

采用按键输入(简单程序)、磁盘输入、计算机通信技术输入等实现加工程序的输入。

6. 程序校验、试切削

通常所编制的加工程序必须经过进一步的校验和试切削才能用于正式加工。

因为数控车床对刀系统的精度不是很高，对刀后不做调整加工出来的尺寸与程序里的名义尺寸总存在的误差。因此建议采用先试切，然后测量出误差，再把测量得到的误差输入到刀具磨损补偿里，这样才能保证最终尺寸精度。试切时的所有条件(如余量和切削参数等)都要与最后精加工时保持一致，以消除这些因素的影响。每一批的首件都应试切。对尺寸公差较小的关键尺寸，还应在最终精加工之前设置退刀和暂停指令以测量关键部位尺寸，按需要调整刀具磨损补偿。

当发现工件精度有问题时，应分析问题的性质及其产生的原因，或修改程序，或调整刀具补偿尺寸，直到符合图样规定的精度要求为止。这一步是极其重要的。

常用的校验和试切方法有：对于平面轮廓零件可在车床上用笔代替刀具、坐标纸代替工件进行空运行绘图；对于空间曲面零件，可用蜡块、塑料或木料或价格低的材料作为工件毛坯，进行试切，以此检查程序的正确性；在具有模拟图形显示功能的车床上，用静态显示(车床不动)或动态显示(模拟工件的加工过程)的方法，则更为方便。

7. 加工监控

工件在找正、程序校验、试切削和程序调试完成之后，就可进入自动加工阶段。在自动加工过程中，操作者要对切削的整个过程进行全程监控，防止出现非正常切削造成工件质量问题及其他事故。对切削过程进行监控主要考虑以下几个方面：

(1)加工过程监控　粗加工主要考虑的是工件表面的多余余量的快速切除。在车床自动加工过程中，根据设定的切削用量，刀具按预定的切削轨迹自动切削。此时操作者应注意通过切削负荷指示数据，观察自动加工过程中的切削负荷变化情况，根据刀具的承受力状况，调整切削用量，发挥车床的最大效率。

(2)切削过程中切削声音的监控　在自动切削过程中，一般开始切削时，刀具切削工件的声音是稳定的、连续的、轻快的，此时车床的运动是平稳的。随着切削过程的进行，当工件上有硬质点或刀具磨损等原因后，切削过程出现不稳定的现象，不稳定的表现是切削声音发生变化，刀具与工件之间会出现相互撞击声，车床会出现振动等。此时应及时调整切削用量及切削条件，当调整效果不明显时，应暂停车床，检查刀具及工件状况。

(3)精加工过程监控　精加工时主要是保证工件的加工尺寸和加工表面质量，切削速度较高，进给量较大。此时应着重注意积屑瘤对加工表面的影响，对于型腔加工，还应注意拐角处加工的过切与让刀现象。对于上述问题的解决，一是要注意调整冷却液的喷嘴位置，让加工表面时刻处于最佳的冷却状态；二是要注意观察工件的已加工表面质量，通过调整切削用量，尽可能避免质量的变化。如调整仍无明显效果，则应停机检察原程序编得是否合理。

特别注意的是，在暂停检查或停机检查时，要注意刀具的位置。如刀具在切削过程中停机，突然的主轴停转，在切削力的影响下会使工件表面产生刀痕。一般应在刀具离开切削状态时，才考虑停机。

(4)刀具监控　刀具的质量很大程度上决定了工件的加工质量。在自动加工切削过程中，要通过声音监控、切削时间控制、切削过程中暂停检查、工件表面分析等方法判断刀具的正常磨损状况及非正常破损状况。要根据加工要求，对刀具及时进行处理，防止发生因刀具未及时处理而产生的加工质量问题。

四、数控车削加工程序构成

数控车削加工程序分为主程序和子程序。

1. 主程序

通常数控系统按主程序指令运行，但在主程序中遇有调用子程序的情形时，则数控系统将按子程序的指令运行，在子程序调用结束后返回主程序继续执行。数控车床 CNC 存储区内一般可存储 125 个主程序和子程序。FANUC 系统程序开始的程序号用 EIA 标准代码 O 地址指令，例如 O1234。

2. 子程序

在加工程序中有一些固定的程序部分或反复出现的加工图形，就可以把这些作为子程序，预先储存到存储器中，随时调取，可大大简化程序编制。调出的子程序可以再调用另一个子程序，称为子程序嵌套或多重调用，将主程序调用子程序称为一重子程序调用。一个子程序可被多次调用，用一次调用指令可以重复 99 次调用。

(1)子程序的编制　在子程序的开始为 O 地址指定的程序号、子程序中最后结束子程序指令为 M99，为一单独程序段。例如：

O2234；（子程序号 O2234）

G01 U-2 F0.2；（直线插补，直径方向增量移动 2mm，进给量 0.2mm/r）

Z-50；（直线插补，轴向绝对方式移动 50mm）

G00 X100 Z100；（快速退刀至安全位置）

M99；（子程序结束并返回主程序）

（2）子程序的执行　子程序是由主程序或上层子程序调出并执行。子程序调用指令如下：M98P××××××；其中，地址 P 后面所跟的数字中，前两位用于指定调用的重复次数，后四位用于指定被调用的子程序的程序号。M98 指令可与刀具移动指令放于同一程序段中。

［例 1］　M98 P61002；（调用 1002 号子程序，调用 6 次）。

［例 2］　M98 P1005；［调用 1005 号子程序，调用 1 次（默认值为 1）］。

［例 3］　M98 P20004；（调用 4 号子程序，调用 2 次）。

说明：

①子程序名和主程序名不得相同。

②当找不到地址 P 指定的子程序号时系统将报警。

③在 MDI 方式下使用 M98 P****调用指定的子程序是无效的。

3. 程序名

O××××（地址 O 后面可以是 1～4 位数字），程序以程序号开始，以 M02 或 M30 的结束。

4. 顺序号和程序段

程序是由多条指令组成，每一条指令都称为程序段。

程序段的构成　N — G — X(U) — Z(W) — F — M — S — T

N	G	X(U)	Z(W)	F	M	S	T
↓	↓	↓	↓	↓	↓	↓	↓
程序段号	准备功能	X 轴移动指令	Z 轴移动指令	进给功能	辅助功能	主轴功能	工具功能

每个程序段的开头是程序段的序号，以字母 N 和 1～4 位数字表示，例如 N10 G00 X25 Z2；（程序段的序号 N10 可以省略）程序段的序号后面一般是准备功能 G 指令，再后是车床运动的目标坐标值，如用 X，Z 等指定运动坐标值；在工艺性指令中，F 代码为进给速度指令，S

代码为主轴转速指令，T 为刀具号指令，M 代码为辅助功能指令。

程序段之间应用程序段结束符号隔开，ISO 代码中程序段结束符号为 LF，EIA 代码中程序段结束符号为 CR。在操作面板的屏幕上均显示为"；"。构成程序段的要素是程序字，程序字由地址及其后的数值构成。

5. 字和地址

程序段由字组成，而字由地址和地址后带符号的数值构成，如：X100 地址是大写字母，它规定了其后数字的意义。

这些字组合在一起就形成了一个程序段，如：N10 G00 X100 Z200；

一个完整的数控车削加工程序如下：

```
O1234；
N10 T0101；
N20 M03 S900；
N30 G99；
N40 G00 X70 Z-10；
N50 M98 P101235；
N60 G00 X100 Z100；
N70 M05；
N80 M30；
```

说明：

(1)程序顺序号由 N 指明，范围为 1～9999，顺序号是任意给定的，可以不连续，可以在所有的程序段中都指定顺序号，也可以只在必要的程序段中指明顺序号。例如：

```
O1234；
T0101；
M03 S900；
G99；
G00 X70 Z-10；
N50 M98 P101235；
G00 X100 Z100；
M05；
```

M30；

(2)程序段中的程序字数目是可变的，程序段的长度也就是可变的，便于人工编辑修改。

五、数控车削准备功能(G代码)

现在我国规定了数控加工程序指令的标准化，主要包括准备功能码(G代码)、辅助功能码(M代码)及其他指令代码。我国原机械工业部制定了有关G代码和M代码的JB 3202—1983标准，它与国际上使用的ISO 1056—1975E标准基本一致。

准备功能由地址G和两位数字组成，又称为G功能。G代码分为模态G代码和非模态G代码两种类型。从0～100，共有100个，如表3-2所示。

表3-2　FANUC系统数控车G代码列表

G代码	组	功　　能	G代码	组	功　　能
G00	01	快速定位	G22	09	存储行程检测功能有效
G01		直线插补(切削进给)	G23		存储行程检测功能无效
G02		顺时针圆弧插补(CW)	G27	00	返回参考点检测
G03		逆时针圆弧插补(CCW)	G28		自动返回参考点
G04	00	暂停	G29		从参考点返回
G07.1		圆柱插补	G30		返回第2,3,4参考点
G10		可编程数据输入	G31		跳转功能
G11		可编程数据输入方式取消	G32	01	螺纹切削
G12.1	21	极坐标插补方式	G34		可变导程螺纹加工
G13.1		极坐标插补方式取消	G40	07	刀具半径补偿取消
G17		选择XY平面(数控车不指定)	G41		刀具半径左补偿
			G42		刀具半径右补偿
G18	16	选择ZX平面(数控车不指定)	G50	00	工件坐标系设定或最高转速限制
G19		选择YZ平面(数控车不指定)	G50.3		工件坐标系预设
			G52		局部坐标系设定
G20	06	英制输入	G53		直接机床坐标系编程
G21		公制输入	G54	14	选择工件坐标系1

续表 3-2

<table>
<tr><th>G代码</th><th>组</th><th>功　能</th><th>G代码</th><th>组</th><th>功　能</th></tr>
<tr><td>G55</td><td rowspan="5">14</td><td>选择工件坐标系 2</td><td>G80</td><td rowspan="7">10</td><td>固定钻循环取消</td></tr>
<tr><td>G56</td><td>选择工件坐标系 3</td><td>G83</td><td>钻孔循环</td></tr>
<tr><td>G57</td><td>选择工件坐标系 4</td><td>G84</td><td>攻丝循环</td></tr>
<tr><td>G58</td><td>选择工件坐标系 5</td><td>G85</td><td>镗孔循环</td></tr>
<tr><td>G59</td><td>选择工件坐标系 6</td><td>G87</td><td>侧钻循环</td></tr>
<tr><td>G65</td><td>00</td><td>宏程序调用</td><td>G88</td><td>侧攻丝循环</td></tr>
<tr><td>G66</td><td rowspan="2">12</td><td>宏程序模态调用</td><td>G89</td><td>侧镗循环</td></tr>
<tr><td>G67</td><td>宏程序模态调用取消</td><td>G90</td><td rowspan="4">01</td><td>外径/内径切削循环</td></tr>
<tr><td>G70</td><td rowspan="7">00</td><td>精车循环</td><td>G91</td><td>增是值输入(数控车不指定)</td></tr>
<tr><td>G71</td><td>外径/内径粗车循环</td><td>G92</td><td>螺纹切削循环</td></tr>
<tr><td>G72</td><td>端面粗车循环</td><td>G94</td><td>端面车削循环</td></tr>
<tr><td>G73</td><td>固定形状粗车循环</td><td>G96</td><td rowspan="2">02</td><td>表面恒线速控制</td></tr>
<tr><td>G74</td><td>间断纵向切削循环</td><td>G97</td><td>表面恒线速控制取消</td></tr>
<tr><td>G75</td><td>间断端面切削循环</td><td>G98</td><td rowspan="2">05</td><td>每分钟进给</td></tr>
<tr><td>G76</td><td>螺纹切削复合循环</td><td>G99</td><td>每转进给</td></tr>
</table>

说明：

(1)准备功能 G 指令按功能分成若干组，其中几组的指令称为非模态 G 指令，其只限定在被指定的程序段中有效。其余 01 组的 G 代码指令属于模态 G 指令，具有连续性，在后续程序中只要同组其他 G 指令未出现之前一直有效。例如：

```
G01 X30 F0.2;  ┐
Z-40;          │
X45;           ├ G01 在这之间均有效
G00 Z100;      ┘
```

当程序段中出现 G00 时，G01 的模态改变了。

不同组的 G 指令在同一个程序段中可以指令多个同组的 G 指令，在一个程序段中指令多个时以后指令者有效。如 G01_，G00_，F_都是模态代码，其中 G01，G00 同一组的。

(2)当在程序段中使用了表中所没有的 G 代码，或在同一个程序内使用了两个或两个以上同一组的G代码时，数控系统将产生“程序段错误”的报警。

第三节 FANUC—0T数控车系统功能代码简介

一、准备功能(G代码)

1. 快速定位指令 G00

指令格式 G00 X(U)_ Z(W)_；

其中 X,Z——目标点在工件坐标系中的坐标；

U,W——增量坐标编程方式，指刀具移动的距离。

G00指令的功能是刀具相对于工件以各轴预先设定的速度，从当前位置快速移动到程序段指令的定位目标点。G00指令中的快移速度由机床参数“快移进给速度”对各轴分别设定，所以快速移动速度不能在地址F中规定，快移速度可由面板上的快速修调按钮修调。在执行G00指令时，由于各轴以各自的速度移动，不能保证各轴同时到达终点，因此联动轴直线的合成轨迹不一定是直线，操作者必须格外小心，以免刀具与工件发生碰撞。常见G00运动轨迹如图3-5所示，从A点到B点常见有以下两种方式：直线AB、折线AEB。折线的起始角θ是固定的(如$\theta=22.5°$或$45°$)，它取决于各坐标的脉冲当量，一般Z轴的脉冲当量大于X轴的脉冲当量。

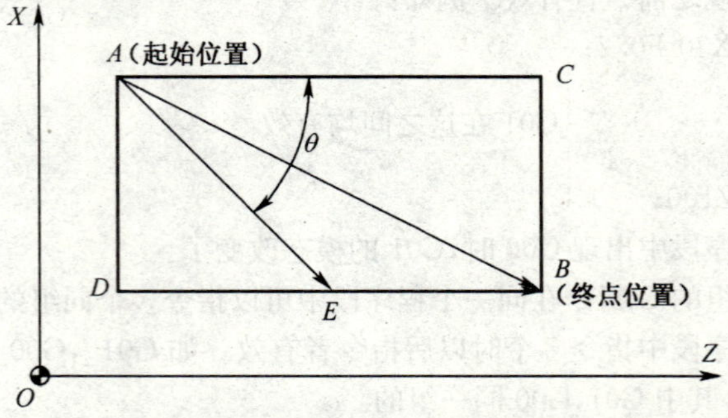

图3-5 G00快速定位轨迹图

G00 为模态功能，可以由 G01，G02，G03 等其他功能代码注销。目标点位置坐标可以用绝对值或相对（增量）值，也可以混用。例如，需将刀具从起点 S 快速定位到目标点 P，如图 3-6 所示，其编程方法如表 3-3 所示。

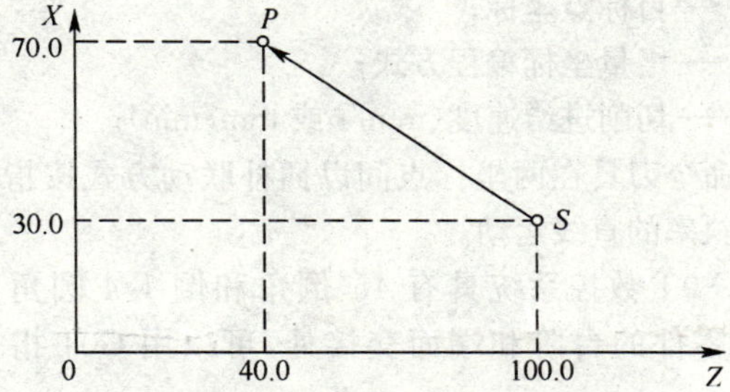

图 3-6　绝对、相对、混合编程

表 3-3　绝对、相对、混合编程实例

绝对值编程	G00	X70	Z40
相对值编程	G00	U40	W-60
混合编程	G00	U40	Z40
	G00	X70	W-60

［G00 应用举例］如图 3-7 所示，要求刀具从 A 点快速移动至 B 点。

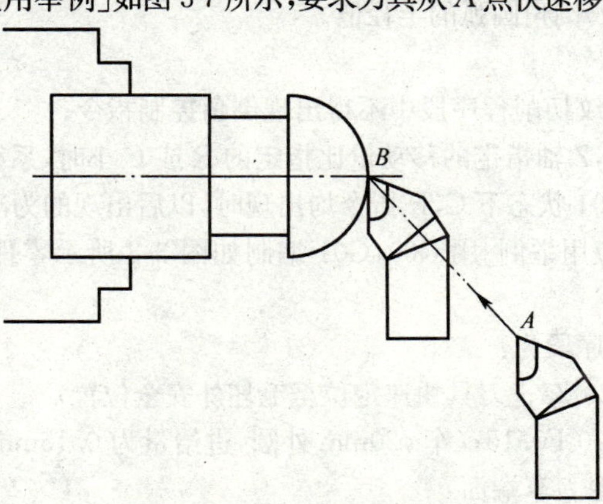

图 3-7　G00 应用举例

参考程序段为：

绝对值方式编程：G00 X0 Z0；（*B* 点为编程原点）

2. 直线插补指令 G01

指令格式 G01 X(U)_ Z(W)_ F_；

其中 X,Z——目标点坐标；

U,W——增量坐标编程方式；

F——切削进给速度(mm/r 或 mm/min)。

该指令命令刀具在两坐标点间以插补联动方式按指令的 F 进给速度做任意斜率的直线运动。

FANUC-0T 数控系统具有 45°倒角和倒 1/4 圆角的功能。在加工回转体零件的台阶和端面交接处，可以用 G01 指令实现倒角和倒圆。

(1)直线倒角

程序段格式 G01 X_ K(C)_ F_；或 G01 Z_ I(C)_ F_；

其中 X,Z——倒角后刀尖所在位置的坐标值；

I(C),K(C)——倒角值，如果倒角后刀具沿坐标轴的正方向运动，I,K 取正值；反之取负值。

(2)圆弧倒角

程序段格式 G01 X_ Z_ R_；

其中 R——倒角圆弧的半径值。

说明：

①在螺纹切削程序段中不得出现倒角控制指令；

②如 X,Z 轴指定的移动量比指定的 R 或 C 小时，系统将报警；

③在 G01 状态下 C,R 指令均出现时，以后出现的为准。

[G01 应用举例]用 G00,G01 编制如图 3-8 所示零件的精加工程序段。

参考程序段为：

G00 X20 Z5；（刀具快速定位至毛坯外安全位置）

G01 Z-20 F0.15；（车 ϕ20mm 外圆，进给量为 0.15mm/r）

X36；（退刀车端面）

Z-45；（车 ϕ36mm 外圆）

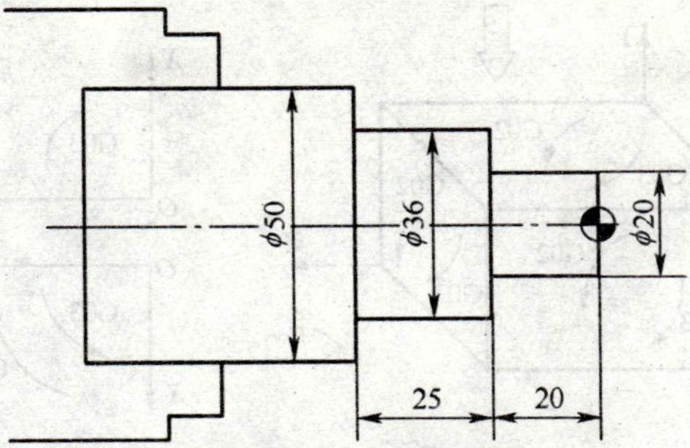

图 3-8 G01 应用举例

X51;(退刀车端面)

G00 X100 Z100;(快速退刀至安全位置)

3. 顺/逆时针圆弧插补指令 G02/G03

该指令命令刀具在 XZ 坐标平面内,按指定的 F 进给速度进行圆弧插补运动,切削出圆弧轮廓。G02 为顺时针圆弧插补指令,G03 为逆时针圆弧插补指令。

在 XZ 平面中,指令格式 G02/G03 X(U)_ Z(W)_ I_ K_ F_;或 G02/G03 X(U)_ Z(W)_ R_ F_;

其中 X,Z——圆弧终点坐标;

I,J——圆弧起点到圆心在 X,Y 轴上的增量值;

R——圆弧半径;

F——进给量。

顺时针圆弧与逆时针圆弧的判别方法:在使用 G02 或 G03 指令之前,要正确判别刀具在加工零件时是按顺时针路径做圆弧插补运动,还是按逆时针路径做圆弧插补运动。

在 XZ 平面内向 Y 轴的负方向看去,刀具相对工件进给的方向顺时针为 G02,逆时针为 G03。加工同一段圆弧时,前置刀架的数控车床所使用的圆弧插补指令 G02(G03)与后置刀架的数控车床恰好相反。如图 3-9 所示。

在圆弧切削时注意,当用半径 *R* 指定圆心位置时,由于在同一半径 *R* 的情况下,从圆弧的起点到终点有两个圆弧的可能性,为区别两

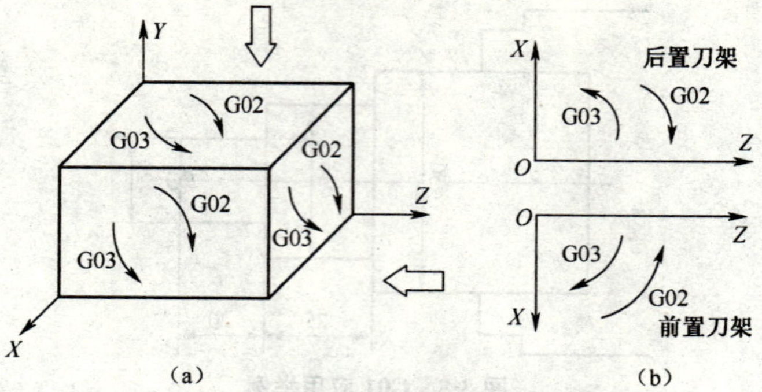

图 3-9 圆弧顺、逆时针插补的判断

者，规定圆心角 $\alpha\leqslant180°$ 时，用“$+R$”表示（+可省略），$\alpha\geqslant180°$ 时，用“$-R$”表示。用半径 R 指定圆心位置时，不能描述整圆。整圆切削只能用 I,J,K 编程。I,K 的指定也可用 R 指定，当两者同时被指定时，R 指令优先，I,K 无效；当有 I,K 为零时，就可以省略；无论 G90 还是 G91 方式，I,J,K 都按相对坐标编程；圆弧插补时，不能用刀补指令 G41/G42。

[G02 应用举例]用 G02 编制如图 3-10 所示零件的精加工程序段。

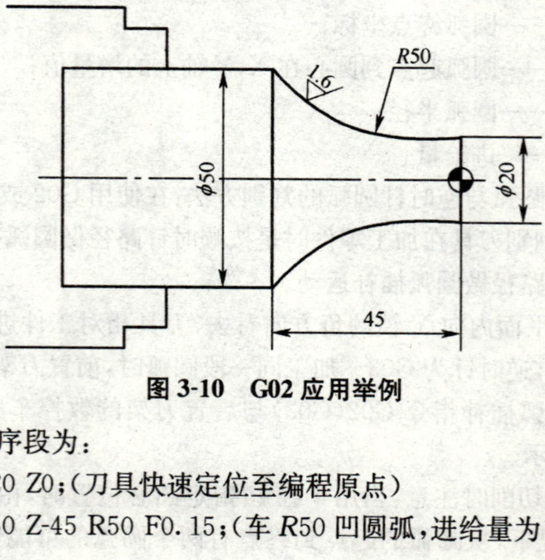

图 3-10 G02 应用举例

参考程序段为：

G00 X20 Z0；（刀具快速定位至编程原点）

G02 X50 Z-45 R50 F0.15；（车 $R50$ 凹圆弧，进给量为 0.15mm/r）

G00 X100 Z100;(快速退刀至安全位置)

[G03 应用举例]用 G03 编制如图 3-11 所示零件的精加工程序段。

参考程序段为:

G00 X0 Z0;(刀具快速定位至编程原点)

G03 X50 Z-45 R50 F0.15;(车 *R*50 凸圆弧,进给量为 0.15mm/r)

G00 X100 Z100;(快速退刀至安全位置)

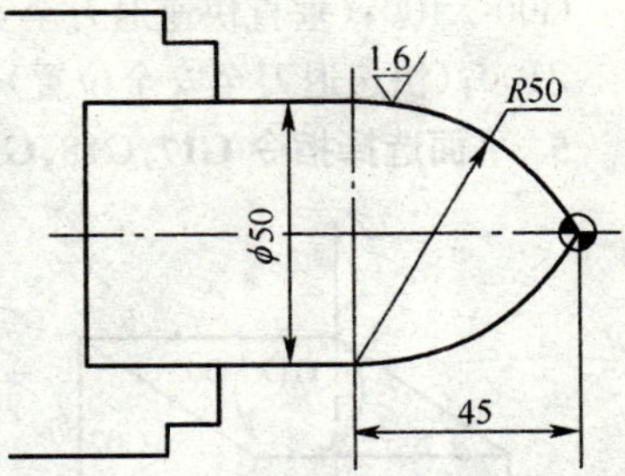

图 3-11　G03 应用举例

4. 暂停指令 G04

该指令使刀具做短时间的无进给运动,适用于车削沟槽、钻孔、锪平面等加工,提高工件表面加工质量。G04 为非模态指令,仅在其被规定的程序段中有效。

指令格式　G04 X_或 P_;

其中　X_或 P_——指刀具暂停时间(进给停止,主轴不停止),地址 P 或 X 后的数值是暂停时间。X 后面的数值要带小数点,否则以此数值的千分之一计算,以秒(s)为单位;P 后面数值不能带小数点(即整数表示),以毫秒(ms)为单位。

例如,G04 X2.0;或 G04 X2000;(暂停 2s)

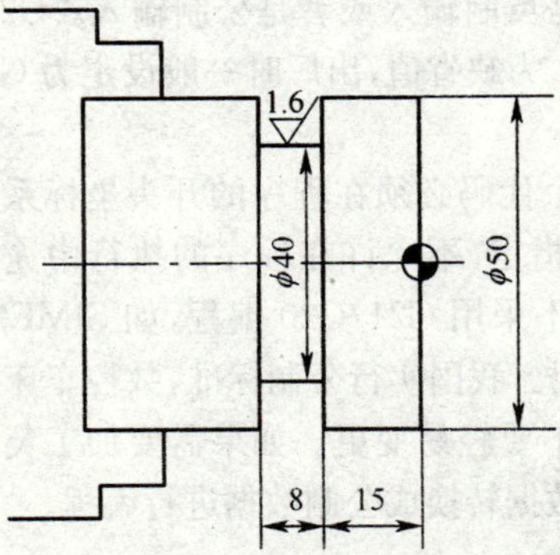

图 3-12　切槽加工举例

[G04 应用举例]用 G04 编制如图 3-12 所示零件的切槽加工程序段,切槽刀宽 8mm。

参考程序段为:

G00 X52 Z-23;(刀具快速定位至毛坯外安全位置)

G01 X40 F0.1;(径向切槽,进给量为 0.1mm/r)

G04 X2.0;(暂停 2s)

G00 X100;(垂直快速退刀至安全位置)

Z100;(快速退刀至安全位置)

5. 平面选择指令 G17,G18,G19

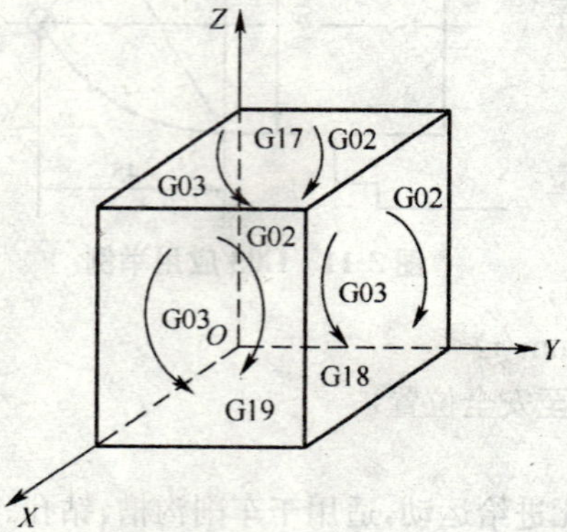

图 3-13　平面选择和圆弧插补指令

平面选择指令 G17,G18,G19 分别用来指定程序段中刀具的圆弧插补平面和刀具半径补偿平面。G17:选择 XY 平面,G18:选择 ZX 平面,G19:选择 YZ 平面。图 3-13 为平面选择和圆弧插补指令示意图。因为数控车床只有两个轴,因此数控车床总是在 XZ 坐标平面内运动,在程序中不需要用 G18 指令指定。一般数控车床默认在 ZX 平面内加工。

6. 英制输入 G20(单位 in 即英寸)和公制输入 G21(单位 mm)指令

使用 G20/G21 指令可以选择是英制输入或者是公制输入。G20,G21 为模态功能,可相互注销。G21 为缺省值,出厂时一般设定为 G21 状态。

注意:有些数控系统要求这两个代码必须在程序的开头坐标系设定之前用单独的程序段指令,一经指定,不允许在程序的执行中途切换。而有些系统的公制/英制尺寸不采用 G21/G20 编程,如 SIMENS 和 FAGOR 系统采用 G71/G70 代码。我国实行公制标准,数控车床在出厂时已经按公制设定好,操作者不要轻易变更。如果需要加工英制单位的工件,编程人员可以将英制数据转换成公制数据进行编程。

7. 坐标系相关的 G 指令

(1)自动返回参考点指令 G28　格式　G28 X_ Z_;

功能:G28 指令刀具,先快速移动到指令值所指令的中间点位置,然后自动返回参考点。

说明:X,Z 在绝对值编程时是中间点的坐标值,在增量值编程时是中间点相对刀具当前点的移动距离。对各轴而言，移动到中间过渡点或移到参考点均是以快速移动的方式来完成的（非直线移动），这种定位完全等效于 G00 定位。例如：

G90 G28 X140 Z150 T0100；（绝对编程）

G91 G28 X80 Z60 T0100；（绝对编程）

说明：在系统启动之后，当没有执行手动返回参考点功能时，指定 G28 指令无效。G28 指令仅在被规定的程序段有效，并且在执行该指令前，须预先取消刀补。

(2)从参考点返回指令 G29 格式 G29 X_ Z_；

功能：G29 指令各轴从参考点快速移动到前面 G28 所指令的中间点，然后移到 G29 所指令的返回点定位，这种定位完全等效于 G00 定位。

说明：X，Z 值在 G90 时返回点的坐标值，G91 时是返回点相对中间点的移动距离。G29 指令只在其被规定的程序段内有效。

[G28 和 G29 应用举例]

```
O1111;
G29 X50 Z100;
T0100;
N10 G90 G28 X80 Z200 T0100;
N20 T0202;(换刀)
N30 G00 X50 Z100;
N40 M30;
```

8. 数控车固定、复合循环功能

用数控车床加工零件，一些典型的加工工序，如车削外圆、端面、圆锥面、车螺纹、镗孔等，所需完成的动作循环次数较多，十分典型，采用一般的 G 代码指令程序会烦琐得多，采用复合循环车削指令 G70～G76，将这些典型动作预先编好程序并存储在存储器中，用 G 代码进行指令。循环中的 G 代码指令的动作程序要比一般的 G 代码所指令的动作要多得多，只需给出精加工形状的轨迹、指定精车加工的吃刀量，系统就会自动计算出精加工路线和加工次数，自动决定中途进行粗车的刀具轨迹，因此可大大简化编程。

FANUC 数控系统具有以下一些循环切削功能。

(1)外径/内径切削循环 G90　利用 G90 指令可以分别进行外径/内径切削循环和端面切削循环，循环过程包含了“切入——切削——退刀——返回”等 4 个动作，仅用一个程序段指令。

G90 指令用于零件毛坯余量较大或直接用棒料毛坯进行精车前的粗车，以切除毛坯的大部分余量。

指令格式　G90 X(U)_ Z(W)_ F_；或 G90 X(U)_ Z(W)_R_ F_；

其中　X(U)，Z(W)——车削循环中车削进给路线的终点坐标值，U，W 取值为圆柱面切削终点相对循环起点的坐标分量；

F——程序指定的切削进给速度；

R——圆锥面起点半径与终点半径的差值，有正、负号之分。

图 3-14 为 G90 固定循环中加工轨迹示意图，图中①——快速点定位 G00，②——切削进给，按直线插补指令 G01 的进给速度进行，③——退刀，按指令 G01 的进给速度进行，④快速返回起刀点，按 G00 指令进行。

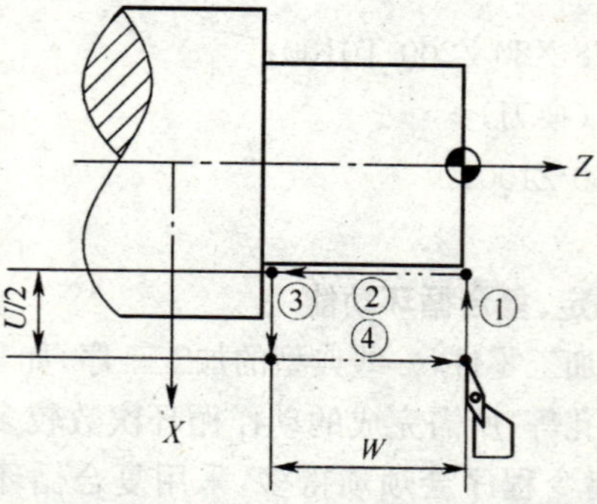

图 3-14　G90 固定循环中加工轨迹示意图

在进行单段加工时，按一次程序启动按钮，可进行图 3-14 的①，②，③，④的轨迹操作，即刀具的切入→切削→退刀→返回。G90 指令及指令中参数为模态指令，每指定一次，循环车削一次。

①G90 固定循环中单一台阶轴加工的应用：如图 3-15 所示。

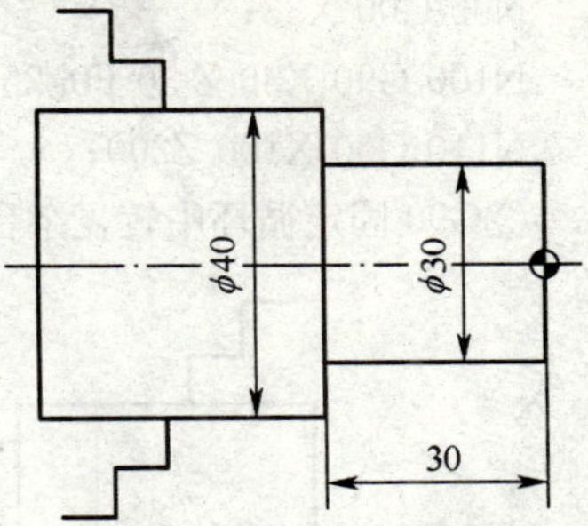

图 3-15 G90 固定循环中单一台阶轴加工的应用

参考程序为：

O1111；

N10 T0101；(90°外圆车刀)

N20 M03 S9；(主轴正转，转速 S9 挡)

N30 G99；(转进给)

N40 G00 X40 Z5；(X40 为每次循环 X 方向的退刀点)

N50 G01 Z2 F0.3；

N60 G90 X38 Z-30 F0.25；包括四步：
- G00 X38；
- G01 Z-30 F0.25；
- G01 X40；
- G00 Z2；

N70 X36；

N80 X34；

N90 X32；

N100 X30；

N110 G00 X100 Z200；

N120 M05；

N130 M30；

以上程序每次循环都是返回了加工起始点，如 N40 中的 X40，产生了重复车削端面的现象，为了提高效率，可将循环部分改为：

N60 G90 X38 Z-30 F0.25；

N65 G00 X39；

N70 G90 X36 Z-30 F0.25；

N75 G00 X37；

N80 G90 X34 Z-30 F0.25；

N85 G00 X35；

N90 G90 X32 Z-30 F0.25；

N95 G00 X33；

N100 G90 X30 Z-30 F0.25；

N110 G00 X100 Z200；

②G90 固定循环中较复杂台阶轴粗加工的应用：如图 3-16 所示。

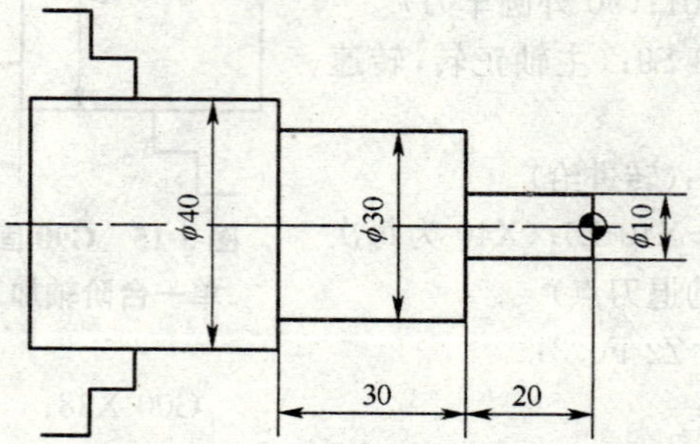

图 3-16　G90 固定循环中复杂台阶轴加工中的应用

参考程序为：

O1111；

N10 T0101；(90°外圆车刀)

N20 M03 S9；

N30 G99；(转进给)

N40 G00 X40 Z5；(X40 为每次循环退刀点)

N50 G01 Z2 F0.3；

N60 G90 X38 Z-50 F0.2；

N70 X36；

N80 X34；

N90 X32；

N100 X30；

N110 G00 X31 Z2；(X31 为每次循环退刀点)

N120 G90 X25 Z-20 F0.2；

N130 X20；

N140 X15；

N150 X10.5；

N160 G00 X100 Z200;

N170 M05;

N180 M30;

③G90 固定循环中锥面加工的应用:如图 3-17 所示,适用于单件小批量。

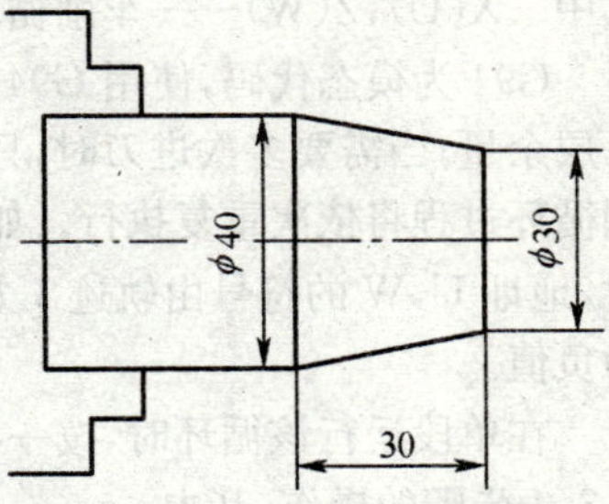

图 3-17 G90 固定循环中锥面加工的应用

参考程序为:

O1111;

N10 T0101;(90°外圆车刀)

N20 M03 S9;

N30 G99;

N40 G00 X40 Z5;(X40 为每次循环的退刀点)

N50 G01 Z0 F0.3;

N60 G90 X48 Z-30 R-5 F0.2;{X48 指车削锥度大头直径坐标值,X48=$\phi40+[(\phi40-\phi30)-a_p](a_p=2mm)$,R 指沿进给方向看,起始点直径减终止点直径除以 2,+号可省略}

N80 X46;

N90 X44;

N100 X42;

N110 X40;

N120 G00 X100 Z200;

N130 M05;

N140 M30;

由上述程序可看出,此加工方式加工效率较低。

按大批量生产编程需计算节点,如图 3-18 所示车削轨迹,可大大提高加工效率。

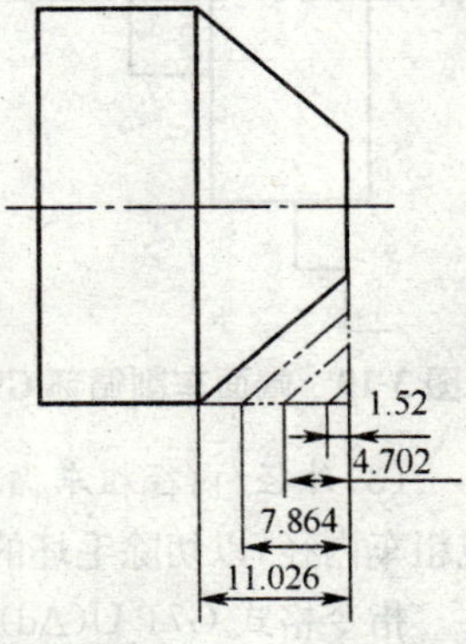

图 3-18 节点计算

(2)端面车削循环 G94 用于一些长度短、平面大的零件的垂直端面或锥形端面的加工，直接从毛坯余量较大或棒料车削零件时进行的粗加工，以去除大部分毛坯余量。

指令格式　G94 X(U)_ Z(W)_ F_；

其中　X(U)，Z(W)——车削循环中车削进给路线的终点坐标。

G94 为模态代码，使用 G94 循环指令进行粗车加工时，每次车削一层余量；当需要多次进刀时，只需按背吃刀量依次改变 Z 的坐标值，则循环过程将依次重复执行。如图 3-19 所示，在程序段中用增量指令时，地址 U，W 的符号由轨迹 1 及 2 的方向决定，如果 Z 为负值，W 也为负值。

在单段运行该循环时，按一次循环启动键，可进行如图 3-19 中 1，2，3，4 步骤的操作，其中：

(R)——快速进给 G00；

(F)——F 指定的切削速度。

锥端面车削固定循环，如图 3-20 所示。

指令格式　G94 X(U)_ Z(W)_ (R)_ F_；

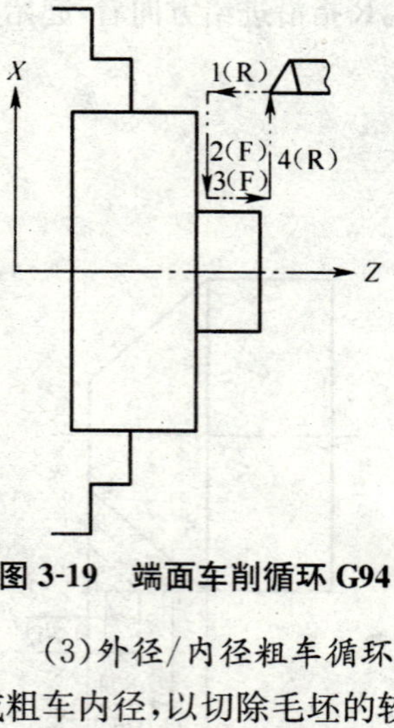

图 3-19　端面车削循环 G94

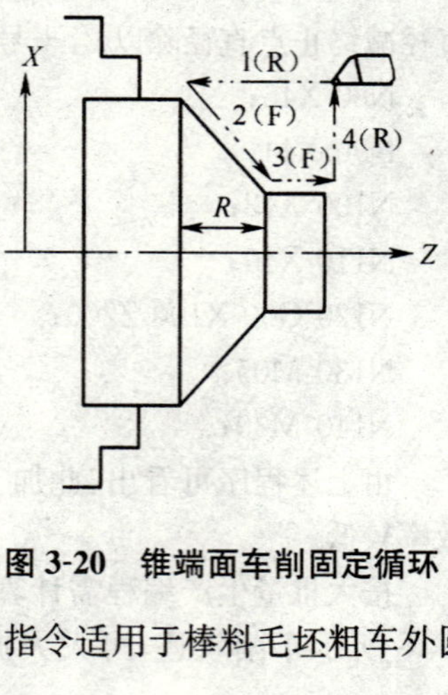

图 3-20　锥端面车削固定循环

(3)外径/内径粗车循环 G71　G71 指令适用于棒料毛坯粗车外圆或粗车内径，以切除毛坯的较大余量。

指令格式 G71 U(Δd) R(e)；

G71 P(ns) Q(nf) U±(Δu) W±(Δw) F_ S_；

N(ns)…;

…

N(nf)…;

其中　Δd——粗加工每次背吃刀量(半径值),无符号,车削方向沿AA′的方向;

e——退刀量,该参数为模态值,直到指定另一个值前保持不变;

ns——精车程序第一个程序段的顺序号;

nf——精车程序最后一个程序段的顺序号;

Δu——X 方向预留精车余量(直径值);

Δw——Z 方向预留精车余量。

说明:

①粗车循环过程中从 N(ns)到 N(nf)之间的程序段中的 F,S 功能均被忽略,只有 G71 指令中指定的 F,S 功能有效;

②在粗车削循环过程中,刀尖半径补偿功能无效;

③在顺序号为 ns 的顺序段中,必须使用 G00 或 G01 指令;

④在顺序号为 ns 的顺序段中,使用 G71 指令时,不得有 Z 轴方向的位移,使用 G72 指令时,不得有 X 轴方向的位移;

⑤处于 ns 到 n 于程序段之间的精加工程序不应包含有子程序。

G71 循环指令可用于两种类型的粗车加工,一是零件轮廓在 X 和 Z 方向坐标值必须是单调增加或减小;二是零件轮廓在 X 方向坐标值不是单调变化的,允许有凹槽,但在 Z 方向必须是单调变化的。

(4)精车循环 G70　使用 G71,G72,G73 指令完成零件的粗车加工之后,可以用 G70 指令进行精加工,切除粗车循环中留下的余量。

指令格式　G70 P(ns) Q(nf);

其中　ns——精车程序第一个程序段的顺序号;

nf——精车程序最后一个程序段的顺序号。

G70 指令在程序中不能单独出现,要分别与 G71,G72,G73 配合使用,其编程格式为:

…

N_ G71 P ns Q nf…;(G71,G72 或 G73 粗车循环指令)

N ns…；（为粗车循环定义的精加工路径的第一个程序段）

…

N nf…；（为粗车循环定义的精加工路径的最后一个程序段）；

G70 P ns Q nf；（精车循环指令）

…

［G71，G70 应用举例］试对图 3-21 所示零件用 G71，G70 进行粗精加工。

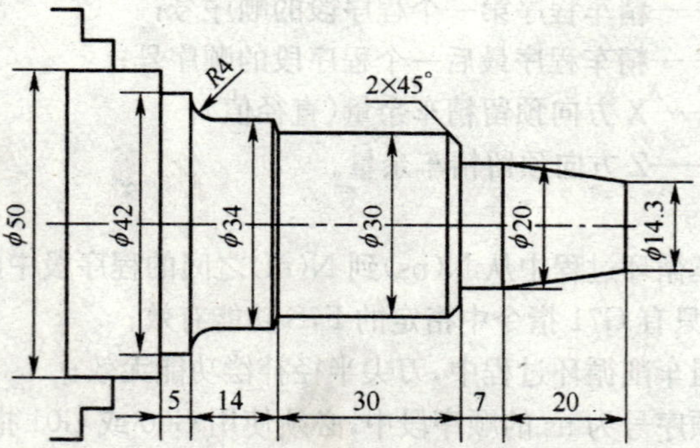

图 3-21　G71，G70 外圆复合循环指令编程举例

参考程序为：

O3601；

N10 M03 S9；

N20 T0101；

N30 G99；

N50 G00 X55 Z5；

N60 G01 X51 Z1 F0.2；

N70 G71 U1 R0.5；

N80 G71 P90 Q200 U0.5 W0.1；

N90 G00 X14.3；

N100 G01 Z0；

N110 G01 X20 Z-20；

N120 G01 Z-27；

N130 X26;

N140 X30 W-2;

N150 Z-57;

N160 X34 C-0.5;

N170 G01 X34 W-0.5;

N180 W-10;

N190 G02 X42 W-4 R4;

N200 G01 W-5;

N210 G01 X51;

N220 G00 Z1;

N230 G70 P90 Q200;

N240 G00 X150;

N250 Z100;

N260 M05;

N270 M30;

[G71 应用举例] 加工外径 ϕ100mm、长度 70mm 的毛坯，工件原点位于毛坯右端面的中心，如图 3-22 所示。

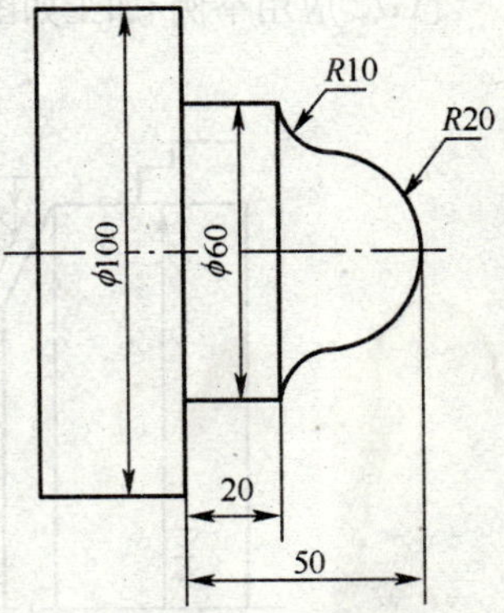

图 3-22　G71 应用举例

参考程序为：

O0001;

N10 T0101;

N20 M03 S9;

N30 G01 X100 Z0 F100;

N40 G71 U2 R1;

N50 G71 P60 Q90 U1 W1 F100;

N60 G01 X0 F120;

N70 G03 X40 Z-20 R20;

N80 G02 X60 Z-30 R10;

N90 G01 Z-50;

N100 G70 P60 Q90;

N110 G00 X100;

N120 Z100;

N130 M05;

N140 M30;

(5)端面粗车循环 G72　G72 与 G71 指令加工方式相同,只是车削循环是沿着平行于 X 轴进行的,即从外径方向往轴心方向车削端面循环。适用于毛坯是圆钢、各台阶面直径差较大的工件。

指令格式 G72 W(Δd) R(e);

G72 P(ns) Q(nf) U±(Δu) W±(Δw) F_ S_;

N (ns)…;

…[程序段号 N(ns)到 N(nf)之间的程序段定义工件的精车路线]

N(nf)…;

其中,各参数的含义与 G71 指令中的相同。

[G72 应用举例]加工如图 3-23 所示零件,用 G72 编写程序。

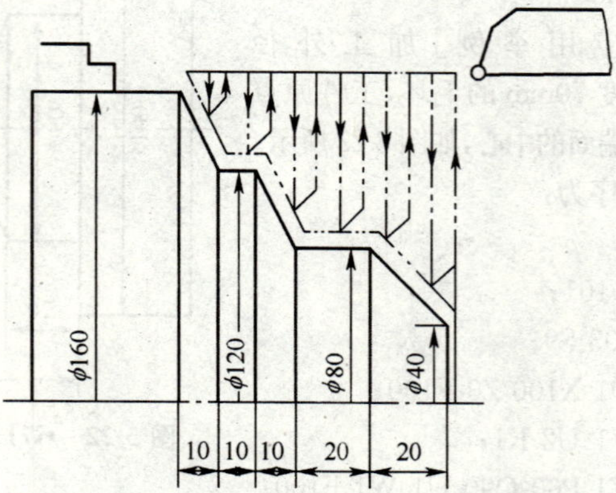

图 3-23　G72 端面粗、精车循环应用举例

参考程序为:

O1234;

M03 S8;

T0101;

```
G99;
G00 X165 Z-70;
G72 W2 R1;
G72 P10 Q20 U1 W1 F0.2;
N10 G01 Z-70 F0.2;
X160;
G01 X120 Z-60;
Z-50;
X80 Z-40;
Z-20;
N20 X40 Z0;
G00 X161 Z200;
G70 P10 Q20;
M05;
M30;
```

(6)固定形状粗车循环 G73　固定形状粗车循环是按照一定的切削形状,逐渐地接近最终形状的循环切削方式。一般用于零件毛坯的形状已用锻造或铸造方法成形的零件的粗车,加工效率较高。

指令格式 G73 U(Δi) W(Δk) R(d);

G73 P(ns) Q(nf) U±(Δu) W±(Δw) F_ S_;

其中　ns,nf,Δu,Δw,F 和 S 与 G71 指令中的相同;

Δi——X 轴的退刀距离和方向(半径值);

Δk——Z 轴的退刀距离和方向;

d——粗车循环次数。

说明:

①X 方向和 Z 方向的精车余量△u 和△w 的正负号确定方法与 G71 指令相同;

②在粗车削循环过程中,刀尖半径补偿功能无效。

[G73 复合循环应用举例 1]如图 3-24 所示零件,用 G73 指令编写粗车循环程序。

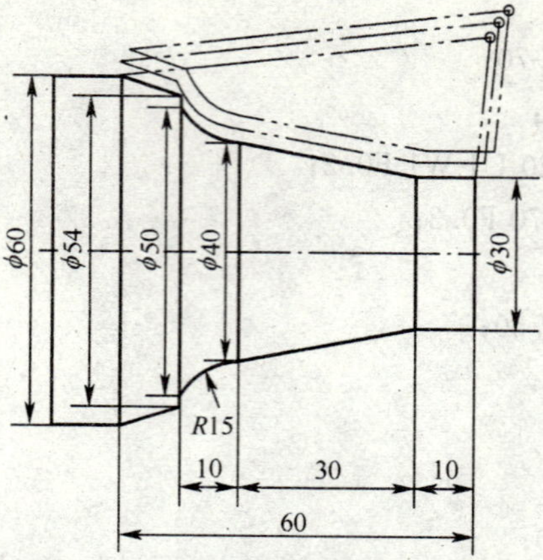

图 3-24　固定形状粗车循环 G73 应用举例 1

参考程序为：

```
O1234;
M03 S500;
T0101;
G99;
G00 X65 Z5;
G73 U15 R10;
G73 P10 Q20 U1 W0.5 F0.2;
N10 G00 X30;
Z1;
G01 Z-10;
X40 Z-40;
G02 X50 Z-50 R15;
G01 X54;
N20 G01 X60 Z-60;
G00 X100 Z200;
M05;
M30;
```

[G73 复合循环应用举例 2]如图 3-25 所示零件，用 G73 指令编写粗车循环程序，毛坯为 ϕ34mm×45mm。

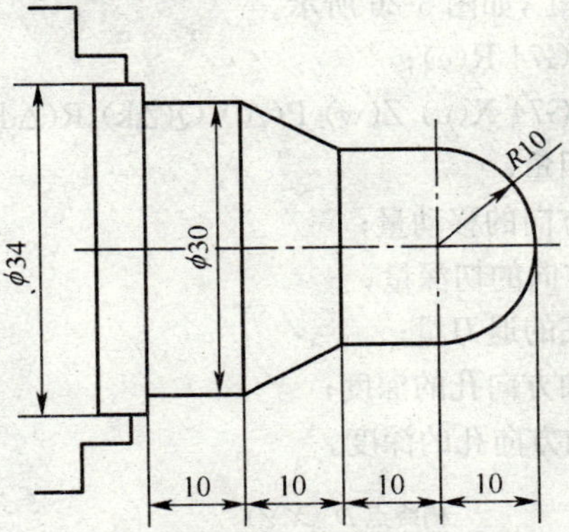

图 3-25　固定形状粗车循环 G73 应用举例 2

参考程序为：

```
O1234；
T0101；
G99；
M03 S700；
G00 X32 Z2；
G73 U17 R17；
G73 P10 Q20 U0.5 W0.5 F0.2；
N10 G00 X0；
G01 Z0 F0.2；
G03 X20 Z-10 R10 F0.2；
G01 Z-20；
X30 Z-30；
Z-40；
N20 X35；
G00 X100 Z200；
M05；
```

M30；

(7)间断纵向切削循环 G74　该指令主要用于回转体类零件端面槽或深孔钻削加工，如图 3-26 所示。

指令格式　G74 R(e)；

G74 X(u) Z(w) P(Δi) Q(Δk) R(Δd) F(f)；

其中　e——返回量；

Δi——X 方向的移动量；

Δk——Z 方向的切深量；

Δd——孔底的退刀量；

X——X 轴方向孔的深度；

Z——Z 轴方向孔的深度。

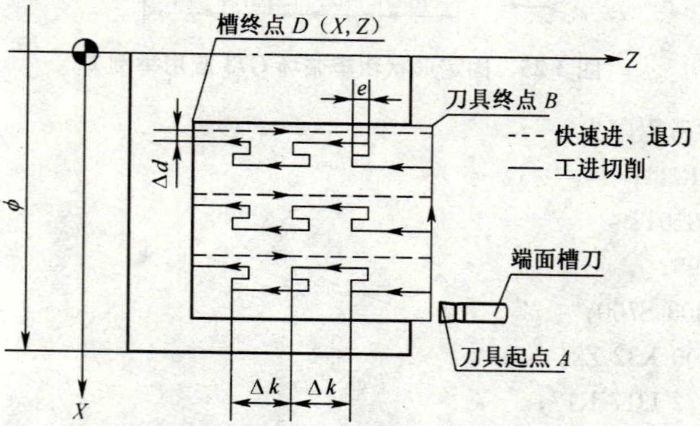

图 3-26　G74 回转体类零件端面槽切削循环应用举例

[G74 钻孔应用举例]钻孔深为 35mm 的孔。

参考程序段为：

…

G00 X0 Z3 M08；(快速到指定位置)

G74 R1；

G74 Z-35 Q5000 F0.08；

G00 Z100…；

(8)间断端面切削循环 G75　该指令用于外圆沟槽的循环粗加工，如图 3-27 所示。

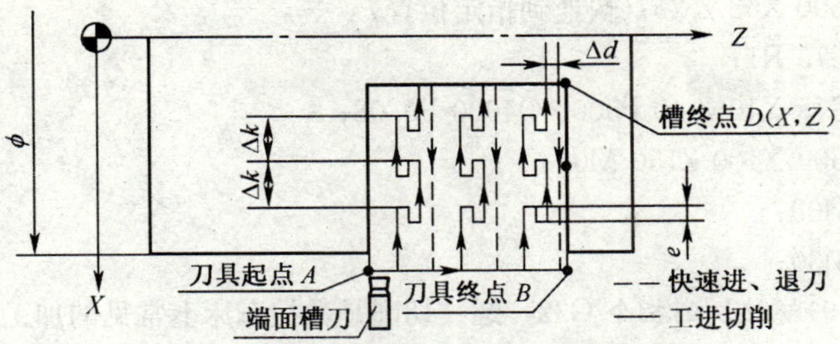

图 3-27 间断端面切削循环 G75 应用举例

指令格式 G75 R(e);

G75 X(U)_ Z(W)_ P(Δi) Q(Δk) R(Δd) F(f);

其中 e,Δi,Δk,Δd,X,Z 的意义同 G74。

[G75 切外沟槽应用举例]如图 3-28 零件所示。

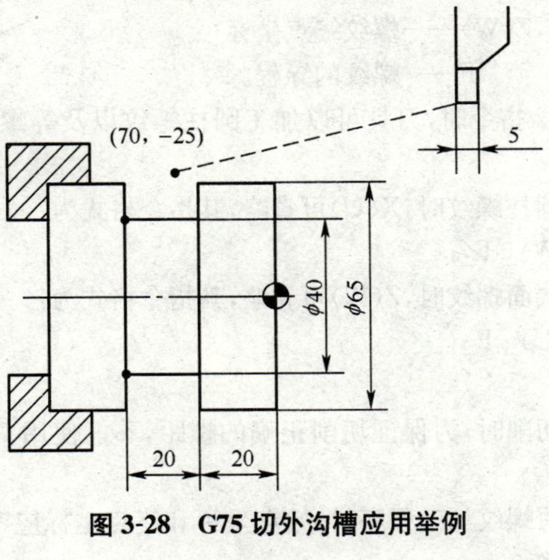

图 3-28 G75 切外沟槽应用举例

参考程序为:

O1234;

G99;

M03 S700;

T1010;(切槽刀)

G00 X62 Z-25;(快速到指定位置)

G75 R1;

G75 X40 Z-40 P5000 Q4000 F0.08;

G00 X100 Z150 M05;

M09;

M30;

(9)螺纹切削指令 G32　螺纹切削是数控车床上常见的加工任务。螺纹的种类按牙型分类有三角形、梯形、矩形等,按螺纹在零件中所处的部位分类有柱面螺纹、锥面螺纹、端面螺纹等。螺纹是由刀具的直线运动和主轴转动按预先输入的比例同时运动而形成的,切削螺纹使用的是成型刀具;螺距和尺寸精度受机床精度影响,牙型精度则由刀具精度保证。

指令格式　G32 X(U)_ Z(W)_ F_;

其中　X(U),Z(W)——螺纹终点坐标;

F——螺纹的导程。

执行 G32 指令时,刀具可以加工圆柱螺纹以及等螺距的锥螺纹、端面螺纹。

当车削圆柱螺纹时,X(U)可省略,其指令格式为:

G32 Z(W)_ F_;

当车削端面螺纹时,Z(W)可省略,其指令格式为:

G32 X(U)_ F_;

说明:

①螺纹切削时,为保证切削正确的螺距,不能使用 G96 恒线速控制指令;

②在编写螺纹加工程序时,始点坐标和终点坐标应考虑引入距离 δ_1 和超越距离 δ_2;

③普通螺纹的公差与配合标准 GB/T 197—1981 中,对外螺纹顶径的基本偏差规定了 e,f,g 和 h 四种,其中 h 的基本偏差 es=0,e,f,g 的基本偏差均为负值(es<0),加之螺纹车刀刀尖圆弧半径对内螺纹小径尺寸的影响,故车削螺纹之前,车削顶径外圆的尺寸要小于螺纹的公称尺寸,以保证内、外螺纹结合的互换性。

由于螺纹车刀是成型刀具，所以刀刃与工件接触线较长，切削力也较大。为避免切削力过大造成刀具损坏或在切削中引起振动，通常在切削螺纹时需要多次进刀才能完成。

[G32 应用举例]用 G32 螺纹加工指令车削如图 3-29 所示的螺纹。

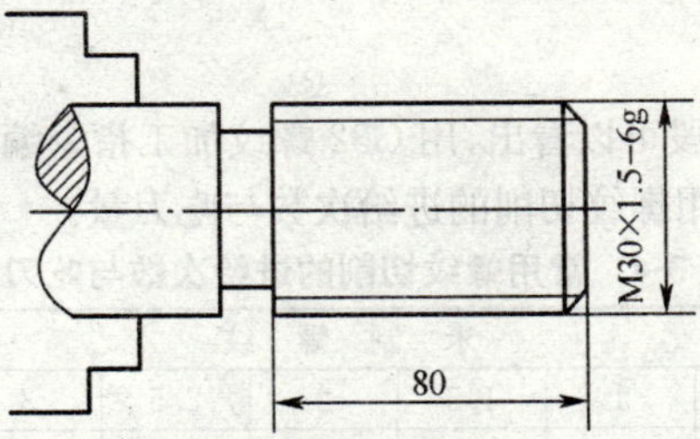

图 3-29 螺纹切削指令 G32 应用举例

根据普通螺纹标准及加工工艺，确定该螺纹大径尺寸为 ϕ30mm，牙深 0.974mm(半径值)，四次背吃刀量(直径值)分别为 $\alpha_{p1}=0.8$mm，$\alpha_{p2}=0.6$mm，$\alpha_{p3}=0.4$mm，$\alpha_{p4}=0.16$mm(见表 3-4)，升降速段为 $\delta=$2mm，$\delta'=$2mm。

参考程序为：

```
O1010;
N1 M03 S500 T0101;
N2 G00 X29.2 Z2;
N3 G32 Z-82 F1.5;
N4 G00 X32;
N5 Z2;
N6 X28.6;
N7 G32 Z-82 F1.5;
N8 G00 X32;
N9 Z2;
N10 X28.2;
N11 G32 Z-82 F1.5;
N12 G00 X32;
N9 Z2;
```

N10 X28.04；

N11 G32 Z-82 F1.5；

N12 G00 X32；

N13 X100 Z100；

N14 M05；

N15 M30；

由上述程序段可以看出，用 G32 螺纹加工指令编程时比较繁琐。

表 3-4 为常用螺纹切削的进给次数与吃刀量。

表 3-4　常用螺纹切削的进给次数与吃刀量　　(mm)

米制螺纹								
螺　距		1	1.5	2	2.5	3	3.5	4
牙深(半径)		0.649	0.974	1.299	1.624	1.949	2.273	2.598
切削次数及吃刀量(直径)	1次	0.7	0.8	0.9	1.0	1.2	1.5	1.5
	2次	0.4	0.6	0.6	0.7	0.7	0.7	0.8
	3次	0.2	0.4	0.6	0.6	0.6	0.6	0.6
	4次		0.16	0.4	0.4	0.4	0.6	0.6
	5次			0.1	0.4	0.4	0.4	0.4
	6次				0.15	0.4	0.4	0.4
	7次					0.2	0.2	0.4
	8次						0.15	0.3
	9次							0.2
牙/in		24	18	16	14	12	10	8
牙深(半径)		0.678	0.904	1.016	1.162	1.355	1.626	2.033
切削次数及吃刀量(直径)	1次	0.8	0.8	0.8	0.8	0.9	1.0	1.2
	2次	0.4	0.6	0.6	0.6	0.6	0.7	0.7
	3次	0.16	0.3	0.5	0.5	0.6	0.6	0.6
	4次		0.11	0.14	0.3	0.4	0.4	0.5
	5次				0.13	0.21	0.4	0.5
	6次						0.16	0.4
	7次							0.17

①单行程连续螺纹加工 G32。连续螺纹切削是程序段交界处的少量脉冲输出与下一个程序段的脉冲处理是重叠的，因此，消除了加工运

动中断引起的螺纹中断。如图 3-30 所示的精加工连续螺纹切削，参考程序为：

……

G32 X38 Z-20 F2；

Z-40；

G32 X30 Z-60_F2；

……

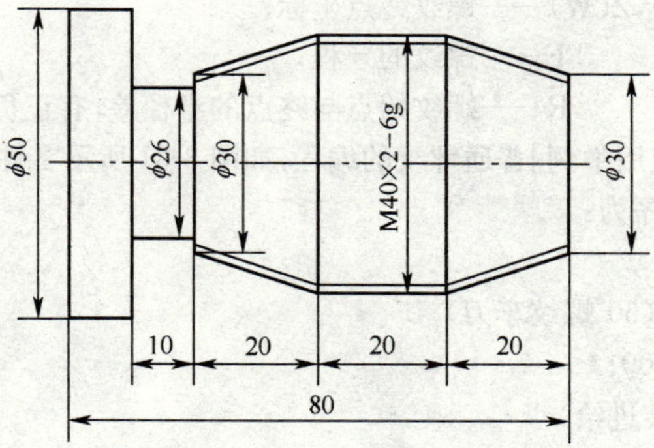

图 3-30 连续螺纹切削

②可变导程螺纹加工 G34

指令格式 G34 X_ Z_ F_ K_；

其中 X,Z——螺纹终点位置；

F——长轴方向在起点处的导程；

K——主轴每转导程的增加量和减少量，K 值的指令范围：±0.0001～±500.0000mm。

例如：起点导程 5mm，导程增量为 1mm，螺纹长度为 50mm，程序为：

G34 Z-50 F5 K1；

③多线螺纹加工

指令格式 G32 X_ Z_ F_ Q_；

其中 X,Z——螺纹终点位置；

F——螺纹导程；

Q——螺纹的起始角，增量为0.001°，不能指定小数点；如果加工双头螺纹，相应位移为180°，则指定Q180000。

起始角Q不是模态值，每次必须指定，否则系统认为是0。

多线螺纹加工对G32，G34，G92，G76指令均有效。

(10)螺纹切削循环指令G92

指令格式　直螺纹：G92 X(U)_ Z(W)_ F_；

锥螺纹：G92 X(U)_ Z(W)_ R_ F_；

其中　X(U)，Z(W)——螺纹终点坐标；

F——螺纹的导程；

R——螺纹始点与终点的半径差，有正负号之分。

[编程应用举例]普通螺纹的编程，如图3-31所示零件。

参考程序为：

O1234；

T0101；(60°螺纹车刀)

M03 S600；

G99；(转进给)

G00 X37 Z10；

G92 X35.5 Z-26 F1.5；

X35.2；

X35；

X34.8；

X34.6；

X34.5；

X34.4；

G00 X100 Z100；

M05；

M30；

[外锥螺纹编程应用举例]如图3-32所示零件。

参考程序为：

O1111；

T0101；(60°外螺纹刀)

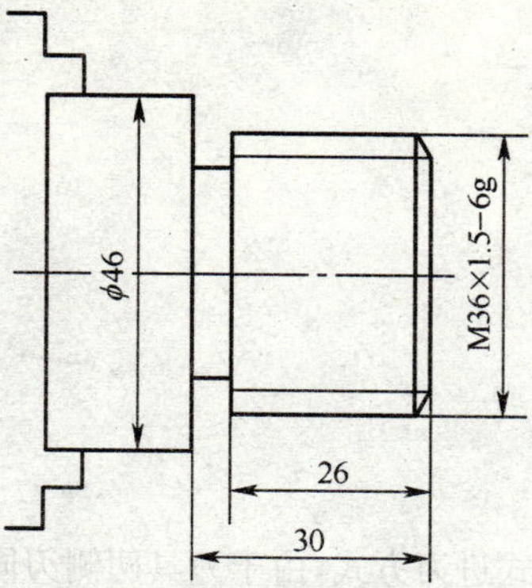

图 3-31 普通螺纹的编程应用举例

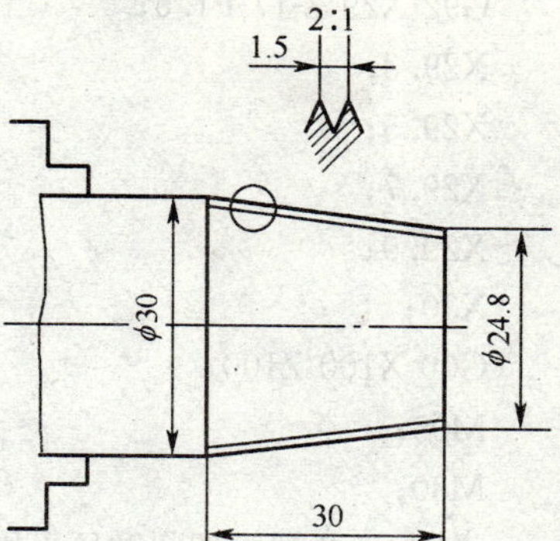

图 3-32 外锥螺纹的编程应用举例

```
M03 S9;
G00 X31 Z5;
G92 X29.5 Z-30 R-〔(30-24.8)/2〕F1.5;
X29.3;
X29.2;
X29;
X28.8;
X28.6;
X28.5;
G00 X100 Z100;
M05;
M30;
```

[内螺纹的编程应用举例]如图 3-33 所示零件。

参考程序为:

```
O1111;
T0202;(60°内螺纹车刀)
M03 S600;
G00 X26 Z5;
```

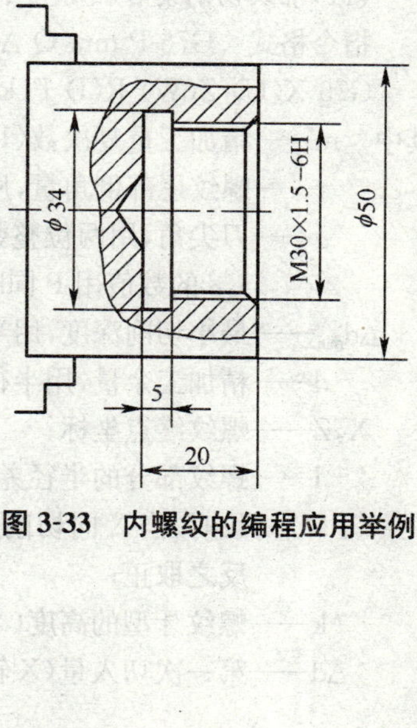

图 3-33 内螺纹的编程应用举例

```
G92 X29 Z-17 F1.5;
X29.3;
X29.5;
X29.7;
X29.9;
X30;
G00 X100 Z100;
M05;
M30;
```

说明：G92 螺纹切削循环采用直进式进刀方式，由于刀具两侧刃同时切削工件，切削力较大，而且排屑困难，因此在切削时，两切削刃容易磨损。在切削螺距较大的螺纹时，由于切削深度较大，刀刃磨损较快，从而造成螺纹中径产生误差。但由于其加工的牙形精度较高，因此一般多用于小螺距高精度螺纹的加工。其刀具移动切削均靠编程来完成，加工程序较长。由于刀刃在加工中易磨损，因此在加工中要经常测量。

(11)螺纹切削复合循环指令 G76

指令格式　G76 P $mr\alpha$ Q Δd_{min} R d;

G76 X(U) Z(W) R(I) P(k) Q(Δd) F(f);

其中　m——精加工重复次数(1～99)；

r——螺纹尾部倒角量，用两位整数表示，一般取 1.0L；

α——刀尖角，用两位整数表示，常用的有 60°，55°，30°，40°；m，r，α 的数值用 P 同时指定，例如：P051060；

Δd_{min}——最小切削深度，用半径值指定；

d——精加工余量，用半径值指定；

X，Z——螺纹终点坐标；

I——螺纹部分的半径差；加工圆柱螺纹时，I＝0；加工圆锥螺纹时，当 X 向切削始点坐标小于终点坐标时，I 为负值，反之取正；

k——螺纹牙型的高度(半径值)；

Δd——第一次切入量(X 轴方向的半径值)；

f——螺纹导程。

说明：螺纹切削复合循环指令可以完成一段螺纹的全部切削工作。它的进刀方法有利于改善刀具的切削条件，在编程中应该优先考虑应用此程序。

[G76螺纹编程加工应用举例]如图3-34所示零件。

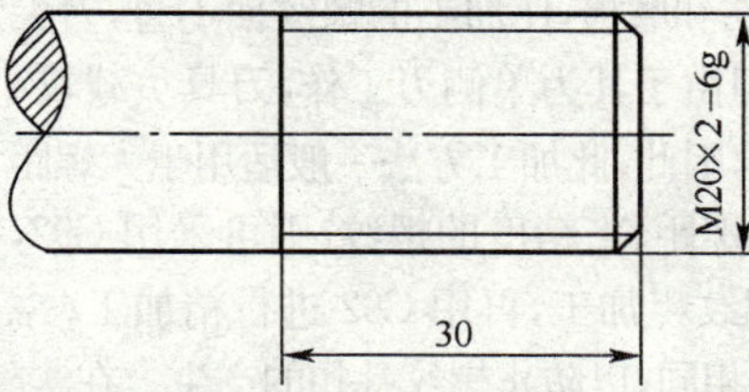

图3-34 G76螺纹编程加工应用举例

①计算M20×2－6g的螺纹参数：

螺纹底径 $d_1 \approx d - 1.1P = 20 - 1.1 \times 2 = 17.4$mm；

牙型高度 $h \approx 0.65P = 0.65 \times 2 = 1.3$mm；

②确定切削用量

精车重复次数2次，螺纹尾部倒角量r＝1.0L，刀尖角为60°，即P021060；

最小切削深度 $\Delta d_{min} = 0.1$mm，即Q100；

精加工余量d＝0.05mm，即R50；

螺纹终点坐标X＝17.4mm，Z＝－30mm；

螺纹部分的半径差，加工圆柱螺纹时，I＝0，可省略；

螺纹牙型的高度k＝1.3mm。即P1300；

第一次切入量Δd＝1mm，即Q1000；

螺纹导程f＝2mm。

参考程序为：

O1111；

T0202；(60°外螺纹刀)

M03 S600；

G00 X22 Z5；

G76 P021060 Q100 R50；

G76 X17.4 Z-30 P1300 Q1000 F2;

G00 X100 Z100;

M05;

M30;

说明:G76螺纹切削循环采用斜进式进刀方式,由于单侧刀刃切削工件,刀刃容易损伤和磨损,使加工的螺纹面不直,刀尖角发生变化,而造成牙型精度较差;但由于其为单侧刃工作,刀具负载较小,排屑容易,并且切削深度为递减式,因此,此加工方法一般适用于大螺距、低精度螺纹的加工。如果需加工大螺距、高精度的螺纹,则可采用G92,G76混用的办法,即先用G76进行螺纹粗加工,再用G92进行精加工。需要注意的是粗精加工时的起刀点要相同,以防止螺纹乱扣的产生。在实际应用过程中应根据工件的加工特点与要求正确灵活地运用这些切削循环指令。

螺纹加工注意事项:

①在数控车床上加工螺纹时,由于机床伺服系统本身具有滞后特性,会在螺纹起始段和停止段发生螺距不规则现象,所以实际加工螺纹的长度Z应包括适当的切入和切出的刀空行程量,如图3-35所示。其中:切入空刀行程量,一般取2~5mm;切出空刀行程量,一般取0.5~3mm。

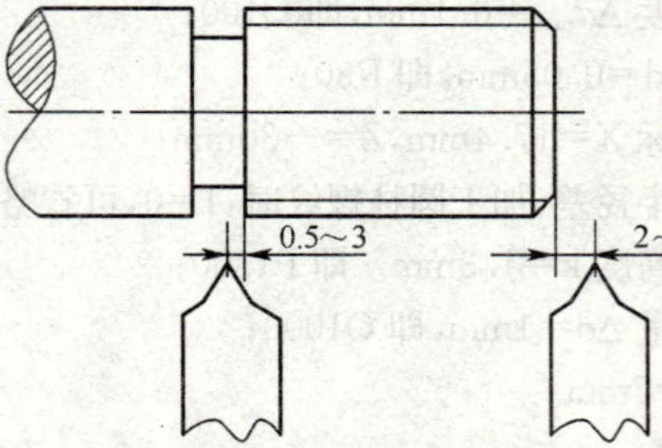

图3-35 螺纹车削的切入点和切出点

②螺纹加工属于成形加工,为了保证螺纹的导程,加工时主轴旋转一周,车刀的移动量必须等于螺纹的导程,因此进给量较大;除多次切削外,如欲提高螺纹的表面质量,可增加几次光整加工。

③螺纹加工过程中,不能大范围改变主轴转速,否则会影响导程精

度或乱牙。

④螺纹加工过程中，不能使主轴转速选择得过高，否则可能因“过冲”(特别是当编码器的质量不稳定时)而导致工件螺纹产生乱扣。因此，在保证生产效率和正常切削的情况下，宜选择较低的主轴转速。

通常情况下，车螺纹时的主轴转速($n_{螺}$)应按其机床或数控系统说明书中规定的计算式进行确定，其计算式多为：

$$n_{螺} \leqslant n_{允}/L(\mathrm{r/min})$$

其中　$n_{允}$——编码器允许的最高工作转速(r/min)；

L——工件螺纹的螺距(或导程，mm)。

9. 绝对值输入(数控车不指定)指令 G90 和增量值输入(数控车不指定)指令 G91

指令格式　G90 X_ Z_；G91 X_ Z_；

G90 指令按绝对值方式设定输入坐标，即移动指令终点的坐标值 X，Z 都是以工件坐标系原点为基准来计算，X，Z 的数值是工件坐标系中坐标值。

G91 指令按增量方式设定输入坐标，即移动指令终点的坐标值 X，Z 都是以起始点为基准来计算，根据终点相对于始点的方向判断正负，与坐标轴同向取正，反向则取负。例如：

绝对指令编程：G90 G01 X60；

增量指令编程：G91 G01 X40 Z-60；

说明：

(1)G90，G91 为模态功能，可相互注销，G90 为缺省值。

(2)在使用某些 FANUC 数控车床系统时，当编程中出现 X_ Z_时，系统默认为绝对值编程，当编程中出现 U_ W_时，系统默认为增量值编程，而往往无需指定 G90 和 G91 指令。例如，某程序段用 G01 U_ W_表示，与用 G91 X_ Z_等效。

(3)在一个零件加工程序中，可以采用绝对值尺寸或者增量值尺寸，或者绝对值和增量值尺寸混合使用，这主要是使编程员编程时能方便地计算出程序段的尺寸数值。选用绝对坐标系还是相对坐标系编程，与零件图的尺寸标注方法有关。如某些零件尺寸为基准尺寸标注法，适宜用绝对值尺寸(G90)，而某些零件尺寸为链接尺寸(相对尺寸)标注法，适宜用增量值尺寸(G91)。

10. 坐标系相关的指令 G

(1)选择工件坐标系指令 G54～G59 和零点偏置指令(在华中数控系统和航天数控系统中应用)G92　选择工件坐标系是数控系统的一种特性，即允许把数控测量系统的原点在相对机床基准的规定范围内移动，而永久原点的位置被存储在数控系统中。因此，当不用 G92 指令设定工件坐标系时，可以用 G54～G59 指令设定六个工件坐标系，即设定机床所特有的六个坐标系原点(即工件坐标系 1～6 的原点)，在机床坐标系中的坐标(即工件零点偏移值)。该值可用 MDI 方式输入相应的数据中。

G54～G59 是在加工前设定好的坐标系，而 G92 是在程序中设定的坐标系，用了 G54～G59 就没有必要再使用 G92，否则 G54～G59 会被替换，应当避免。

说明：

①一旦使用了 G92 设定坐标系，再使用 G54～G59 不起任何作用，除非断电重新启动数控系统，或接着用 G92 设定新的工件坐标系。

②使用 G92 的程序结束后，若机床没有回 G92 设定的原点，就再次启动此程序，机床当前所在位置就成为新的工件坐标系原点，极易发生事故，应注意避免。

(2)直接机床坐标系编程 G53　是机床坐标系编程在含有 G53 的程序段中。绝对值编程时的指令值是在机床坐标系中的坐标值。其为非模态指令。

11. 进给量的设定指令 G98 和 G99

每分钟进给(G98)：系统在执行了 G98 指令后再遇到 F 指令时，便认为 F 所指定的进给速度单位为 mm/min，并一直有效，直至数控系统又执行了含有 G99 的程序段，则 G98 被否定，而 G99 有效。

每转进给(G99)：若系统执行了含有 G99 的程序段，则再遇 F 指令时，便认为所指定的进给速度单位为 mm/r。要取消 G99 状态，必须重新指定 G98。

注:当使用每转进给量方式时,必须在主轴上安装有位置编码器。G98、G99为模态功能,可相互注销,G98为缺省值,即开机默认值。

12. 直径编程和半径编程

数控车床加工的是回转体类零件,其横截面为圆形,所以尺寸有直径指定和半径指定两种方法。当用直径值编程时,称为直径编程法;用半径值编程时,称为半径编程法。数控车床出厂时一般设定为直径编程。如需用半径编程,要改变系统中相关参数,使系统处于半径编程状态。本章以后,若非特殊说明,各例均为直径编程。采用直径尺寸编程与零件图样中的尺寸标注一致,这样可避免尺寸换算过程中可能造成的错误,同时给编程带来很大方便。

二、辅助功能(M功能)

辅助功能由地址M和其后两位数字组成,又称为M功能。在每个程序段内一般只允许指令一个M代码。

对于刀架后置的数控车床、车削中心,M03和M04所规定的主轴或旋转刀具的转向要注意:主轴(站在床头向床尾观看)及X向和Z向旋转刀具(从刀柄向刀头观看)顺时针旋转为正转,用M03指令;逆时针旋转为反转,用M04指令。对于主轴箱内有机械转动装置的数控车床,当需要改变主轴的转向时,必须用M05指令使主轴停转,再用M03或M04换向。

辅助功能从M00~M99共100个。辅助功能M代码主要控制机床主轴的启动、旋转、停止,冷却液启停等开关量。辅助功能也分为模态和非模态,并被定义该M代码在一个程序段中起作用的时间,有的是在程序段运动指令完成后开始起作用,例如与程序有关的指令M00,M01,M02,M30等;有的是与程序段运动指令同时开始起作用,例如,主轴转向指令M03,M04,冷却液开启指令M07,M08等。我国JB/T 3208—1999标准中的辅助功能M代码及其含义如下。

M00——程序无条件暂停指令(程序停止)。

执行该程序段的指令后,用以停止主轴、冷却液,并停止进给,按[循环起动]按钮,则继续执行后续的程序段。是非模态M指令,常用于在加工过程中测量刀具和工件的尺寸、工件调头装夹、手动换刀、主轴手动变速、清理切屑等手动操作。

M01——计划停止。与程序停止相似，所不同的是只有在机床操作面板有 计划停止 按钮并在程序执行前被按下时才有效，常用于工件关键尺寸的停机抽样检查等情况。

M02——程序结束。表示工件加工已经完成，结束程序并使数控系统处于复位状态，停止主轴、冷却液和进给。M02 指令写在最后一个程序段中，是非模态 M 指令。

M03——主轴顺时针方向。启动主轴按右旋螺纹进入工件的方向旋转，是模态 M 指令。

M04——主轴逆时针方向。启动主轴按左旋螺纹进入工件的方向旋转，是模态 M 指令。

M05——主轴停止。是模态 M 指令。

M06——换刀。手动或自动换刀指令，不包括刀具选择，也可以自动关闭冷却液和主轴，是非模态 M 指令。常见格式为 M06T02；

M07——2＃冷却液开。2＃冷却液（如雾状）开，是模态 M 指令。

M08——1＃冷却液开。1＃冷却液（如液体）开，是模态 M 指令。

M09——冷却液关。注销 M07，M08，M50，M51；是模态 M 指令。

M30——程序结束。与 M02 相似，但 M30 表示工件加工已完成，结束程序执行并返回至程序头，并停止主轴、冷却液和进给。M30 指令写在最后一个程序段中，是非模态 M 指令。

三、S，F，T 功能

1. 主轴功能指令（S）

主轴功能指令是设定主轴转速或速度的指令，是续效代码，用字母 S 和其后面的数字组成。单位：r/min。对不同档次的数控机床 S 指令的含义不同，有的表示主轴转速，单位为 r/min，有的表示转速挡位代号。例如 S1000 表示主轴转速为 1000r/min，S10 可能表示主轴第 10 挡转速。对于具有恒线速度功能的数控车床，程序中的 S 指令用来指定车削加工的线速度数值。

（1）最高转速限制

指令格式　G50 S～；

其中　S后面的数字表示的是最高转速限制(r/min)。

例：G50 S3000；表示最高转速限制为3000r/min。

(2)表面恒线速控制　当工件直径变化时，主轴每分钟转数也随之变化，这样就可保证切削速度不变，从而提高了切削质量。

指令格式　G96 S～；

其中　S后面的数字表示的是恒定的线速度(m/min)。

例：G96 S150；表示切削点线速度控制在150m/min。

对图3-36中所示的零件，为保持各处的线速度在150m/min，则各处在加工时的主轴转速分别为：

$\phi 40$：$n=1000\times150\div(\pi\times40)=1194$r/min；

$\phi 60$：$n=1000\times150\div(\pi\times60)=796$r/min；

$\phi 70$：$n=1000\times150\div(\pi\times70)=682$r/min。

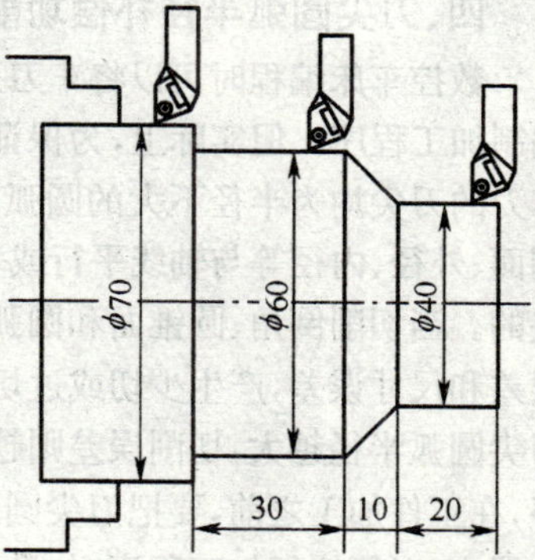

图3-36　恒线速控制

(3)表面恒线速控制取消

指令格式　G97 S～；

其中　S后面的数字表示恒线速度控制取消后的主轴转速，如S未指定，将保留G96的最终值。

例：G97 S3000；表示恒线速控制取消后主轴转速为3000r/min。

2. 进给功能指令(F)

又称为F功能或F指令，用于指定切削的进给速度。对于数控车床，F可分为每分钟进给(mm/min)和主轴每转进给(mm/r)两种。F指令在螺纹切削程序段中常用来指令螺纹的导程，均为模态续效代码。

在数控车削加工中一般采用每转进给模式，当进给速度与主轴转速有关时(如车削螺纹)，单位为mm/r。一般在用动力刀具铣削时采用每分钟进给模式。在每转进给模式下，当主轴转速较低时会出现进给速度波动现象。主轴转速越低，波动发生得越频繁。

3. 刀具功能指令(T)

T 指令用于指定刀具号和刀具补偿号，包括刀具选择功能和刀具补偿功能。在有自动换刀功能的数控车床上，用地址符号 T 和后面的数字来指定刀具号和刀具补偿号。T 后面的数字的位数和定义由不同的机床厂商自行确定。通常用两位或四位，例如 T0101 表示用 1 号刀具并调用 1 号刀补值，T0100 表示取消刀具补偿。

四、刀尖圆弧半径补偿功能

数控车床编程时可以将车刀刀尖看作一个点，按照工件的实际轮廓编制加工程序。但实际上，为保证刀尖有足够的强度和提高刀具寿命，车刀的刀尖均为半径不大的圆弧。当用按理论刀尖点编出的程序进行端面、外径、内径等与轴线平行或垂直的表面加工时，是不会产生轮廓误差的。当切削倒角、圆锥面和圆弧面时，切削出的工件轮廓会出现形状误差和尺寸误差，产生少切或过切现象，直接影响工件的加工精度，而且刀尖圆弧半径越大，切削误差则越大。对于采用刀尖半径补偿的加工程序，在工件加工之前，要把刀尖圆弧半径补偿的有关数据输入到刀补存储器中，以便执行加工程序时，数控系统对刀尖圆弧半径所引起的误差自动进行补偿，避免少切或过切现象的产生。刀尖圆角如图 3-37 所示。

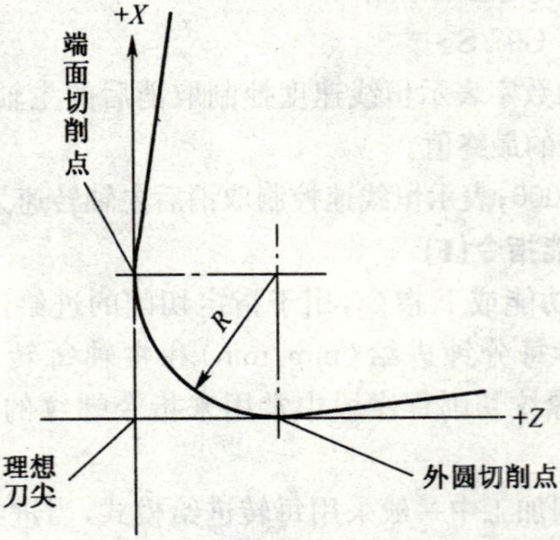

图 3-37　刀尖圆角 *R* 放大图

图 3-38 所示是刀尖圆角 R 造成的欠切或过切现象。

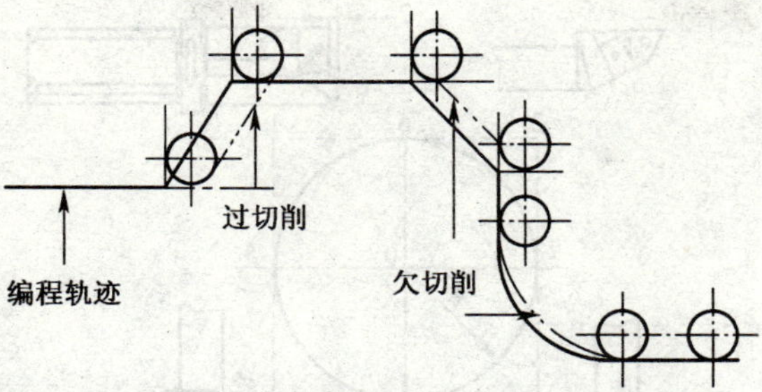

图 3-38 刀尖圆角 *R* 造成的欠切现象

数控车床系统中用G代码的G40,G41,G42对刀尖圆弧半径进行补偿。

G40:取消刀尖半径补偿,刀尖运动轨迹与编程轨迹一致;

G41:刀尖半径左补偿,从进给方向,刀尖位置在编程轨迹左边;

G42:刀尖半径右补偿,从进给方向,刀尖位置在编程轨迹右边。

刀尖半径补偿G41/G42是在加工平面内,沿进给方向看,根据刀尖位置在编程轨迹左边/右边判断来区分的。加工平面的判断与观察方向即第三轴方向有关。

产生过切或少切的大小和方向因刀尖圆弧方向及刀尖位置方向而异。当有刀具圆弧半径补偿功能时,其中刀尖位置方向号从0至9有10个方位号。当按假想刀尖A点编程时,刀尖位置方向因安装方向不同,从刀尖圆弧中心到假想刀尖的方向,有8种刀尖位置方向号可供选择,并依次设为1～8号;当按刀尖圆弧中心O点编程时,刀尖位置方向则设定为0或9号。该方向的判断也与第三轴有关。如图3-39所示。

刀尖圆弧半径补偿的加入是执行G41或G42指令时完成的,当前面没有G41或G42指令时,可以不用G40指令,而且直接写入G41或G42指令即可;当发现前面为G41或G42指令时,则先应指定G40指令取消前面的刀尖圆弧半径补偿后,再写入G41或G42指令,刀尖圆弧半径补偿的取消是在G41或G42指令后面,加G41指令完成。

说明:

(1)当前面有G41,G42指令时,如要转换为G42,G41或结束半径补偿时应先指定G40指令,取消前面的刀尖圆弧半径补偿;

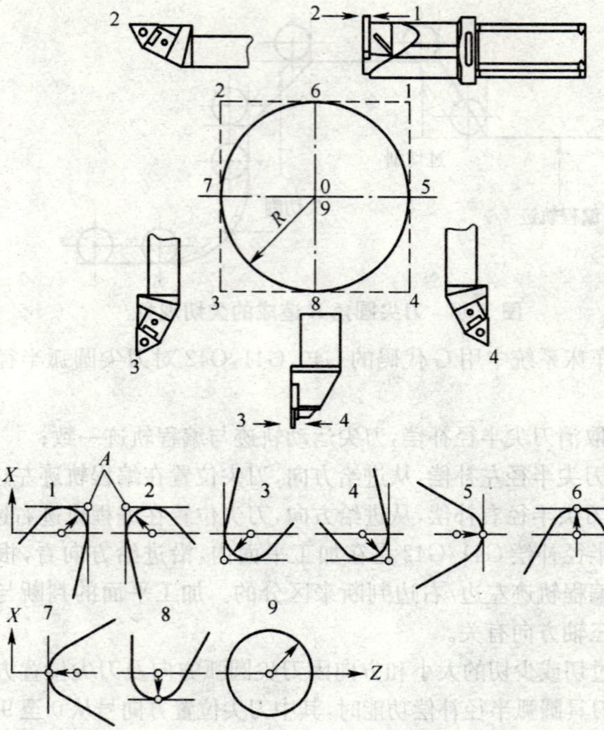

图 3-39　刀尖方位的确定

(2)程序结束时，必须用 G40 指令清除刀补；

(3)G41，G42，G40 指令应在 G00 或 G01 程序段中加入；

(4)在补偿状态下，没有移动的程序段(M 指令、延时指令等)，不能在连续 2 个以上的程序段中指定，否则会过切或欠切；

(5)在补偿启动段或补偿状态下不得指定移动距离为 0 的 G00，G01 等指令；

(6)在 G40 刀尖圆弧半径补偿取消段，必须同时有 X，Z 两个轴方向的位移。

刀具补偿量的设定，是由操作者在 CRT/MDI 面板上用“刀补值”功能键，键入刀具补偿寄存器；对应每个刀具补偿号，都有一组刀补值：

刀尖圆弧半径 R 和刀尖位置号 T(如图 3-40 所示)。

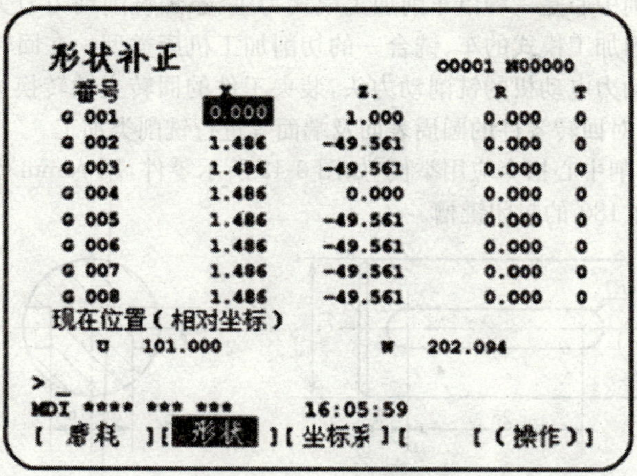

图 3-40 刀具补偿量的设定

[G41,G42,G40 应用举例]如图 3-41 所示,在 G42 方式,刀尖方位为 3 时进行刀尖圆弧半径补偿。

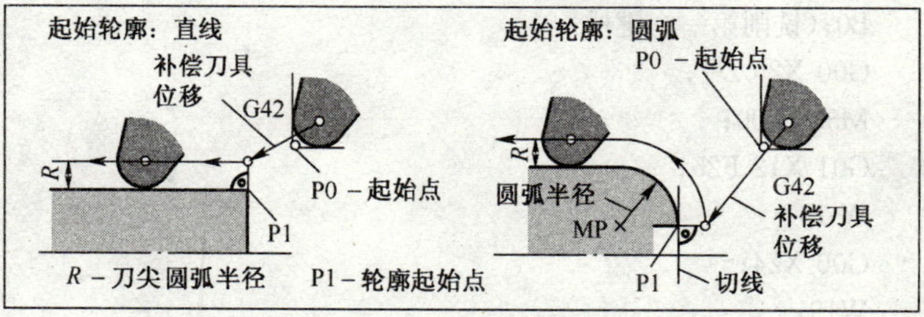

图 3-41 G41,G42,G40 应用举例

参考程序段为:

N10 G00 X_ Z_;

N20 G01 G42 X_ Z_;

N30 X_ Z_;

N40 G40 X_ Z_;

……

五、车削中心指令

车削中心是一种以车削加工模式为主、添加铣削动力刀头后又可进行铣削加工模式的车、铣合一的切削加工机床类型。在回转刀盘上安装带动力电动机的铣削动力头，装夹工件的回转主轴转换为进给 C 轴，便可对回转零件的圆周表面及端面等进行铣削类加工。

［车削中心指令应用举例］如图 3-42 所示零件，用 ϕ6mm 铣刀铣削 2 个对称 180°的封闭键槽。

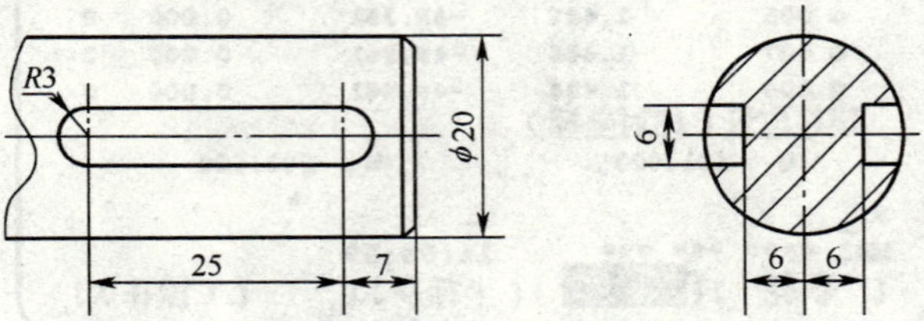

图 3-42 车削中心指令应用举例

参考程序为：

```
O1234；
T0101；(ϕ6mm 键槽铣刀)
B0；(铣削第一个键槽)
G00 X25 Z-7；
M53 S800；
G01 X12 F25；
W-19；
G00 X24；
W19；
B180；(分度 180°，铣削第二个键槽)
G01 X12 F25；
W-19；
G00 X100；
Z0；
M05；
M30；
```

六、宏程序简介

1. 宏程序

用户宏程序是提高数控车床性能的一种特殊功能，使用中，通常把能完成某一功能的一系列指令像子程序一样存入存储器，然后用一个总指令代表它们，使用时只需给出这个总指令就能执行其功能。

宏程序与子程序的区别：用户宏程序的最大特点是可以对变量进行运算，使程序应用更加灵活、方便。虽然子程序对编制相同加工操作的程序非常有用，但用户宏程序由于允许使用变量算术和逻辑运算及条件转移，使得编制相同加工操作的程序更方便、更容易，可将相同加工操作编为通用程序，如型腔加工宏程序和固定加工循环宏程序，使用时加工宏程序可用一条简单指令调出，用户宏程序的调用和子程序完全一样。

宏程序一般分为A类宏程序和B类宏程序：A类宏程序是以G65 Hxx P＃xx Q＃xx R＃xx的格式输入的。B类宏程序则是以直接的公式和语言输入的，和C语言很相似，在FANUC—0i系统中应用比较广。在一些老系统中，比如FANUC—0TD系统中，由于它的面板键盘上没有公式符号，连最简单的等于号都没有，为此如果应用宏程序的话，就只能在计算机上编好再通过RS-232接口传输到数控系统中。但是，如果没有计算机和数据传输线，那么只有通过A类宏程序来进行宏程序编制了。本书主要介绍B类宏程序。

2. 变量

FANUC数控系统变量表示形式为＃后面跟1～4位数字，变量种类有三种：

(1)局部变量　＃1～＃33是在宏程序中局部使用的变量，它用于自变量转移。

(2)公用变量　用户可以自由使用，它对于由主程序调用的各子程序及各宏程序来说是可以公用的。＃100～＃149在关掉电源后，变量值全部被清除，而＃500～＃509在关掉电源后，变量值则可以保存。

(3)系统变量　由＃后跟4位数字来定义，它能获取包含在机床处理器或NC内存中的只读或读/写信息，包括与机床处理器有关的交换参数、机床状态获取参数、加工参数等系统信息。

编程中变量的用途有四个：

①运算：递增量或递减量；与一个表达式比较之后，决定是否实现跳转功能的条件分支；

②将变量值传送到零件程序中去，其中运算又包括：算术运算（赋值、加、减、乘、除、绝对值、四舍五入整数化、舍去小数点以下部分等）；

③函数运算（正弦、余弦、正切、反正切、平方根）；

④逻辑操作（与、或），比较操作（EQ 等于、GT 大于、LT 小于、GE 大于或等于、LE 小于或等于、NE 不等于）；条件式中变量＃J 或＃K 可以是常量也可以是表达式，条件式必须用括弧括起来。

3. 变量的表示和使用

宏程序可使用变量，可用变量执行相应操作；实际变量值可由宏程序指令赋给变量。

(1)变量表示　＃1(1＝1,2,3,…)或＃[＜式子＞]，例：＃5，＃109，＃501，＃[＃1＋＃2－12]；

(2)变量的使用　地址字后面指定变量号或公式。

①格式＜地址字＞＃1＜地址字＞－＃1＜地址字＞[＜式子＞]，例如：F＃103，设＃103＝15 则为 F15；Z－＃110，设＃110＝250 则为 Z－250；X[＃24＋＃18＊COS[＃1]]；

②变量号可用变量代替，例：＃[＃30]，设＃30＝3 则为＃3；变量不能使用地址 O，N，I，例如：下述方法下允许 0＃1；I＃2　6×100；N＃3　Z200.0；

③变量号所对应的变量，对每个地址来说，都有具体数值范围，例：＃30＝1100 时，则 M＃30 是不允许的；

④＃0 为空变量，没有定义变量值的变量也是空变量；

⑤变量值定义：程序定义时可省略小数点，例：＃123＝149。

4. 宏程序的运算指令

运算式的右边可以是常数、变量、函数，式中＃J，＃K 也可为常量式子，例如：

(1)定义＃I＝＃J；

(2)算术运算＃I＝＃J＋＃K　＃I＝＃J－＃K　＃I＝＃J＊＃K　＃I＝＃J/＃K；

(3)逻辑运算 ＃I＝＃JOK＃K ＃I＝＃JXOK＃K ＃I＝＃JAND＃K；

(4)算术与逻辑运算,见表 3-5。

表 3-5 算术与逻辑运算

函 数	含 义
＃I＝SIN[＃J]	正弦
＃I＝COS[＃J]	余弦
＃I＝TAN[＃J]	正切
＃I＝ATAN[＃J]	反正切
＃I＝SQRT[＃J]	平方根
＃I＝ABS[＃J]	绝对值
＃I＝ROUND[＃J]	四舍五入化整
＃I＝FIX[＃J]	下取整
＃I＝FUP[＃J]	上取整
＃I＝BIN[＃J]	BCD→BIN(二进制)
＃I＝BCN[＃J]	BIN→BCD1

说明：

①角度单位为度,例如:90 度 30 分为 90.5 度；

②ATAN 函数后的数值要括起来,例:＃1＝ATAN[1]/[－1]；

③ROUND 用于语句中的地址,按各地址的最小设定单位进行四舍五入,例如:设＃1＝1.2345；＃2＝2.3456；设定单位为 1μm；G91 X－＃1；即 X－1.235；X－＃2；即 X－2.346；X[＃1＋＃2]；即 X3.580；应写为 X[ROUND[＃1]＋ROUND[＃2]]；

④取整后的绝对值比原值大为上取整,反之为下取整,例:设＃1＝1.2；＃2＝－1.2；若＃3＝FUP[＃1]；则＃3＝2.0；若＃3＝FIX[＃1]；则＃3＝1.0；若＃3＝FUP[＃2]；则＃3＝－2.0；若＃3＝FIX[＃2]；则＃3＝－1.0；

⑤指令函数时,可只写开头 2 个字母,例:ROUND→RO,FIX→FI；

⑥优先级:函数→乘、除(＊,1,AND)→加、减(＋,－,OR,XOR),例:＃1＝＃2＋＃3＊SIN[＃4]；

⑦括号为中括号,最多 5 重,圆括号用于注释语句,例:＃1＝SIN

[[[＃2＋＃3]＊＃4＋＃5]＊＃6];(3 重)。

5. 宏程序转移与循环指令

(1)无条件的转移格式 GOTO 1;GOTO ＃10;

(2)条件转移格式 IF[<条件式>]GOTO n 条件式:＃J EQ＃K 表示＝＃J;NE＃K 表示≠＃J;GT＃K 表示>＃J;LT＃K 表示<＃J;GE＃K 表示≥＃J;LE＃K 表示≤＃J;

例①:IF[＃1 GT 10]GOTO 100;

…

N100 G00 691 X10;

例②:求 1 到 10 之和

O9500;

＃1＝0;

＃2＝1;

N1 IF[＃2 GT 10]GOTO 2;

＃1＝＃1＋＃2;

＃2＝＃2＋＃1;

GOTO 1;

N2 M30;

(3)循环格式 WHILE[<条件式>]DO m;(m＝1,2,3)…END m。

说明:

①条件满足时,执行 DO m 到 END m,则从 DO m 的程序段不满足时,执行 DO m 到 END m 的程序段;

②省略 WHILE 语句只有 DO m…END m,则从 DO m 到 END m 之间形成死循环;

③嵌套时,空和“0”不同,其他条件下,空和“0”相同。

例如:求 1 到 10 之和

O0001;

＃1＝0;

＃2＝1;

WHILE[＃2LE10]DO 1;

＃1＝＃1＋＃2;

```
#2=#2+#1;
END1;
M30;
```

注意：

①WHILE DO m 和 END m 必须成对使用；

②DO 语句允许有 3 层嵌套，即：

```
DO 1;
DO 2;
DO 3;
END 3;
END 2;
END 1;
```

③DO 语句范围不允许交叉，即如下语句是错误的：

```
DO 1;
DO 2;
END 1;
END 2;
```

有关应用详细说明，请查阅 FANUC－0i 系统说明书。

6. 宏程序编制应用举例

[宏程序编制应用举例 1]用宏程序编制如图 3-43 所示抛物线 $Z=X^2/8$ 在区间[0,16]内的程序。

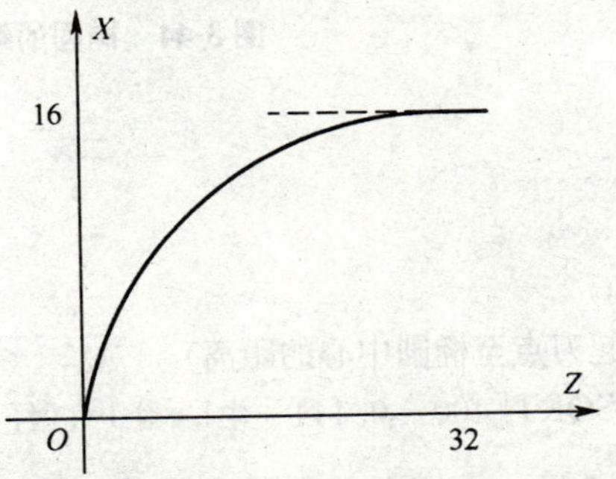

图 3-43　抛物线 $Z=X^2/8$ 的编程应用举例

参考程序为：

```
O1234;
T0101;
M03 S600;
#10=0;(X坐标)
#11=0;(Z坐标)
N1 G00 X0 Z0;
WHILE [#10 LE 16] DO 1;
G01 X[#10*2] Z[#11] F100;
#10=#10+0.08;
#11=#10*#10/8;
END 1;
G00 Z0;
G00 X0;
M05;
M30;
```

[宏程序编制应用举例 2]用宏程序编制如图 3-44 所示的椭圆，长半轴 30mm，短半轴 20mm 的精加工程序。

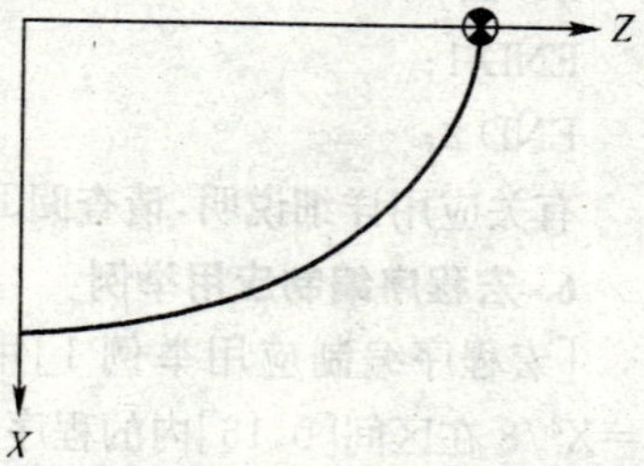

图 3-44 椭圆的编程应用举例之 1

参考程序为：

```
O1234;
G99;
T0101;
M03 S700;
G00 X0 Z0;
#1=30;(起刀点至椭圆中心的距离)
N10 #2=SQRT[400-0.444*#1*#1];(经椭圆方程公式获得)
G01 X[2*#2]Z[#1-30];(插补)
```

```
#1=#1-0.2;
IF[#1GT0]GOTO 10;
G00 X100 Z100;
M05;
M30;
```

同样的工件用椭圆参数方程也可以编制。

```
O1234;
G99;
T0101;
M03 S700;
G00 X0 Z0;
#1=0;(起始角度)
WHILE[#1LE90]DO 1;
#11=30*COS[#1]-30;
#12=20*SIN[#1];
G01 X[2*#12]Z[#1];
#1=#1+5;
END 1;
G00 X100 Z100;
M05;
M30;
```

[宏程序编制应用举例 3]用宏程序编制如图 3-45 所示的椭圆，长半轴 26mm，短半轴 10mm 的精加工程序。

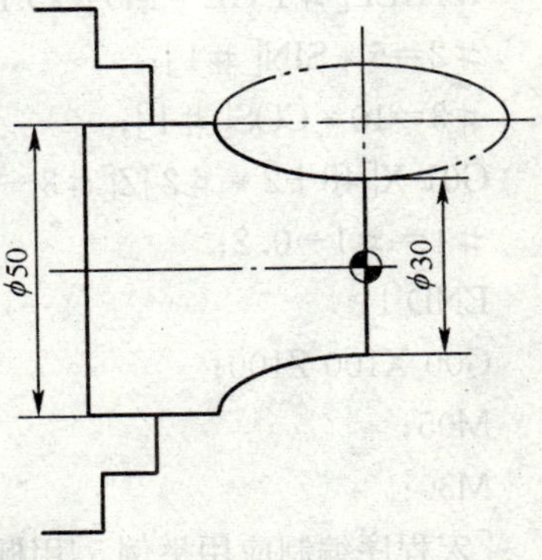

图 3-45 椭圆的编程应用举例之 2

参考程序为：

```
O1234;
G99;
T0101;
M03 S700;
```

```
G00 X30 Z0;
#1=0;
N10 #2=-SQRT[100-0.148*#1*#1];(经椭圆方程公式获得)
G01 X[2*#2-50]Z[#1];(插补)
#1=#1-0.2;
IF[#1GT-26]GOTO 10;
G00 X100 Z100;
M05;
M30;
```

[宏程序编制应用举例4]用椭圆参数方程编制宏程序如图3-46所示的椭圆，长半轴10mm，短半轴5mm的精加工程序。

参考程序为：

```
O1234;
G99;
T0101;
M03 S700;
G00 X50 Z10;
G01 X48 F0.25;
#1=0;
WHILE[#1 GE-180]DO 1;
#2=5*SIN[#1];
#3=10*COS[#1];
G01 X[48+2*#2]Z[#3-20];(插补)
#1=#1-0.2;
END 1;
G00 X100 Z100;
M05;
M30;
```

[宏程序编制应用举例5]用椭圆参数方程编制宏程序如图3-47所示的椭圆，长半轴10mm，短半轴5mm的精加工程序。

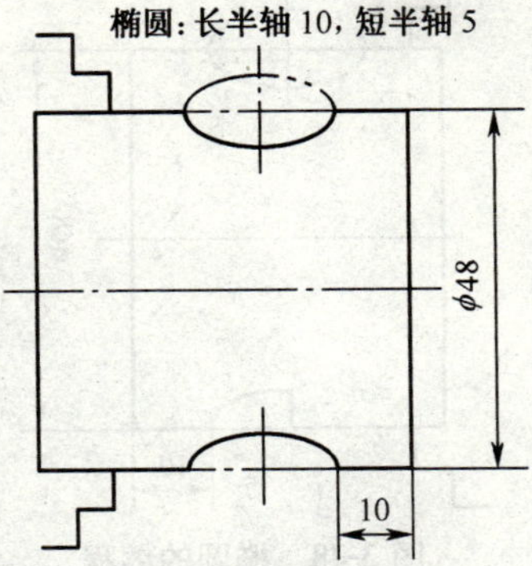

图 3-46 椭圆的编程应用举例之 3

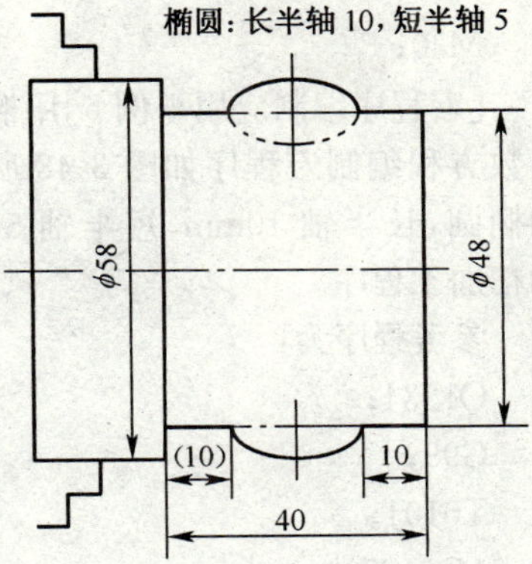

图 3-47 椭圆的编程应用举例之 4

参考程序为：

```
O1234;
G99;
T0101;
M03 S700;
G00 X58 Z2;
G01 X48 F0.25;
Z－10;
＃1＝0;
WHILE[＃1 LE 180]DO 1;
＃2＝5＊SIN[＃1];
＃3＝10＊COS[＃1];
G01 X[48＋2＊＃2]Z[＃3－20];(插补)
＃1＝＃1＋0.2;
END 1;
G01 Z-40 F0.25;
X60;
G00 X100 Z100;
```

M05；

M30；

[宏程序编制应用举例 6]用椭圆参数方程编制宏程序如图 3-48 所示的椭圆，长半轴 10mm，短半轴 5mm 的精加工程序。

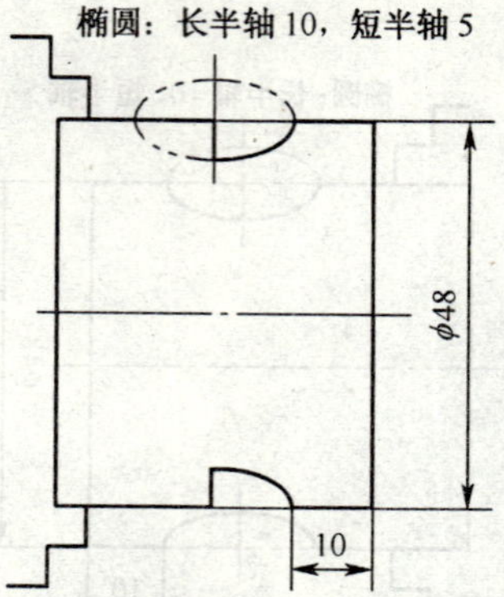

图 3-48　椭圆的编程应用举例之 5

参考程序为：

```
O1234;
G99;
T0101;
M03 S700;
G00 X50 Z10;
G01 X48 F0.25;
#1=0;
WHILE[#1 GE-90]DO 1;
#2=5*SIN[#1];
#3=10*COS[#1];
G01 X[48+2*#2] Z[#3-20];(插补)
#1=#1-0.2;
END 1;
G01 X50 F0.25;
G00 X100 Z100;
M05;
M30;
```

说明：由于宏程序编制比较复杂，在加工过程中，因为各种原因导致程序无法运行，或形状有误差，此时可以通过数控车床面板上的图形轨迹仿真功能效验程序，以提高编程效率。例如，数控车床面板型号为 BEIJING FANUC Series 0i Mate—TB，图形轨迹仿真过程为：

(1)选择自动加工方式；

(2)按[CUSTOM GRAPH]键，进入图形模拟方式；

(3)按[操作]键；

(4)按[EXEC]键，开始执行；

如图 3-49 所示。

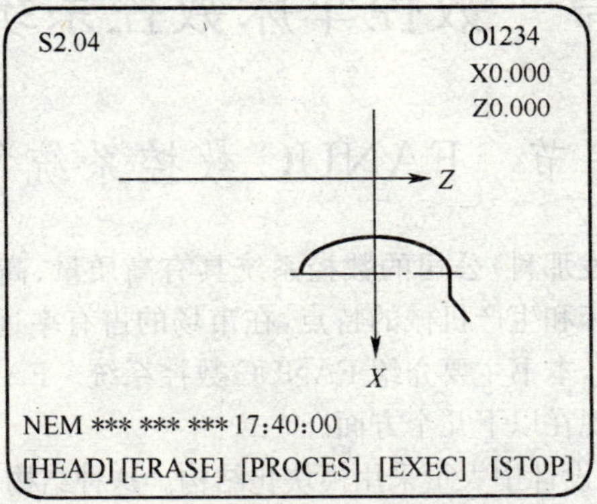

图 3-49　图形模拟画面

复习思考题

1. 数控车床的 X,Z 轴是如何确定的?
2. 试述自动编程的优、缺点。
3. 试述工序集中原则和工序分散的特点。
4. G32 和 G92 有何异同?

第四章　数控车床数控系统操作

第一节　FANUC 数控系统简介

FANUC(发那科)公司的数控系统具有高质量、高性能、全功能，适用于各种机床和生产机械的特点，在市场的占有率远远超过其他的数控系统，因此，本书主要介绍 FANUC 数控系统。FANUC 数控系统的优势主要体现在以下几个方面。

(1)系统在设计中大量采用模块化结构。这种结构易于拆装，各个控制板高度集成，使可靠性有很大提高，而且便于维修、更换。

(2)具有很强的抵抗恶劣环境影响的能力。

(3)有较完善的保护措施。FANUC 数控系统对自身的系统采用比较好的保护电路。

(4)FANUC 数控系统所配置的系统软件具有比较齐全的基本功能和选项功能。对于一般的机床来说，基本功能完全能满足使用要求。

(5)提供大量丰富的 PMC 信号和 PMC 功能指令。这些丰富的信号和编程指令便于用户编制机床的 PMC 控制程序，而且增加了编程的灵活性。

(6)具有很强的 DNC 功能。系统提供串行 RS232C 传输接口，使通用计算机 PC 和机床之间的数据传输能方便、可靠地进行，从而实现高速的 DNC 操作。

(7)提供丰富的维修报警和诊断功能。FANUC 数控系统维修手册为用户提供了大量的报警信息，并且以不同的类别进行分类。

国产的数控系统在稳定性方面较差，但简单数控系统例如经济型数控机床对稳定性要求不严格，而精密复杂的数控系统和国外的数控系统相比还是有差距的。据统计，在国内使用的数控机床中，国产数控系统约占 11%，SIEMENS 数控系统约占 20%，FANUC 数控系统约占

56%，国外其他数控系统约占 10%。国产的数控系统主要有：广州数控、北京凯恩帝数控、南京华兴数控、成都广泰数控、南京新方达数控和武汉华中数控等。

第二节　FANUC 数控车床面板

一、FANUC 数控系统面板

如图 4-1 所示为 FANUCO—TD 数控系统面板。

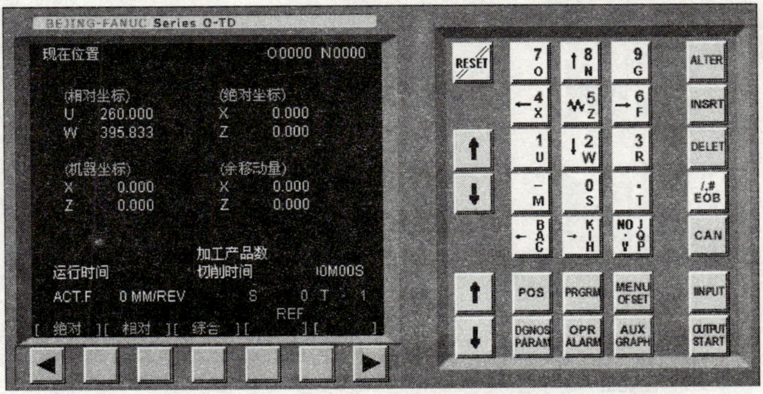

图 4-1　FANUCO—TD 数控系统面板

二、FANUC 数控系统面板键盘说明

见表 4-1。表 4-1 中的各个键以及下面要介绍的功能键和软键，在键盘上的位置，可以和图 3-3 所示的画面相对应。

表 4-1　FANUC 数控系统面板键盘说明

名　称	功　能　说　明
复位键 	按下这个键可以使 CNC 复位或者取消报警等
帮助键 	当对 MDI 键的操作不明白时，按下这个键可以获得帮助

续表 4-1

名　称	功　能　说　明
软键	根据不同的画面，软键有不同的功能。软键功能显示在屏幕的底端
地址和数字键 	按下这些键可以输入字母、数字或者其他字符
切换键 	在键盘上的某些键具有两个功能，按下＜SHIFT＞键可以在这两个功能之间进行切换
输入键 	当按下一个字母键或者数字键时，再按该键数据被输入到缓冲区，并且显示在屏幕上。要将输入缓冲区的数据拷贝到偏置寄存器中，也按下该键。这个键与软键中的[INPUT]键是等效的
取消键 	，取消键，用于删除最后一个进入输入缓存区的字符或符号
程序功能键	 ：替换键， ：插入键， ：删除键
功能键 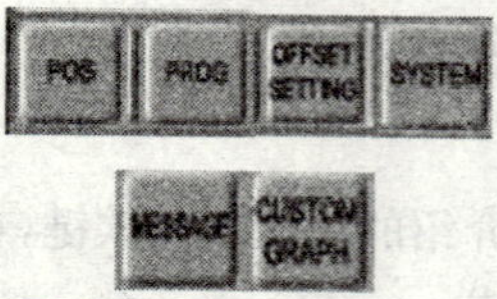	按下这些键，切换不同功能的显示屏幕。分别是：坐标位置显示键、程序键、刀具偏置设置键、系统参数设置键、报警信息显示键、轨迹仿真键
光标移动键 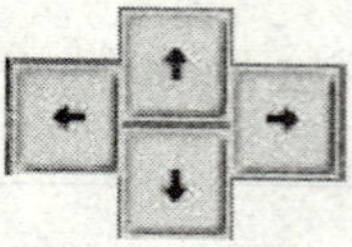	有四种不同的光标移动键：  这个键用于将光标向右或者向前移动；  这个键用于将光标向左或者往回移动；  这个键用于将光标向下移动；  这个键用于将光标向上移动

续表 4-1

名　称	功　能　说　明
翻页键 	有两个翻页键： 该键用于将屏幕显示的页面往前翻页； 该键用于将屏幕显示的页面往后翻页

三、FANUC 数控系统的功能键和软键

功能键用来选择将要显示的屏幕画面。

按下功能键之后再按下与屏幕文字相对的软键，就可以选择与所选功能相关的屏幕信息。

1. 功能键

：按下这一键以显示位置屏幕；

：按下这一键以显示程序屏幕；

：按下这一键以显示偏置/设置(SETTING)屏幕；

：按下这一键以显示系统屏幕；

：按下这一键以显示信息屏幕；

：按下这一键以显示用户宏屏幕。

2. 软键

要显示一个更详细的屏幕，可以在按下功能键后按软键。最左侧带有向左箭头的软键为菜单返回键，最右侧带有向右箭头的软键为菜

单继续扩展键。

四、输入缓冲区

当按下一个地址或数字键时，与该键相应的字符就立即被送入输入缓冲区，输入缓冲区的内容显示在CRT屏幕的底部。

为了标明这是键盘输入的数据，在该字符前面会立即显示一个符号“〉”，在输入数据的末尾显示一个符号“_”，标明下一个输入字符的位置，如图4-2所示。

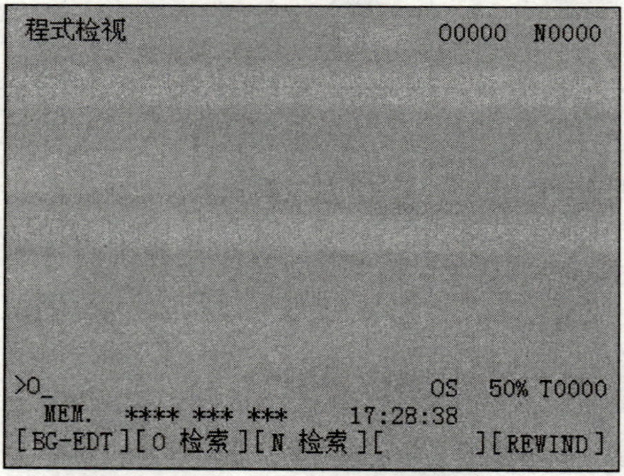

图4-2　字符的键入

为了输入同一个键上右下方的字符，首先按下

键，然后按下需要输入的键就可以了。例如要输入字母P，首先按下

键，然后按下

键，缓冲区内就可显示字母P。按下

键可取消缓冲区最后输入的字符或者符号。

五、车床操作面板

如图4-3所示。FANUC数控系统车床操作面板说明，见表4-2。

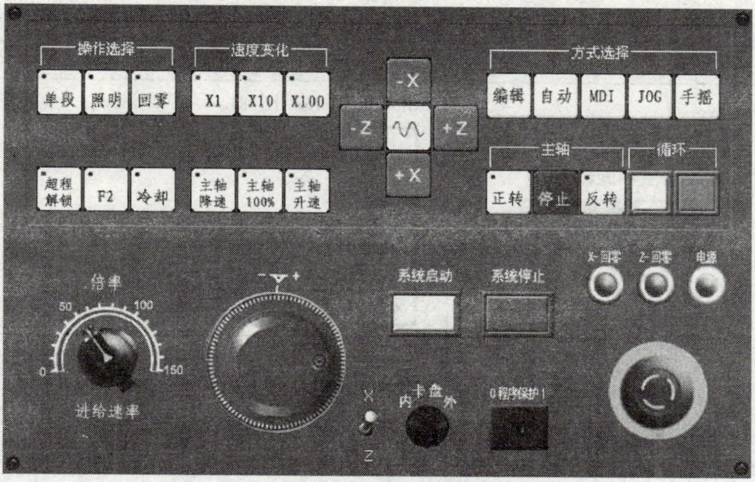

图 4-3 FANUC 数控系统车床操作面板

表 4-2 FANUC 数控系统车床操作面板说明

名 称	功 能 说 明
方式选择键 编辑 自动 MDI JOG 手摇	用来选择系统的运行方式。 编辑：按下该键，进入编辑运行方式； 自动：按下该键，进入自动运行方式； MDI：按下该键，进入 MDI 运行方式； JOG：按下该键，进入 JOG 运行方式； 手摇：按下该键，进入手轮运行方式
操作选择键 单段 照明 回零	用来开启单段、回零操作。 单段：按下该键，进入单段运行方式； 回零：按下该键，可以进行返回机床参考点操作(即机床回零)

续表 4-2

名　称	功 能 说 明
主轴旋转键 	用来开启和关闭主轴。 :按下该键,主轴正转; :按下该键,主轴停转; :按下该键,主轴反转
循环启动/停止键 	用来开启和关闭,在自动加工运行和 MDI 运行时都会用到它们
主轴倍率键 	在自动或 MDI 方式下,当 S 代码的主轴速度偏高或偏低时,可用来修调程序中编制的主轴速度:按(指示灯亮),主轴修调倍率被置为 100%;按一下,主轴修调倍率递增 5%;按一下,主轴修调倍率递减 5%
超程解除 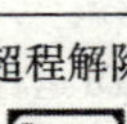	用来解除超程警报。同时按下超程解除键和进给反方向键,即可解除超程
进给轴和方向选择开关 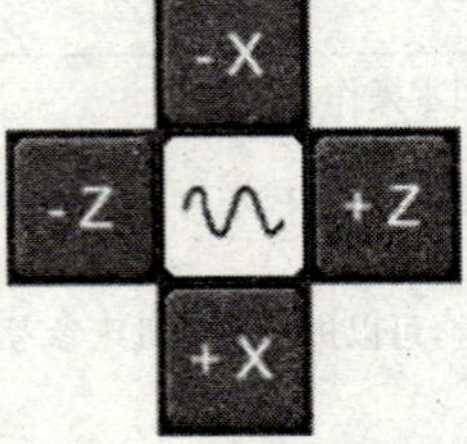	用来选择机床欲移动的轴和方向。其中的为快进开关,当按下该键后,快进功能开启;再按一下该键,快进功能关闭

续表 4-2

名　　称	功 能 说 明
JOG进给倍率旋钮 	用来调节JOG进给的倍率。倍率值从0～150%，每格为10%
系统启动/停止 	用来开启和关闭数控系统
电源/回零指示灯 	表明系统是否开机和回零的情况。当系统开机后，电源灯始终亮着。当进行机床回零操作时，某轴返回零点后，该轴的指示灯亮，离开参考点则熄灭
急停键 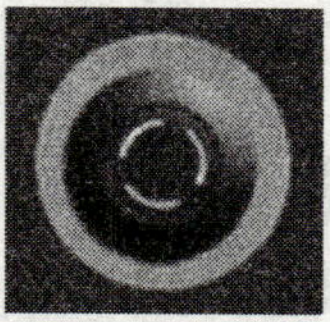	用于锁住机床。按下急停键时，机床主轴和进给立即停止运动，用于处理紧急情况

六、手轮面板说明

见表4-3。

表 4-3　手轮面板说明

名　　称	功 能 说 明
手轮进给倍率键 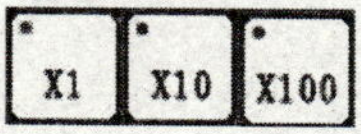	用于选择手轮移动倍率。按下所选的倍率键后，该键左上方的红灯亮。 为0.001mm、 为0.01mm、 为0.1mm

续表 4-3

名　称	功 能 说 明
手轮(手摇脉冲发生器) 	手轮模式下用来使刀具移动。手轮逆时针旋转,刀具向负方向移动;手轮顺时针旋转,刀具向正方向移动
手轮进给轴选择开关 	手轮模式下用来选择要移动的轴。开关扳手向上指向 X,表明选择的是 X 轴;开关扳手向下指向 Z,表明选择的是 Z 轴

七、通电开机的操作

进入系统后首先是接通系统电源,操作步骤如下:

(1)按下机床面板上的系统启动键

,接通电源,显示屏由原先的黑屏变为有文字显示,电源指示灯亮

;

(2)顺时针旋起急停键,使急停键抬起;

(3)这时系统完成上电复位,可以进行后面各部分的操作。

注:机床面板钥匙开关

机床操作面板可以设置程序保护钥匙开关,如钥匙开关未开启,操作功能就不能执行,只有在钥匙开关开启时,相关操作才能执行。但是,这时有关的数据仍可以显示在 CRT 上。

八、手动操作

手动操作主要包括手动返回机床参考点和手动移动刀具。电源接通后，首先要做的事就是将刀具移回到参考点。然后可以使用按键或开关，使刀具沿各轴运动。手动移动刀具包括JOG进给、增量进给和手轮进给。

1. 手动返回参考点

手动返回参考点就是用车床操作面板上的按键或开关，将刀具移动到机床的参考点。操作步骤如下：

(1)在方式选择键中按下JOG键 

，这时数控系统显示屏幕左下方显示状态为JOG；

(2)在操作选择键中按下回零键 

，这时该键左上方的小红灯亮；

(3)在坐标轴选择键中按下+X键 

，X轴返回参考点，同时X回零指示灯亮 

；

(4)依上述方法，按下+Z键 

，Z轴返回参考点，同时Z回零指示灯亮 

。

2. JOG手动进给

JOG进给就是手动连续进给。在JOG方式下，按车床操作面板上的进给轴和方向选择开关，车床沿选定轴的选定方向移动。

手动连续进给速度可用JOG进给倍率旋钮调节。操作步骤如下：

(1)按下JOG按键 

，系统处于JOG运行方式；

(2)按下进给轴和方向选择开关 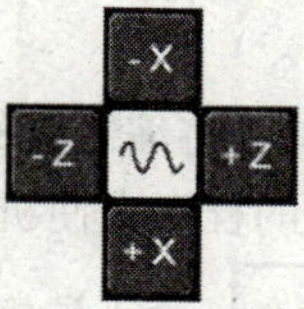

，机床沿选定轴的选定方向移动；

(3)可在机床运行前或运行中使用 JOG 进给倍率旋钮 

,根据实际需要调节进给速度;

(4)如果在按下进给轴和方向选择开关前按下快速移动开关,则机床按快速移动速度运行。

3. 手轮进给

在手轮方式下,可使用手轮使刀具发生移动。操作步骤如下:

(1)按手摇键 

,进入手轮方式;

(2)按手轮进给轴选择开关 

,选择刀具要移动的轴;

(3)按手轮进给倍率键 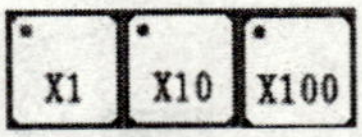

,选择移动倍率;

(4)根据需要移动的方向,顺时针或逆时针旋转手轮 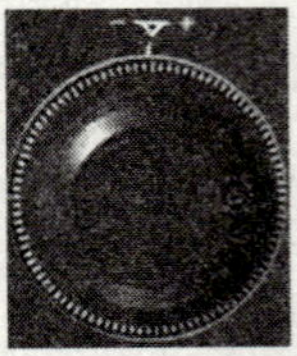
,使刀具发生移动;

(5)手轮旋转停止,刀具停止移动。

九、自动运行

自动运行就是机床根据编制的零件加工程序来运行。自动运行包括存储器运行和 MDI 运行。

1. 存储器运行

存储器运行就是指将编制好的零件加工程序存储在数控系统的存储器中,调出要执行的程序来使机床自动运行。

(1)按编辑键 

,进入编辑运行方式;

(2)按数控系统面板上的 PROG 键

；

(3)此时，屏幕上显示已经存储在存储器里的加工程序列表；

(4)按地址键 O；

(5)按数字键输入程序号；

(6)按数控屏幕下方的软键↓检索键。这时被选择的程序就被打开显示在屏幕上；

(7)按自动键

，进入自动运行方式；

(8)按车床操作面板上的循环键中的绿色启动键，开始自动运行；

(9)运行中按下循环键中的红色暂停键，机床将减速停止运行。再按下绿色启动键，机床恢复自动运行；

(10)如果按下数控系统面板上的 Reset 复位键，自动运行结束并进入复位状态：主轴停转，进给停止。

2. MDI 运行

MDI 运行是指用键盘输入一组加工命令后，机床根据这个命令执行操作。

(1)按 MDI 键

，进入 MDI 运行方式；

(2)按数控系统面板上的 PROG 键

，屏幕上显示如图 4-4 所示画面，程序号 O0000 是自动生成的；

(3)像编制普通零件加工程序那样编制一段程序；

(4)按软键 REWIND 键，使光标返回程序头；

(5)按车床操作面板上的循环键中的绿色启动键，开始运行；当执行到结束代码(M02，M30)或%时，运行结束并且程序自动删除；

(6)运行中按下循环键中的红色暂停键，机床将减速停止运行；再按下绿色启动键，机床恢复运行；

(7)如果按下数控系统面板上的 Reset 键，自动运行结束并进入复位状态。

3. 程序再启动

该功能指定程序段的顺序号即程序段号，以便下次从指定的程序段开始重新启动加工。该功能有两种再启动方法：P 型和 Q 型。

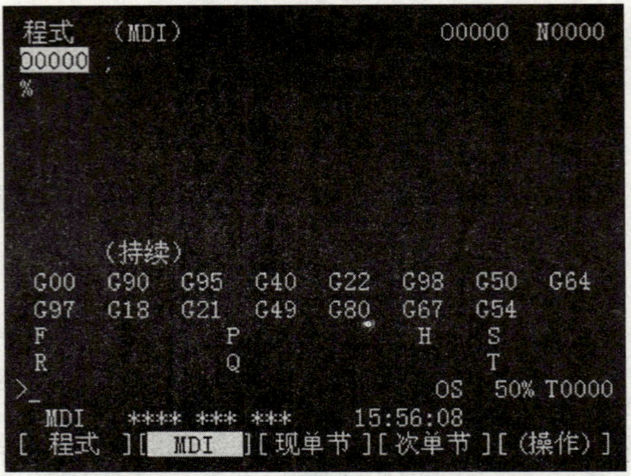

图 4-4　数控系统面板上的 PROG 界面

P 型操作可在程序的任何地方开始重新启动。程序再启动的程序段不必是被中断的程序段。当执行 P 型再启动时，再启动程序段必须使用与被中断时相同的坐标系。

Q 型操作在重新启动前，机床必须移动到程序起点。

4. 单段

单段方式通过一段一段执行程序的方法来检查程序，操作步骤如下：

(1)按操作选择键中的单段键 

，进入单段运行方式；

(2)按下循环启动按钮，执行程序的一个程序段，然后机床停止；

(3)再按下循环启动按钮，执行程序的下一个程序段，机床停止；

(4)如此反复，直到执行完所有程序段。

十、创建和编辑程序

下列各项操作均是在编辑状态下、程序被打开的情况下进行的。

1. 创建程序

(1)在车床操作面板的方式选择键中按编辑键 

，进入编辑运行方式；

(2)按系统面板上的PROG键,数控屏幕上显示程式画面;

(3)使用字母和数字键,输入程序号;

(4)插入键 

;

(5)这时程序屏幕上显示新建立的程序名和结束符,接下来可以输入程序内容;

(6)新建的程序会自动保存到CRT画面中的零件程序列表里及系统内存中。

2. 字的检索

(1)按"操作"软键 

;

(2)按最右侧带有向右箭头的菜单继续键,直到软键中出现"检索"软键 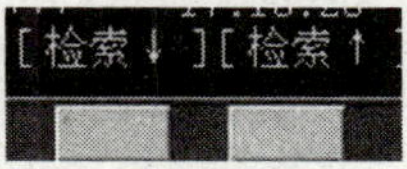

;

(3)输入需要检索的字,例如要检索M03,则输入M03;

(4)按检索键,带向下箭头的检索键为从光标所在位置开始向程序后面检索,带向上箭头的检索键为从光标所在位置开始向程序前面进行检索。可以根据需要选择一个检索键;

(5)光标找到目标字后,定位在该字上。

3. 跳到程序头

当光标处于程序中间,而需要将其快速返回到程序头,可使用下列两种方法。

(1)编辑方式下按下复位键 

,光标即可返回到程序头;

(2)连续按软键最右侧带向右箭头的菜单继续键,直到软键中出现REWIND键 

,按下该键,光标即可返回到程序头。

4. 字的插入

例如我们要在第一行的最后插入"X20."。

(1)使用光标移动键,将光标移到需要插入的后一位字符上,在这里我们将光标移到";"上;

(2)键入要插入的字和数据：X20.，按下插入键；

(3)“X20.”被插入。

5. 字的替换

(1)使用光标移动键，将光标移到需要替换的字符上；

(2)键入要替换的字和数据；

(3)按下替换键；

(4)光标所在的字符被替换，同时光标移到下一个字符上。

6. 字的删除

(1)使用光标移动键，将光标移到需要删除的字符上；

(2)按下删除键；

(3)光标所在的字符被删除，同时光标移到被删除字符的下一个字符上。

7. 输入过程中的删除

在输入过程中，即字母或数字还在输入缓存区、没有按插入键的时候，可以使用取消键来进行删除。

每按一下，则删除一个字母或数字，连续按下则连续删除。

8. 程序号检索

(1)在车床操作面板的方式选择键中按编辑键，进入编辑运行方式；

(2)按 PROG 键，数控屏幕上显示程式画面，屏幕下方出现软键[程式]、[DIR]；默认进入的是程式画面，也可以按[DIR]键进入 DIR 画面即加工程序列表页；

(3)输入地址键 O；

(4)按数控系统面板上的数字键，键入要检索的程序号；

(5)按软键[O 检索]；

(6)被检索到的程序被打开显示在程式画面里；如果第二步中按[DIR]键进入 DIR 画面，那么这时屏幕画面会自动切换到 DIR 画面，并显示所检索的程序内容。

9. 删除程序

(1)在车床操作面板的方式选择键中按编辑键

，进入编辑运行方式；

(2)按 PROG 键，数控屏幕上显示程式画面；

(3)按软键[DIR]键进入 DIR 画面即加工程序列表页；

(4)输入地址键 O；

(5)按数控系统面板上的数字键，键入要检索的程序号；

(6)按数控系统面板上的 DELETE 键

，键入程序号的程序被删除。

十一、设定和显示数据

1. 设定和显示刀具补偿值

(1)按编辑键，进入编辑运行方式；

(2)按偏置/设置键

，显示工具补正/形状界面；

(3)按软键[磨耗]，屏幕上出现刀具磨耗列表，如图 4-5 所示；

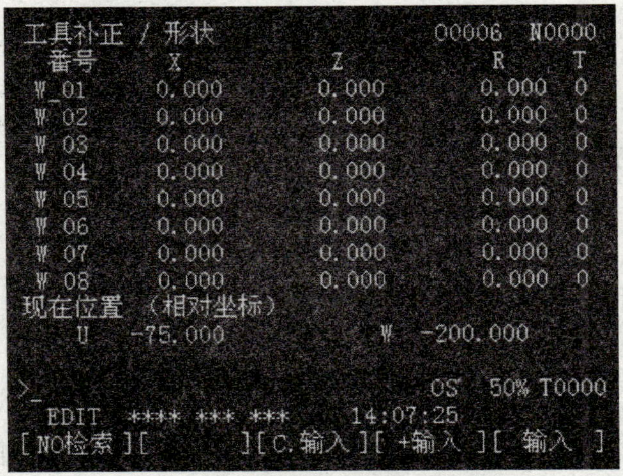

图 4-5　数控系统刀具补正/形状界面

(4)输入一个值并按下软键[输入]键，就完成了刀具补偿值的设定；

(5)例如，我们要设定 W03 号的 X 值为 2，先用光标键中的  将光标移到 W03，如图 4-6 所示；

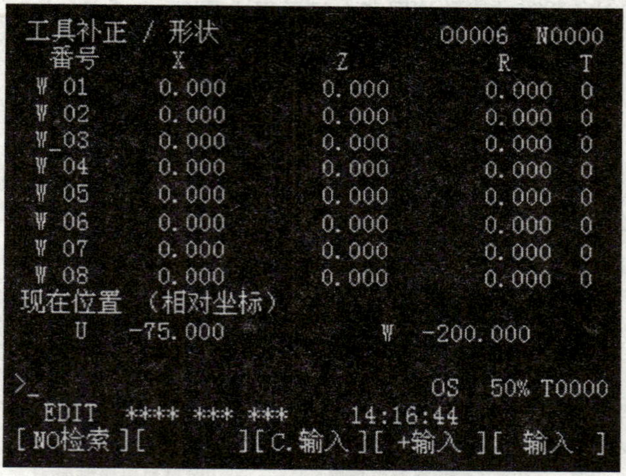

图 4-6　刀具补偿值的输入前界面

(6)再输入数值 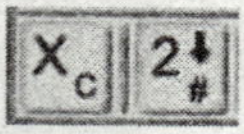；

(7)最后按软键[输入]键。这时该值显示为新输入的数值。如图 4-7 所示。

2. 设定和显示工件原点偏移值

(1)按编辑键，进入编辑运行方式；

(2)按下偏置/设置键 ；

(3)按下“坐标系”软键 ；

(4)屏幕上显示工件坐标系设定界面；该屏幕包含两页，可使用翻页键翻到所需要的页面，如图 4-8 所示；

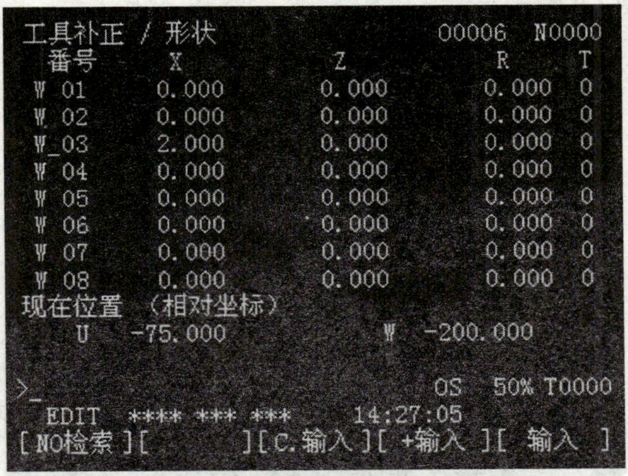

图 4-7　刀具补偿值的输入后界面

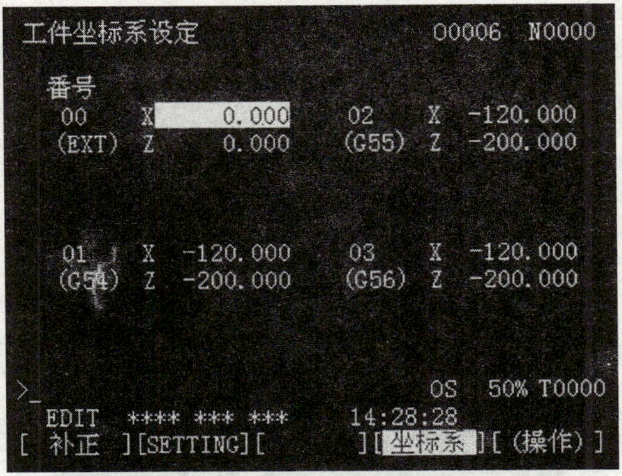

图 4-8　数控系统工件坐标系设定界面

(5)使用光标键将光标移动到想要改变的工件原点偏移值上。

例如，要设定 G54 X20. Z30.，首先将光标移到 G54 的 X 值上；再使用数字键输入数值“20.”，然后按输入键 

 或者按软键[输入]

键，如图 4-9 所示；

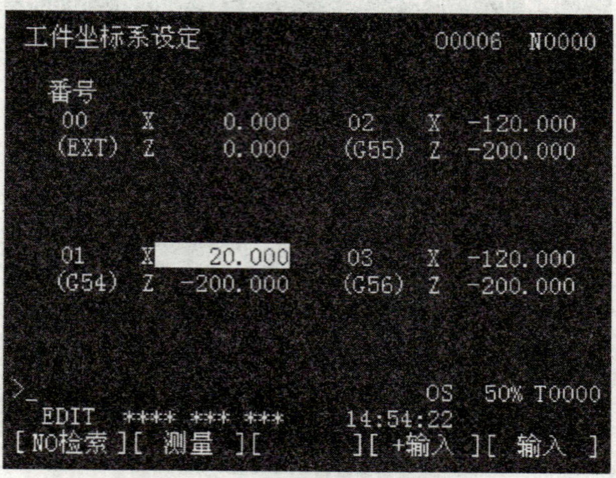

图 4-9　设定工件坐标系(输入 X 值)

再将光标移到 Z 值上，输入数值 30，然后按输入键  或者按软键[输入]键，如图 4-10 所示。

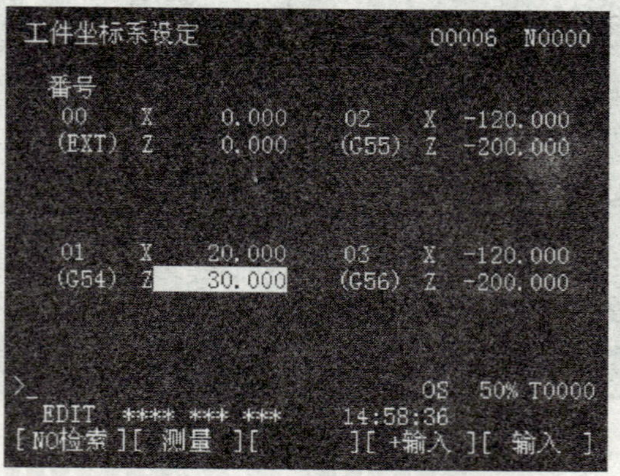

图 4-10　设定工件坐标系(输入 Z 值)

如果要修改输入的值，可以直接输入新值，按输入键  或者按

软键[输入]。如果键入一个数值后按软键[+输入],那么当光标在X值上时,系统会将键入的值除以2后和当前值相加;而当光标在Z值上时,系统直接将键入的值和当前值相加。

3. FANUC—TC数控系统车床面板的按键符号说明

见表4-4。

表4-4 FANUC—TC系统数控车床面板的按键符号说明

	程序画面(自动运行方式):(1)执行存储器的程序,(2)编辑程序(后台操作),(3)检索程序并执行程序,(4)程序再启动,(5)存储卡加工
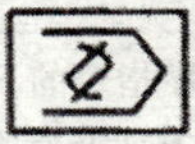	程序画面(编辑方式):(1)编辑程序:插入,更正,删除,(2)后台操作,(3)数据的输入/输出
	手动数据输入方式:(1)程序画面:输入并执行程序,(2)参数画面:可输入参数,(3)补偿和设定画面:可输入刀具补偿,坐标系,宏变量
	DNC方式:(1)经RS-232口实现加工,(2)存储卡的加工(20#参数设为4138,7参数设为1)
	手动返回参考点方式(返回参考点有手动和自动G28指令):绝对编码器不用返回;增量编码要返回,增量编码机床上电执行一次手动返回参考点即可;当按了急停以后,要执行手动返回参考点
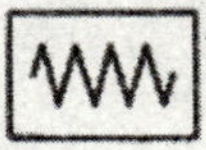	JOG方式(手动连续进给):(1)参数1423设定JOG速度(可设成每分钟或每转进给),(2)手动快速移动方式,参数1424设定速度
	步进给方式:(增量进给或定量进给)
	手摇脉冲发生器方式:(1)手轮进给,(2)手轮中断,(3)手轮干预返回
	手轮示教方式:在程序画面,可输入程序
	单程序段:(1)接通开关,执行程序,程序到位停止;(2)在绝对方式执行G28返回参考点时,在中间点停止

续表 4-4

	任选程序跳段，程序中出现“/”，还必须使用此开关 ON
	程序停止，程序中指定 M00，自动停止，用于工件的检测和清理铁屑，为后序做好准备
	选择停机，程序中出现 M01，还必须使用此开关
	程序再启动：(程序必须执行过)
	空运行(试运行)：参数 1410 设置空运行速度，程序指令的 F 指令无效；空运行还可通过参数 1401.6,5 对快速移动有效及对螺纹或攻丝无效
	机床锁住(机械闭锁)机械位置不显示，但工件坐标系显示
	循环启动：(1)执行存储器的程序，(2)DNC 加工，(3)MDI 方式
	进给保持：自动运行停止。螺纹加工保持无效和回退
×1 ×10 ×100 ×1000	手轮进给倍率：注意速度和方向
X Y Z 4 5 6	手动坐标轴选择：手轮进给，JOG，快速移动，步进给；注意坐标轴的移动方向
+ −	手动坐标轴方向选择：JOG，快速移动，步进给
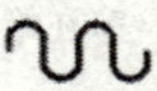	快速移动：执行手动进给，参数 1424 设定手动快速，若为 0 按 1420 设定值执行

续表 4-4

	主轴正转:使主轴电机正向旋转,手动/自动
	主轴反转:使主轴电机反向旋转,手动/自动
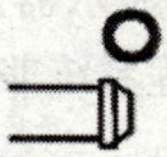	主轴停止:使主轴电机停止,手动/自动
进,ł 倍率	(1)可对 JOG 速度修调,(2)对程序中的 F 指令进行修调
快速倍率	(1)程序中的 G00/G27～G30/G53,(2)手动快速移动。(3)固定循环中的 R 点
主轴倍率	对主轴速度进行修调,自动/手动;在螺纹加工中应固定 100%
	存储器保护锁
	急停按钮
	手摇脉冲发生器(不能超过 5 米/分)
	RS-232 接口
	镜向:参数,设定,程序指令,外部开关
	主轴定向(换刀的固定位置),手动/自动
	主轴点动
	刀具交换(注意换刀位置)
	工作台松开/夹紧(注意干涉区)
	防护门开/关
	冷却液开/关/气冷
	主轴松刀/拉刀
	辅助机能闭锁:辅助指令 NC 系统内部处理,快速验证执行程序
	排屑器
	卡盘松开/卡紧
	车床刀库控制
	尾座前进/后退
	照明灯
	超程解除
	液压站
CRT/LCD	软件键:章节键,扩展键,返回键

注:(1)RS-232 口之前是 FANUC 标准操作面板;

(2)空白键客户可追加自定义。

第三节 华中“世纪星”HNC—21T 系统数控车床的操作

华中“世纪星”HNC—21T 是一基于嵌入式工业 PC 的开放式数控系统，配备高性能 32 位微处理器、内装式 PLC 及彩色 LCD 显示器。采用国际标准 G 代码编程，与各种流行的 CAD/CAM 自动编程系统兼容。

一、操作装置

1. 操作台结构

HNC—21T 数控车床数控装置操作台为标准固定结构，外形尺寸为 420mm×310mm×110mm($W\times H\times D$)，如图 4-11 所示。

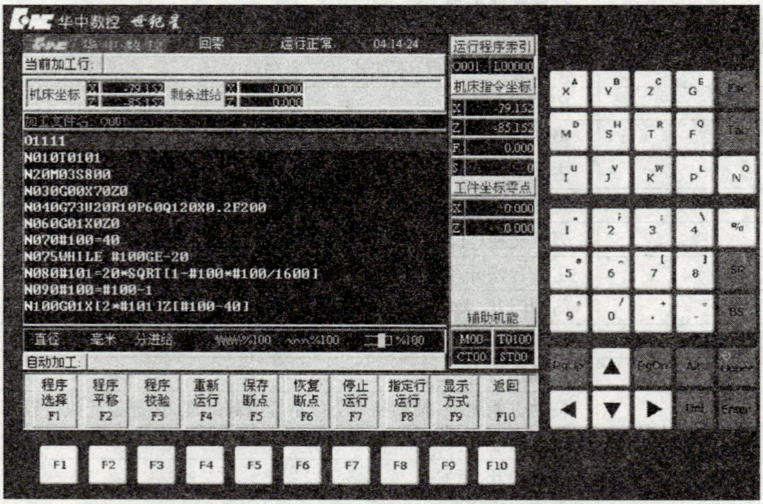

图 4-11 HNC—21T 数控车床操作台

2. 显示器

操作台的左上部为 7.5″彩色液晶显示器，分辨率为 640×480。

3. NC 键盘

NC 键盘包括精简型 MDI 键盘和 F1～F10 十个功能键。

标准化的字母数字式键盘的大部分键具有上档键功能，当“UP-

PER”键有效时，指示灯亮，输入的是上档键。

NC键盘用于零件加工程序的编制、参数输入、MDI及系统管理操作等。

4. 车床控制面板

标准车床控制面板的大部分按键(除“急停”按钮外)位于操作台的下部。

车床控制面板用于直接控制车床的动作或加工过程。

二、HNC—21T数控车床的操作

HNC—21T数控车床的操作是通过操作面板和控制面板来完成。由于生产厂家或者数控系统选配上的不同，面板功能和布局可能存在差异。读者在操作前应结合具体设备情况，仔细阅读操作说明书。

1. 开机、关机、复位、回参考点、超程解除

(1)开机、复位操作步骤　按下操作台右上角的“急停”按钮，合上机床后面的空气开关，手柄的指示标志到“ON”的位置。松开总电源开关，打开计算机电源，进入数控系统的界面，右旋松开“急停”按钮，系统复位，对应于目前的加工方式为“手动”，显示“手动”。

(2)关机操作步骤　首先按下“急停”按钮，然后按下总电源开关，最后关闭空气开关，手柄的指示标志到“OFF”的位置。

注：开、关机操作之前都要求先按下“急停”按钮，目的是减少电冲击。

(3)手动回参考点操作步骤　按下“回参考点”按键，键内指示灯亮之后，按“＋X”键及“＋Z”键，刀架移动回到机床参考点。

(4)超程解除步骤　当出现超程，显示“出错”，“超程解除”指示灯亮。解除超程的步骤：先按住“超程解除”键不放，再将工作方式置为“手动”或者“手摇”，假设目前是＋X方向超程，则选择相反的方向按“－X”键移动刀架，直到“超程解除”指示灯灭，显示“运行正常”。

2. 手动操作步骤

(1)点动操作　按“手动”，先设定进给修调倍率，再按“＋Z”或者“－Z”，“＋X”，“－X”，坐标轴连续移动；在点动进给时，同时按压“快进”按键，则产生相应轴的正向或负向快速运动。

(2)增量进给　将坐标轴选择波段开关置于“OFF”档，按一下控制面板上的“增量”按键(指示灯亮),再按一下“+Z”或者“-Z”,“+X”,“-X”,则沿选定的方向移动一个增量值。请注意与“点动”的区别,此时按住“+Z”或者“-Z”,“+X”,“-X”不放开,也只能移动一个增量值,不能连续移动。

增量进给的增量值由“×1”,“×10”,“×100”,“×1000”四个增量倍率按键控制。增量倍率按键和增量值的对应关系如表4-5所示。

表4-5　增量倍率按键和增量值的对应关系

增量倍率按键	×1	×10	×100	×1000
增量值(mm)	0.001	0.01	0.1	1

(3)手摇进给　以X轴为例,说明手摇进给操作方法。将坐标轴选择开关置于“X”档,顺时针/逆时针旋转手摇脉冲发生器一格,可控制X轴向正向或负向移动一个增量值。连续发生脉冲,则连续移动机床坐标轴。

手摇进给的增量值由“×1”,“×10”,“×100”三个增量倍率按键控制。增量倍率按键和增量值的对应关系同表4-5相应的数值。

(4)手动换刀　在手动方式下,按“刀位选择”键,选定刀位后,按“刀位转换”键,转塔刀架转到所选的刀位上。

(5)手动数据输入(MDI)操作　在图4-12所示的主操作界面下,按“F4”,进入如图4-12所示的MDI功能子菜单,按“F6”,进入MDI运行方式,命令行的底色变成了白色,并且有光标在闪烁,这时可以通过NC键盘输入指令段,例如“M03 S600”,即“MDI”运行。如发现输入错误,可以用编辑键进行修改,确定无误后,按回车键。加工方式按“自动”或者“单段”,然后按“循环启动”键,则主轴以每分钟600转的转速正转。

3. 程序输入及文件管理

在图4-11所示的主操作界面下,按“F2”,进入如图4-13所示的编辑功能子菜单。

(1)程序输入　在编辑功能子菜单下按“F1”键,弹出“文件管理”菜单,用光标移动键选中“新建文件”,然后按“回车”;也可以直接按快捷键“F2”,系统提示输入新建文件名,比如输入文件名“O1008”,再按

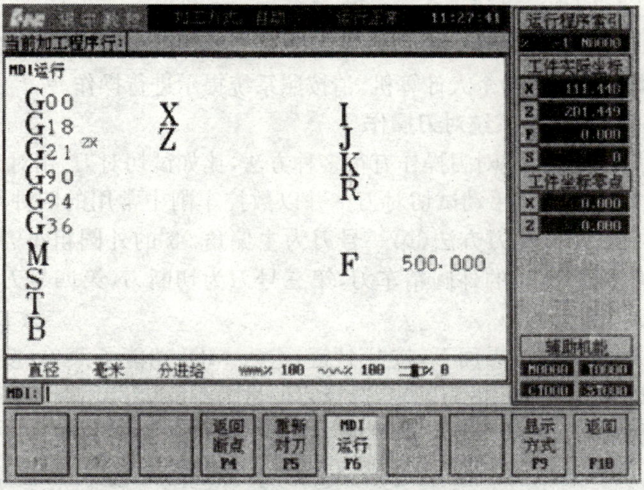

图 4-12 MDI 功能子菜单

图 4-13 编辑功能子菜单

"回车"键后，则进入编辑缓冲区，可以用 NC 键盘直接输入和编辑加工程序。

(2)选择已编辑程序 在编辑功能子菜单下按 F2 键，弹出"选择编辑程序"菜单。其中：

磁盘程序——保存在电子盘、硬盘、软盘或网络路径上的文件；

正在加工的程序——当前已经选择存放在加工缓冲区的一个加工程序；

串口程序——通过串口读入的程序。

在"选择编辑程序"菜单中，可以用光标移动键选择其中一项，按"回车"，进入程序目录。再用光标移动键选择已编辑的程序文件名后，按"回车"，将文件调入到编辑缓冲区(图形显示窗口)进行编辑。

(3)保存程序 在编辑状态下，按"F4"键可对当前编辑程序进行存盘。

(4)文件管理　华中“世纪星”HNC-21T数控系统文件管理的操作方法类似于普通的个人计算机，请按照系统提示进行操作。

4. 华中数控系统对刀操作

华中数控系统对刀操作有很多种方法，比如试切对刀、用对刀仪对刀，这里主要介绍手动试切对刀。并以数控车削中常用的四种车刀为例，详细介绍其对刀方法(第一号刀为主偏角93°的外圆粗车刀，第二号刀为主偏角93°的外圆精车刀，第三号刀为切断刀，第四号刀为60°外螺纹车刀)。

(1)在主操作界面下，按“F4”键，进入MDI功能子菜单，按“F2”，进入如图4-14所示的刀偏表，选择刀偏号为0001，移动蓝色亮条到试切长度栏；

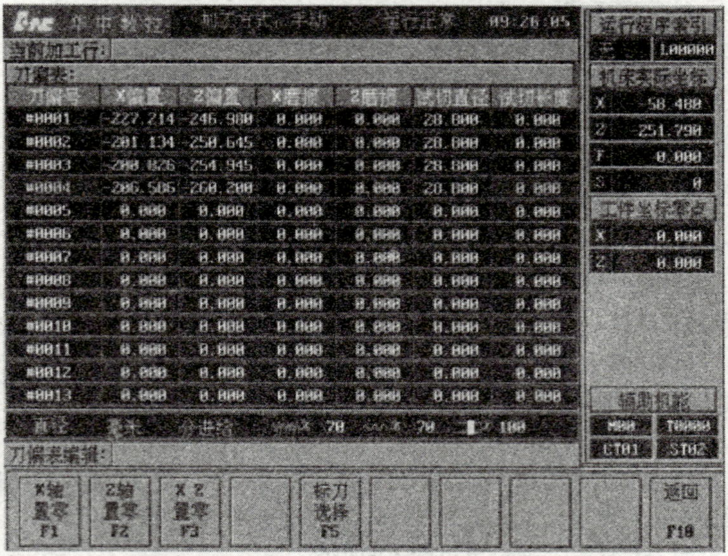

图4-14　华中数控系统刀偏表

(2)主轴正转，手摇进给，试切工件端面，切削深度不能过大，要求小于0.5mm，刀尖过了旋转中心后，沿X轴正向退刀，不得有Z向位移；

(3)按“回车”，输入切削端面到程序原点的长度(假如编程原点选在工件的前端面上，显然长度就是 0，应输入“0”）；再按“回车”，移动蓝色亮条到试切直径栏；

(4)试切工件外圆 3～5mm，然后沿 Z 轴正向退刀，不得有 X 向位移，主轴停止，测量试切外圆的直径；

(5)按“回车”，输入直径值；再按“回车”，移动蓝色亮条到刀编号为 0002 的试切长度栏；

(6)换第二号刀，主轴正转，用主刀刃接触工件端面；要合理选用手摇进给的增量倍率，切削痕迹越小越好，同时也要注意工作的效率；接触后，沿 X 轴正向退刀，不得有 Z 向位移；

(7)按“回车”，同样的道理，输入“0”；再按“回车”，移动蓝色亮条到试切直径栏；

(8)试切工件外圆 3～5mm，然后沿 Z 轴正向退刀，不得有 X 向位移，主轴停止，测量试切外圆的直径；

(9)按“回车”，输入测量的直径值；再按“回车”，移动蓝色亮条到刀偏号为 0003 的试切长度栏；

(10)换第三号刀，测量刀宽；主轴正转，用左刀尖接触工件端面，同样要求切削痕迹越小越好；接触后，沿 X 轴正向退刀，不得有 Z 向位移；

(11)按“回车”，此处不能直接输入“0”（切断后的工件长度是从右刀尖算起，也就是说，刀位点在右刀尖）；输入刀宽值后，再按“回车”；移动蓝色亮条到试切直径栏；

(12)接触第二号刀试切的工件外圆，沿 Z 轴正向退刀，不得有 X 向位移，主轴停止；

(13)按“回车”，输入第二号刀试切的外圆直径值；再按“回车”，移动蓝色亮条到刀偏号为 0004 的试切长度栏；

(14)换第四号刀螺纹刀，手摇进给移动刀具，目测使刀尖与工件端面对齐（尽可能使刀尖接近工件，但不准接触工件）；

(15)按“回车”，输入“0”；再按“回车”，移动蓝色亮条到试切直径栏；

(16)主轴正转，刀尖接触工件外圆，再沿 Z 轴正向退刀，不得有 X 向位移，主轴停止；

(17)按“回车”,输入第二号刀试切的外圆直径值,再按“回车”。

5. 程序运行

(1)程序模拟运行

①正文校验。加工方式按“自动”,在主操作界面下,选“自动加工”按“F1”,选“程序选择”按“F1”,选“磁盘程序”按“F1”;用光标移动键选程序文件名后,按“回车”(或者程序选择时直接选“正在编辑的程序”按“F2”),将程序文件调入到运行缓冲区后,选“程序校验”按“F3”,按“循环启动”,系统开始模拟运行,校验程序。

②图形校验。选“显示方式”按“F9”,选“显示模式”按“F1”,选“ZX平面图形”。

在图形校验之前,先输入“毛坯尺寸”(假设实训工件毛坯的外径为30mm,伸出卡盘的长度为100mm)。连续按“F10”,直到菜单命令条出现“毛坯尺寸 F6”;按“F6”,系统提示输入“外径”,先输入“30”,然后空格,“内径”输入“0”,空格,“长度”输入“100”,空格,“内端面”输入“－100”(内端面的定义:内端面相对于程序原点的有向距离。若程序原点设在外端面,内端面相对于程序原点的有向距离应为“－100”),按“回车”,毛坯的外形显示在图形窗口,接下来和正文校验的步骤相同。加工方式按“自动”,在主操作界面下,选“自动加工”按“F1”,选“程序选择”按“F1”,选“磁盘程序”按“F1”;用光标移动键选程序文件名后,按“回车”,选“程序校验”按“F3”,按“循环启动”,系统开始模拟运行,进行图形校验。

注意:输入的“毛坯尺寸”的大小对真实加工的结果和精度没有影响。

(2)程序自动运行　程序自动运行与程序模拟运行的操作步骤大致相同,只是少一个环节:“程序校验”按“F3”。

操作步骤:加工方式按“自动”,在主操作界面下,选“自动加工”按“F1”,选“程序选择”按“F1”,选“磁盘程序”按“F1”;用光标移动键选程序文件名后,按“回车”,将程序文件调入到加工缓冲区,按“循环启动”,程序开始自动运行。

三、华中 HNC—21 数控系统准备功能

华中 HNC—21 数控系统的 G 代码使用和 FANUC 数控系统 G 代码使用大部分相同,表 4-6 介绍的是前者不同于后者的 G 代码功能。

表 4-6　华中 HNC—21 不同于 FANUC 的 G 代码功能

G 代码	组	功能
G80	01	内径/外径切削固定循环
G81		端面切削固定循环
G82		螺纹切削固定循环
G90	13	绝对值编程
G91		增量值编程
G92	00	工件坐标系设定
G94	14	每分钟进给
G95		每转进给
G36	16	直径编程
G37		半径编程

注:00 组为非模态代码,其他组代码是模态代码。

第四节　GSK980T 系统数控车床的操作

如图 4-15 为 GSK980T 数控系统操作面板。

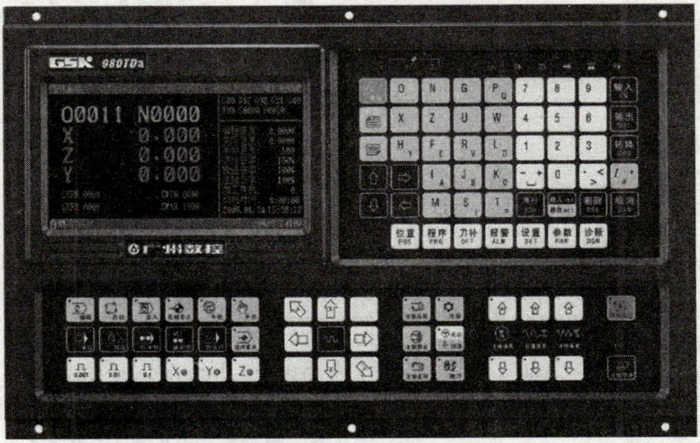

图 4-15　GSK980T 数控系统操作面板

GSK980T 系统、FANUC 系统、华中世纪星系统操作面板和控制面板各功能键对比，见表 4-7。

表 4-7　GSK980T、FANUC、华中世纪星系统操作面板和控制面板各功能键对比

名　称	按　键			功能说明
	FANUC	华中世纪星	GSK980T	
复位键	RESET		//	复位数控系统
光标移动键	CURSOR	▲、▼	⇧　⇩	一步步移动光标 ↑:向前移动光标 ↓:向后移动光标
页面变换键	PAGE	Pgup,Pgdn		用于屏幕选择不同页面 ↑:向前变换页面 ↓:向后变换页面
替换键	ALTER			编程时用于替换输入的字(地址、数字)
插入键	INSERT		插　入 INS	编程时用于替换输入的字(地址、数字)
删除键	DELET	Del	删　除 DEL	编程时用于删除已输入的字或删除程序
取消键	CAN		取　消 CAN	取消上一个输入的字符
位置显示键	POS		位　置 POS	在屏幕上显示机床现在的位置
程序键	PRGRM		程　序 PRG	在编辑方式，编辑和显示在内存中的程序，在 MDI 方式，输入和显示 MDI 数据
自诊断参数键	DGNOS PRARM		诊　断 DGN	设定和显示参数表及自诊断表的内容
报警号显示键	OPR ALARM		报　警 ALM	按此键显示报警号

续表 4-7

名　称	按　键			功能说明
	FANUC	华中世纪星	GSK980T	
输入键	INPUT			除程序编辑方式外，当在面板上按一个字母或数字键后，必须按此键才能输入到 CNC 内
输出启动键	OUTPUT START			按下此键，CNC 开始输出内存中的参数或程序到外部设备
			参　数 PAR	

表 4-8 为 GSK980T 数控系统 M 指令功能。

表 4-8　GSK980T 数控系统 M 指令功能

M03	主轴正转
M04	主轴反转
M05	主轴停止
M08	冷却液开
M09	冷却液关(不输出信号)
M32	润滑开
M33	润滑关(不输出信号)
M10	备用
M11	备用(不输出信号)
M00	程序暂停，按“循环启动”程序继续执行
M30	程序结束，程序返回开始

第五节　SIEMENS(西门子)系统数控车床的操作

SIEMENS 系统数控车床的操作是通过控制面板实现的，数控车床控制面板由数控系统操作面板和外部车床控制面板组成。

一、SIEMENS 系统数控车床的操作面板

SIEMENS 系统数控车床的操作面板由键盘和 CRT 显示器组成，如图 4-16 所示；键盘区上各键标识符号及用途见表 4-9。

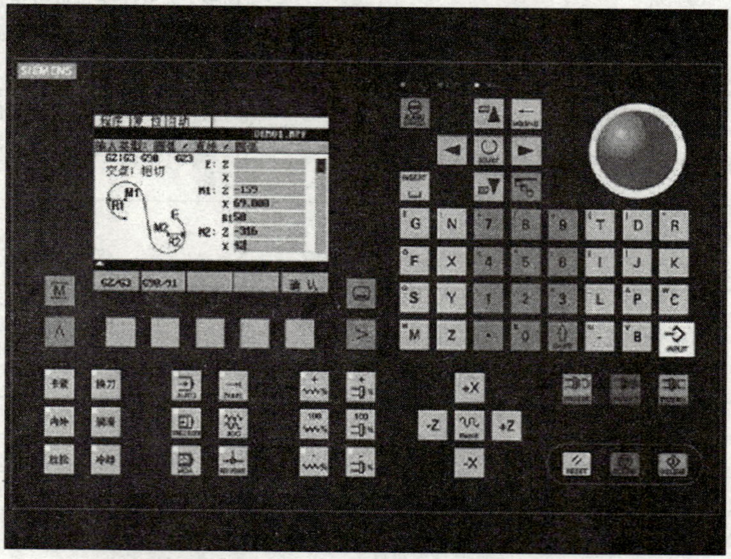

图 4-16　SIEMENS 系统数控车床的操作面板

表 4-9　SIEMENS 系统数控车床的操作面板键盘区上各键标识符号及用途

键的符号	键的用途	键的符号	键的用途
	软菜单键，简称软键	>	菜单扩展键
M	加工显示		区域转换键
∧	菜单返回键		光标向上键；上挡键向上翻页

续表 4-9

键的符号	键的用途	键的符号	键的用途
	光标向左键		回车/输入键
	删除键(退格键)	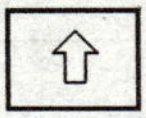	上挡键
Y_0 ↑$_9$	数字键,上挡键转换对应字符		光标向下键,上挡键向下翻页
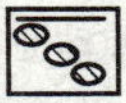	垂直菜单键		光标向右键
	报警应答键	INS	INS 空格键(插入键)
	选择/转换键	U_A Z	字母键,上挡键转换对应字符

SIEMENS 系统数控车床的控制面板区域上各键标识符号及用途见表 4-10。

表 4-10 SIEMENS 系统数控车床的控制面板区域上各键标识符号及用途

键的符号	键的用途	键的符号	键的用途
	复位键	K1 … K12	用户定义键
	数控停止键	+Z −Z	Z 轴点动
	数控启动键		轴进给正

续表 4-10

键的符号	键的用途	键的符号	键的用途
	轴进给 100%	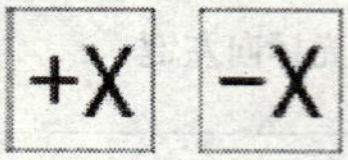	X 轴点动
	轴进给负		增量选择键
	主轴进给正		点动键
	手动数据键		回参考点键
	主轴正转		自动方式键
	主轴反转		单段运行键
	主轴停		主轴进给 100%
	加速运行		主轴进给负

二、SIEMENS 系统数控车床编程原理和实例

1. SIEMENS 数控程序的基本结构

(1)程序名称　SIEMENS 系统数控车床按以下规则确定程序名：

①开始的两个符号必须是字母；

②其后的符号可以是字母、数字或下划线；

③最多为16个字符；

④不得使用分隔符。

(2)程序结构和内容　NC程序由若干个程序段组成，所采用的程序段格式属于可变程序段格式；每一个程序段执行一个加工工步，每个程序段由若干个程序字组成，最后一个程序段包含程序结束符：M02或M30。

(3)程序字及地址符　程序字是组成程序段的元素，由程序字构成控制器的指令。程序字由以下几部分组成：

①地址符：地址符一般是一字母；

②数值：数值是一个数字串，它可以带正负号和小数点，正号可以省略不写；

③扩展地址：可以通过1～4个数字进行地址扩展；在这种情况下，其数值可以通过“＝”进行赋值；

④程序段结构：一个程序段中含有执行一个工序所需的全部数据，程序段由若干个字和程序段结束符“LF”组成；

⑤字顺序：程序段中有很多指令时建议按如下顺序：

N_G_X_Y_Z_F_S_T_D_M_H

⑥注释：利用加注释的方法可在程序中对程序段进行说明，注释可作为对操作者的提示显示在屏幕上。

(4)应用举例

[SIEMENS系统数控车床编程应用举例]车削圆柱双头螺纹，起始点偏移180°，螺纹长度(包括导入空刀量和退出空刀量)100mm，螺距4mm，右旋螺纹，螺纹大径已加工完毕。

参考程序为：

N10 G54 G0 G90 X50 Z0 S500 M3；(回起始点，主轴正传)

N20 G33 Z-100 K4 SF＝0；　(螺距4mm)

N30 G0 X54；　(快速进刀)

N40 Z0；

N50 X50；

N60 G33 Z-100 K4 SF＝180；　(加工第二条螺旋线，偏移180°)

N70 G0 X54;　　　　　（快速退刀）

三、不同数控系统 G 代码对比

为了方便读者对各数控车床的数控系统有更详尽的了解，现将 FANUC 数控系统、SIEMENS 数控系统、华中数控系统 G 代码功能对比列表见表 4-11。

表 4-11　FANUC 数控系统、SIEMENS 数控系统、华中数控系统 G 代码功能对比

G 代码含义	FANUC 数控系统	SIEMENS 数控系统	华中数控系统
快速定位	G00	G0	G00
直线插补(切削进给)	G01	G1	G01
顺时针圆弧插补	G02	G2	G02
逆时针圆弧插补	G03	G3	G03
暂停	G04		G04
英制输入	G20	G70	G20
公制输入	G21	G71	G21
自动返回参考点	G28	G74	G28
从参考点返回	G29		G29
返回固定点		G75	
直径编程	—	G23	G36
半径编程	—	G22	G37
刀具半径补偿取消	G40	G40	G40
刀具半径左补偿	G41	G41	G41
刀具半径右补偿	G42	G42	G42
工件坐标系设定	G50		G92
最高转速限制	G50	G26 上限 G25 下限	—
选择机床坐标系	G53	G53	G53
选择工作坐标系 1	G54	G54	G54
选择工作坐标系 2	G55	G55	G55
选择工作坐标系 3	G56	G56	G56
选择工作坐标系 4	G57	G57	G57
选择工作坐标系 5	G58		G58

续表 4-11

G代码含义	FANUC数控系统	SIEMENS数控系统	华中数控系统
选择工作坐标系6	G59		G59
精车循环	G70		G70
外径/内径粗车循环	G71		G71
端面粗车循环	G72		G72
固定形状粗车循环	G73	LCYC95	G73
螺纹切削复合循环	G76		G76
外径/内径切削循环	G90		G80
螺纹切削循环	G92	LCYC97	G82
端面车削循环	G94		G81
绝对值方式编程	—	G90	G90
相对值方式编程	—	G91	G91
表面恒线控制	G96	G96	G96
表面恒线速控制取消	G97	G97	G97
每分钟进给	G98	G94	G94
每转进给	G99	G95	G95

第五章　FANUC 系统数控车床加工实例

［**实例 1**］在数控车床上加工图 5-1 所示的零件（图 5-2 所示为零件立体图）。

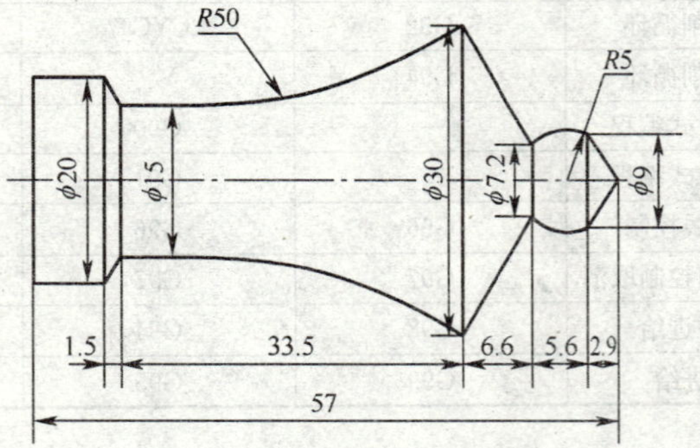

图 5-1　实例 1 零件图

1. 技术要求

（1）按单件、小批量生产条件编程；

（2）锐角倒钝 0.5mm×45°；

图 5-2　实例 1 零件立体图

（3）未注公差按 GB1804-m；

（4）材料：木棒（ϕ35mm×10000mm）；

（5）允许使用砂布修光表面。

2. 参考程序

O1234；（加工工件右端，毛坯伸出长度 100mm）

T0101；（60°外螺纹车刀）

M03 S9；（主轴正转，转速

710r/min)

```
G99;(转进给)
G00 X34 Z0;(X34 为理论毛坯直径)
M98 P15 1235;
G00 X0 Z0;
G01 U9 W-2.9 F0.3;
G03 U-2.2 W-5.6 R5 F0.3;
G01 U22.8 W-6.6 F0.3;
G02 U-15 W-33.5 R50 F0.3;
G01 U5 W-1.5 F0.2;
W-15 F0.3;
G00 X100;
Z200;
T0202;(切断刀)
G00 X35 Z-57;
G01 X0 F0.3;
G00 X100;
Z200;
M05;
M30;
O1235;(子程序)
G00 U-2;
G01 U9 W-2.9 F0.3;
G03 U-1.8 W-5.6 R5 F0.3;
G01 U22.8 W-6.6 F0.3;
G02 U-15 W-33.5 R50 F0.3;
G01 U5 W-1.5 F0.2;
W-15 F0.3;
G00 U15
G00 W65.1;
U-35;
M99;
```

[**实例 2**]在数控车床上加工图 5-3 所示的零件(图 5-5 所示为零件立体图)。

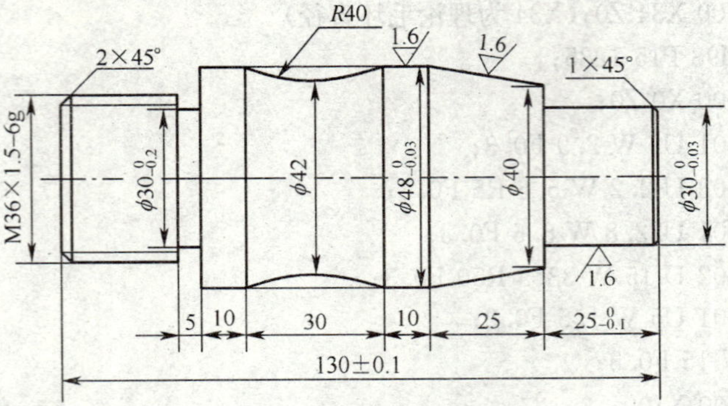

图 5-3　实例 2 零件图

1. 技术要求

(1)按单件、小批量生产条件编程;

(2)锐角倒钝 0.5mm×45°;

(3)未注公差按 GB1804-m;

(4)材料:45 钢(ϕ50mm×135mm)。

注:为加工 *R*40 圆弧,外圆尖刀 T0303 若用普通 90°外圆车刀,如图 5-4(a)所示,会产生刀刃过切现象,应把副偏角修磨得很大,如图 5-4(b)所示,就不会产生刀刃过切现象。

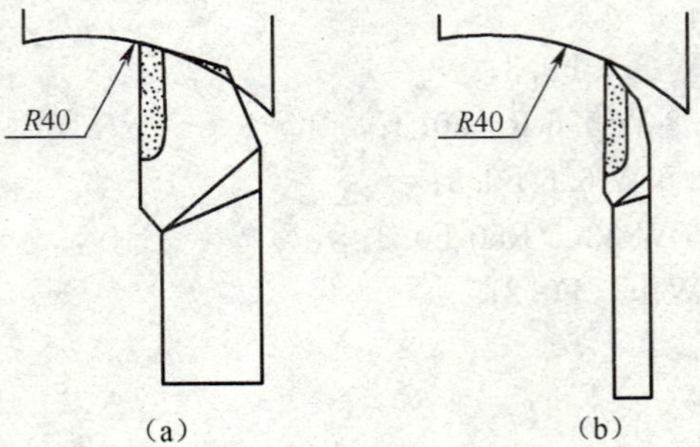

图 5-4　加工 *R*40 圆弧的车刀

(a)副刀刃过切　(b)副刀刃无过切

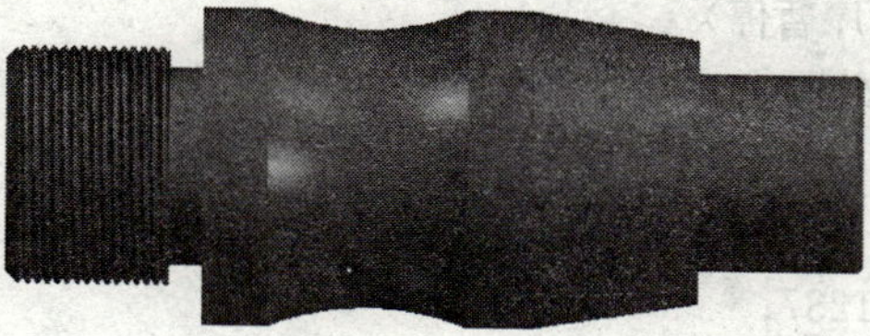

图 5-5 实例 2 零件立体图

2. 参考程序

```
O1234;(加工工件右端,毛坯伸出长度 105mm)
T0101;(90°外圆粗车刀)
M03 S9;(主轴正转,转速 710r/min)
G99;(转进给)
G00 X51 Z1;
G90 X48 Z-102 F0.25;
G00 X48 Z1;
M98 P9 1235;
G00 X48 Z-25;
M98 P4 1236;
G00 X200 Z2;
M05;
M00;(程序暂停)
T0202;(90°外圆精车刀)
M03 S10;(主轴正转,转速 900r/min)
G00 X28 Z0;
G01 X30 W-1 F0.1;
Z-25 F0.2;
X40 F0.3;
X48 W-25 F0.2;
Z-102;
G00 X200 Z2;
M05;
```

```
M00;(程序暂停)
T0303;(外圆尖刀或外螺纹刀)
M03 S9;
G00 X54 Z-60;[X54=X48+(X48- X42)]
M98 P6 1237;
M05;(主轴停转)
M00;(程序暂停,测量 X42)
M03 S10;
G01 X48 Z-60 F0.3;
G02 U0 W-30 R40 F0.15;
G00 X200 Z2;
M05;(主轴停转)
M30;(程序结束)
O1238;(加工工件左端,装夹 φ48mm 部分,手动车端面,保证工件总长 130mm)
M03 S9;
G99;
T0101(90°外圆粗车刀)
G00 X50 Z2;
G90 X47 Z-30 F0.25;
X44;
X41;
X38;
X36;
G00 X34 Z0;
G01 X35.8 W-2 F0.1;
Z-30 F0.2;
X47.5;
X48.5 W-1 F0.1;
G00 X100 Z150;
T0202;(外切槽刀,刀宽 5mm)
```

```
G00 Z-25;
X37;
G01 X30 F0.1;
G00 X150;
Z100;
T0303;(60°外螺纹车刀)
G00 X37 Z5;
G92 X35.3 Z-26 F1.5;
X35;
X34.8;
X34.5;
G00 X100 Z150;
M05;
M30;
O1235;(子程序)
G00 U-2;
G01 W-26 F0.25;
U2;
W26;
U-2;
M99;
O1236;(子程序)
G00 U-2;
G01 U8 W-25 F0.25;
G00 W25;
U-8;
M99;
O1237;(子程序)
G00 U-1;
G02 U0 W-30 R40 F0.2;
G00 W30;
```

M99;

[**实例 3**]在数控车床上加工图 5-6 所示的零件(图 5-7 所示为零件立体图)。

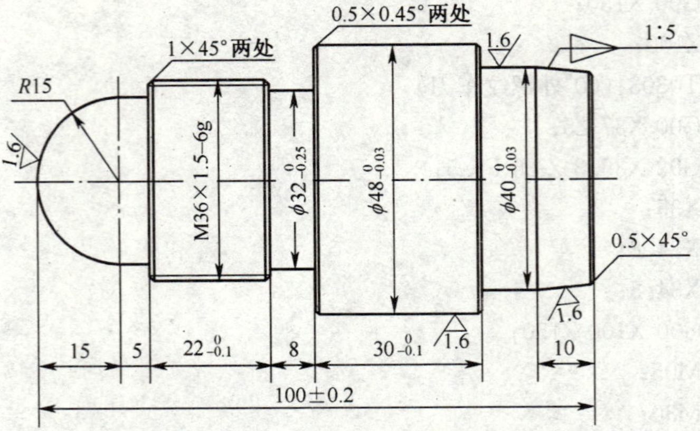

图 5-6 实例 3 零件图

1. 技术要求

(1)按单件、小批量生产条件编程;

(2)锐角倒钝 0.5mm×45°;

(3)未注公差按 GB180-m;

(4)材料:45 钢(ϕ50mm×105mm)。

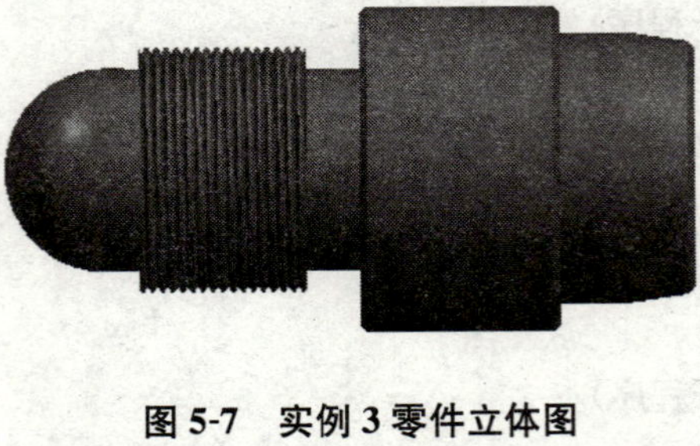

图 5-7 实例 3 零件立体图

2. 参考程序

O1234;(加工工件左端,毛坯伸出长度 85mm)

```
T0101;(90°外圆粗车刀)
M03 S9;
G99;
G00 X51 Z2;
G90 X46 Z-20 F0.25;
X43;
X40;
X37;
X34;
X31;
G00 X51 Z-18;
G90 X46 Z-50 F0.25;
X43;
X40;
X37;
G00 X51 Z-48;
G90 X49 Z-81 F0.25;
G00 Z0;
X32;
M98 P16 1235;(车 R15mm 凸弧的子程序)
G01 X0 Z0 F0.3;(该程序为粗、精车1把刀)
G03 X30 Z-15 R15 F0.2;
G01 W-5 F0.1;
X33.8 F0.3;
X35.8 W-1 F0.1;
Z-50 F0.2;
X47 F0.3;
X48 W-0.5 F0.1;
Z-81 F0.2;
X51 F0.3;
```

```
G00 X100 Z200;
M05;(主轴停转)
M00;(程序暂停,实测工件)
T0202;(5mm 宽外沟槽车刀)
M03 S8;
G00 Z-50;
X51;
G01 X32 F0.1;
G00 X37;
W3;
G01 X32 F0.1;
G00 X100;
Z200;
M05;(主轴停转)
M00;(程序暂停,实测工件槽底直径)
```

在手动方式下,用60°外螺纹车刀倒1mm×45°处倒角,并退刀至安全位置,在编辑方式下,使光标移至T0303处,按下程序运行按钮。

```
T0303;(60°外螺纹车刀)
G00 X37 Z-15;
G92 X35.3 Z-45 F1.5;
X35;
X34.7;
X34.6;
X34.5;
G00 X100 Z200;
M05;
M30;
```

O1236;(加工工件右端,装夹ϕ48mm部分,手动车端面,保证工件总长100mm)

```
M03 S9;
G99;
T0101;(90°外圆粗车刀)
G00 X50 Z2;
G90 X47 Z-20 F0.25;
X44;
X43;
X41;
G01 X41 Z0 F0.4;
G90 X41 Z-10 R-1 F0.25;
G01 X36.5 Z0.5 F0.3;
X40 W-1 F0.1;
G00 Z0;
X38;
G01 X40 W-10 F0.2;
W-10;
X47 F0.3;
X48.5 W-1 F0.1;
G00 X100 Z200;
M05;
M30;
O1235;(子程序)
G01 U-2 F0.25;
G03 U30 W-15 R15 F0.25;
G00 W15;
U-30;
M99;
```

[实例 4]在数控车床上加工图 5-8 所示的零件。

1. 加工要求

(1)用 G73,G71,G70 编程加工该工件;

(2)修改磨耗数值，保证工件尺寸精度要求。

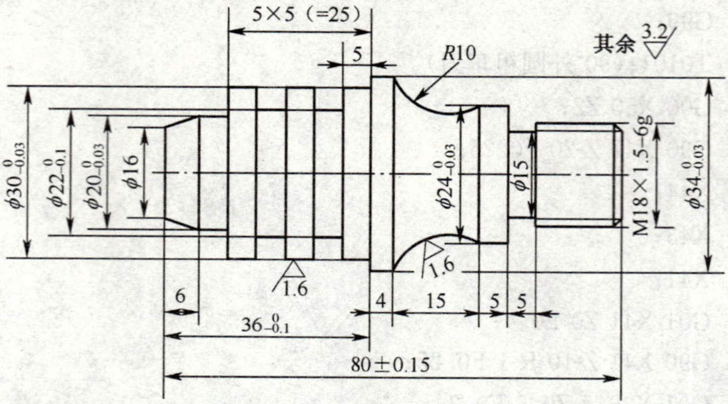

图 5-8 实例 4 零件图

2. 技术要求

(1)锐角倒钝 0.5mm×45°；

(2)未注倒角 1.5mm×45°；

(3)材料：45 钢(φ35mm×85mm)；

(4)表面不允许使用锉刀、砂布修整。

3. 加工工艺

(1)三爪卡盘装夹工件，伸出长度 45mm。

①手摇轮车平端面，用试切法对刀；

②用 G71 编程粗加工锥面、φ20mm 外圆、φ30mm 外圆；

③用 G70 编程精加工锥面、φ20mm 外圆、φ30mm 外圆；

④切槽 5mm 宽两处；

⑤锐角倒钝 0.5mm×45°；

⑥停车检测。

(2)调头装夹 φ30mm 外圆，端面定位。

①用试切法对刀，保证工件总长 80mm；

②用 G73 编程粗加工 φ24mm 外圆、R10 圆弧、螺纹外圆 φ18mm；

③用 G70 编程精加工 φ18mm 螺纹外圆、R10mm 圆弧、φ24mm 外圆；

④切 5mm×ϕ15mm 螺纹退刀槽；

⑤粗、精加工 M18×1.5—6g 外螺纹；

⑥锐角倒钝 0.5mm×45°、未注倒角 1.5mm×45°；

⑦停车检测。

4. 参考程序

(1)O0001;(车左端)

```
T0101 M03 S700;
G00 X36 Z1;
G71 U1.5 R1;
G71 P10 Q20 U0.3 W0.1 F0.25;
N10 G01 X16 F0.15;
G01 Z0;
G01 X20 Z-6;
W-5;
X29;
X30 W-0.5;
G01 Z-36;
X34 C0.5;
W-5;
N20 X36;
T0101 M03 S800;
G00 X36 Z1;
G70 P10 Q20;
G00 X100 Z200;
M05;
M30;
```

(2)O0003;(切槽 5mm 宽两处)

```
T0202;(切槽刀宽 5mm)
M03 S450;
G00 X31 Z-21;
G01 X22 F0.06;
```

```
G00 X31;
W-10;
G01 X22 F0.06;
G00 X31;
G00 X100 Z200;
M05;
M30;
```

(3)O0002;(车右端)

```
T0101 M03 S700;
G00 X36 Z1;
G73 U8.5 R8;
G73 P10 Q20 U0.3 W0.1 F0.2;
N10 G00 X15;
G01 Z0 F0.2;
X17.8 W-1.5 F0.07;
Z-20 F0.2;
X23;
X24 W-0.5;
Z-25;
G02 X34 W-15 R10;
N20 G01 X36;
T0303 M03 S800;(35°外圆尖刀)
G00 X36 Z1;
G70 P10 Q20 F0.15;
G00 X100 Z200;
M05;
M30;
```

(4)O0004;(切5mm×ϕ15mm螺纹退刀槽)

```
T0202;(切槽刀宽5mm)
M03 S450;
G00 X25 Z-20;
```

```
G01 X15 F0.06;
G00 X100;
G00 Z200;
M05;
M30;
```

(5)O0005;(粗、精加工 M18×1.5—6g 外螺纹)

```
T0404 M03 S800;
G00 X20 Z5;
G92 X17.3 Z-17 F1.5;
X16.7;
X16.4;
X16.2;
X16.1;
X16.05;
G00 X100 Z200;
M05;
M30;
```

[实例 5]在数控车床上加工图 5-9 所示的零件。

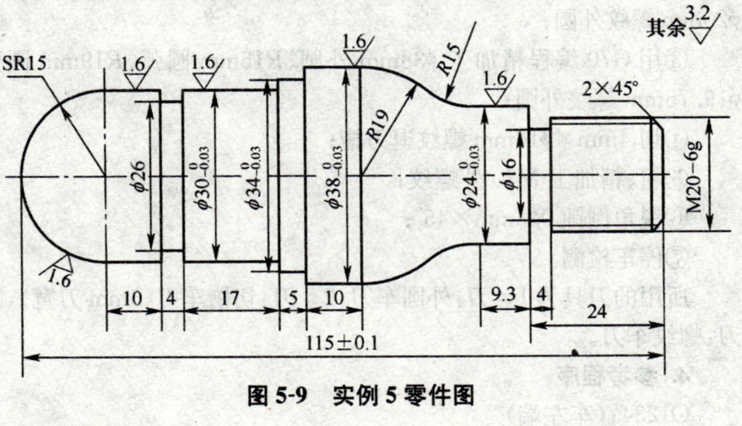

图 5-9 实例 5 零件图

1. 加工要求

(1)用 G71,G70 编程加工该工件;

(2)修改磨耗数值，保证工件尺寸精度要求；

(3)基点计算(过程略)，R19mm 和 R15mm 切点坐标：(X30.2，W-9.1)。

2. 技术要求

(1)锐角倒钝 0.5mm×45°；

(2)材料：45 钢(ϕ40mm×120mm)；

(3)表面不允许使用锉刀、砂布修整。

3. 加工工艺

(1)三爪卡盘装夹工件，伸出长度 65mm。

①手摇轮车平端面，用试切法对刀；

②用 G71 编程粗加工 R15mm 圆弧、ϕ30mm 外圆、ϕ34mm 外圆；

③用 G70 精加工编程 R15mm 圆弧、ϕ30mm 外圆、ϕ34mm 外圆；

④切槽 4mm×ϕ26mm；

⑤锐角倒钝 0.5mm×45°；

⑥停车检测。

(2)调头装夹 ϕ30mm 外圆，端面定位。

①用试切法对刀，保证工件总长 115mm；

②用 G71 编程粗加工 ϕ38mm 外圆、R15mm 圆弧、R19mm 圆弧、ϕ20mm 螺纹外圆；

③用 G70 编程精加工 ϕ38mm 外圆、R15mm 圆弧、R19mm 圆弧、ϕ19.75mm 螺纹外圆；

④切 4mm×ϕ16mm 螺纹退刀槽；

⑤粗、精加工 M20 外螺纹；

⑥锐角倒钝 0.5mm×45°；

⑦停车检测。

所用的刀具为 1＃刀：外圆车刀，2＃刀：切槽车刀(3mm 刀宽)，3＃刀：螺纹车刀。

4. 参考程序

```
O1234;(车左端)
G99;
M03 S650 T0101;(外圆车刀)
```

```
G00 X40 Z3;
G71 U1.5 R1;
G71 P10 Q20 U0.5 F0.25;
N10 G01 X0 F0.15;
G1 Z0;
G03 X30 Z-15 R15;
G01 Z-46;
X33;
X34 W-0.5;
Z-51;
X37;
N20 X38 W-0.5;
G70 P10 Q20;
G0 X100 Z100;
T0202;
G0 X32 Z-29 S500;
G1 X26 F0.1;
G00 X32 ;
W1;
G01 X26 F0.1;
G00 X32;
G0 X100 Z100;
M05;
M30;
O2345;(车右端)
M03 S650 T0101;
G0 X40 Z3;
G71 U1 R1;
G71 P10 Q20 U0.5 F0.2;
N10 G00 X16;
G01 Z0 F0.25;
```

```
G01 X19.75 Z-2 F0.15;
Z-24;
X23;
X24 W-0.5;
Z-33.3;
G02 X30.2 W-9.1 R15;
G03 X38 Z-54 R19;
N20 G01 W-11;
G70 P10 Q20;
G00 X100 Z100;
T0202;(3mm宽切槽刀)
G0 X25 Z-24 S500;
G01 X16 F0.1;
G00 X25;
W1;
G01 X16 F0.1;
G00 X100;
Z100;
T0303;(螺纹车刀)
G0 X22 Z5 S800;
G92 X19.4 Z-21 F2.5;
X19;
X18.5;
X18;
X17.5;
X17;
X16.8;
X16.75;
G00 X100 Z100;
M05;
M30;
```

第六章　数控车自动编程

第一节　自动编程软件

自动编程是采用计算机辅助数控编程技术实现的，需要一套专门的数控编程软件，现代数控编程软件主要分为以批处理命令方式为主的各种类型的语言编程系统和交互式CAD/CAM集成化编程系统。

APT是一种自动编程工具(Automatically Programmed Tool)的简称，是对工件、刀具的几何形状及刀具相对于工件的运动等进行定义时所用的一种接近于英语的符号语言。在编程时编程人员依据零件图样，以APT语言的形式表达出加工的全部内容，再把用APT语言书写的零件加工程序输入计算机，经APT语言编程系统编译产生刀位文件(CLDATA file)，通过后置处理后，生成数控系统能接受的零件数控加工程序的过程，称为APT语言自动编程。

采用APT语言自动编程时，计算机(或编程机)代替程序编制人员完成了繁琐的数值计算工作，并省去了编写程序单的工作量，因而可将编程效率提高数倍到数十倍，同时解决了手工编程中无法解决的许多复杂零件的编程难题。

交互式CAD/CAM集成系统自动编程是现代CAD/CAM集成系统中常用的方法，在编程时编程人员首先利用计算机辅助设计(CAD)或自动编程软件本身的零件造型功能，构建出零件几何形状，然后对零件图样进行工艺分析，确定加工方案，其后利用软件的计算机辅助制造(CAM)功能，完成工艺方案的制订、切削用量的选择、刀具及其参数的设定，自动计算并生成刀位轨迹文件，利用后置处理功能生成指定数控系统用的加工程序。因此我们把这种自动编程方式称为图形交互式自动编程。这种自动编程系统是一种CAD与CAM高度结合的自动编程系统。

集成化数控编程的主要特点:零件的几何形状可在零件设计阶段采用CAD/CAM集成系统的几何设计模块在图形交互方式下进行定义、显示和修改,最终得到零件的几何模型;编程操作都是在屏幕菜单及命令驱动等图形交互方式下完成的,具有形象、直观和高效等优点。这些已经在相关章节中做过介绍,这里不再详述。

常用自动编程软件有:

(1)MasterCAM　MasterCAM软件是美国CNC Software, Inc.所研制开发的CAD/CAM系统,是最经济有效的全方位的软件系统。图6-1所示为MasterCAM的界面。

图6-1　MasterCAM的界面

(2)PRO/E　Pro/E(Pro/Engineer)是美国PTC公司(Parametric Technology Corporation,参数技术公司)开发的大型CAD/CAM/CAE集成软件。图6-2所示为PRO/E的界面。

(3)Solidworks　Solidworks是通用机械CAD/CAE/CAM一体化软件,三维实体造型系统。采用了Unigraphics solutions的parasolid造型内核作为软件核心,将装配设计、零件造型、钣金设计和图样生成结合在一起,为用户提供了从二维到三维的设计及加工等功能。

(4)CATIA　CATIA的产品开发商Dassault System(达索)成立于1981年。它的集成解决方案覆盖所有的产品设计与制造领域,已经

图 6-2　PRO/E 的界面

成为航空航天业的主流软件、汽车工业的事实标准。

(5)UG　UG(Unigraphics)软件起源于美国麦道飞机公司，后于1991年11月并入世界上最大的软件公司——EDS公司。

(6)Cimatron　是以色列 Cimatron 公司的产品，最早被用来设计开发幼狮喷气式战斗机及潜艇等。该软件是一套全功能、高度集成的 CAD/CAE/CAM 系统，现已被广泛地应用于机械、电子、交通运输、航空航天、科研等行业。Cimatron 软件的 CAM 模块为加工制造业提供了从 2 轴到 5 轴的可靠的 NC 功能。

(7)Mechanical Desktop　是 Autodesk 公司为机械设计专门设计的新系统。Mechanical Desktop 通过融合二维与三维的设计扩展了 AutoCAD 设计环境的能力。这套 CAD/CAE/CAM 软件可以由 MDT/Inventor 完成三维模型及其装配设计，利用 MSC/FEA 进行需要的分析，利用 HyperMILL 系统进行相关零部件的数控编程，自动生成 NC 代码。

(8)SolidCAM　是专业多轴数控加工软件，SolidCAM 提供的加工方式有二轴半加工，三轴加工，3＋2 多面加工，旋转加工，驱动旋转加工和电线放电加工。SolidCAM 提供基于 Windows 的数据加工系统并与 SolidWorks 完全集成。

(9)PowerMILL AutoCAM 是一基于知识库的智能加工模块,它为简单快速刀具路径产生提供了最终解决方案。该程序的使用十分简单,仅需简单输入需进行加工的 CAD 模型,指定毛坯尺寸以及将使用的加工机床——包括是使用传统加工还是进行高速加工。

第二节 CAXA 数控车自动编程软件

数控加工是具有代表性的先进制造技术,数控车床更是普及、应用最为广泛的数控机床。CAXA 数控车软件是优秀的 CAD/CAM 国产软件,它高效易学,具有卓越的数控加工工艺性能和完善的外部数据接口。CAXA 数控车不仅具有 CAD 软件的强大绘图功能和完善的外部数据接口,可以绘制任意复杂的图形,通过 DXF、IGES 等数据接口与其他系统交换数据,而且具有功能强大、使用简单的轨迹生成及通用后置处理功能。其功能强大、使用简捷的轨迹生成手段,可按加工要求生成各种复杂图形的加工轨迹。通用的后置处理模块使 CAXA 数控车可以满足各种机床的代码格式,可输出 G 代码,并可对生成的代码进行校验及加工仿真。

具有友好的用户界面,体现在以下方面:全中文 windows 界面,形象化的图标菜单,全面的鼠标拖动功能,灵活方便的立即菜单参数调整功能,智能化的动态导航捕捉功能,多方位的信息提示等。

一、CAXA 数控车的主要加工功能

(1)轮廓粗车 该功能用于实现对工件外轮廓表面、内轮廓表面和端面的粗车加工,用来快速清除毛坯的多余部分;

(2)轮廓精车 实现对工件外轮廓表面、内轮廓表面和端面的精车加工;

(3)切槽 该功能用于在工件外轮廓表面、内轮廓表面和端面切槽;

(4)钻中心孔 该功能用于在工件的旋转中心钻中心孔;

(5)车螺纹 该功能为非固定循环方式加工螺纹,可对螺纹加工中的各种工艺条件和加工方式进行灵活的控制;

(6)螺纹固定循环 该功能采用固定循环方式加工螺纹;

(7)参数修改 对生成的轨迹不满意时可以用参数修改功能对轨

迹的各种参数进行修改，以生成新的加工轨迹；

(8)**刀具管理** 该功能定义、确定刀具的有关数据，以便于用户从刀具库中获取刀具信息和对刀具库进行维护；

(9)**轨迹仿真** 对已有的加工轨迹进行加工过程模拟，以检查加工轨迹的正确性。

二、CAXA数控车软件界面与菜单介绍

CAXA数控车软件界面如图6-3所示。和其他windows风格的软件一样，各种应用功能通过菜单条和工具条驱动；状态条指导用户进行操作并提示当前状态和所处位置，绘图区显示各种绘图操作的结果；同时，绘图区和参数栏为用户实现各种功能提供数据的交互。

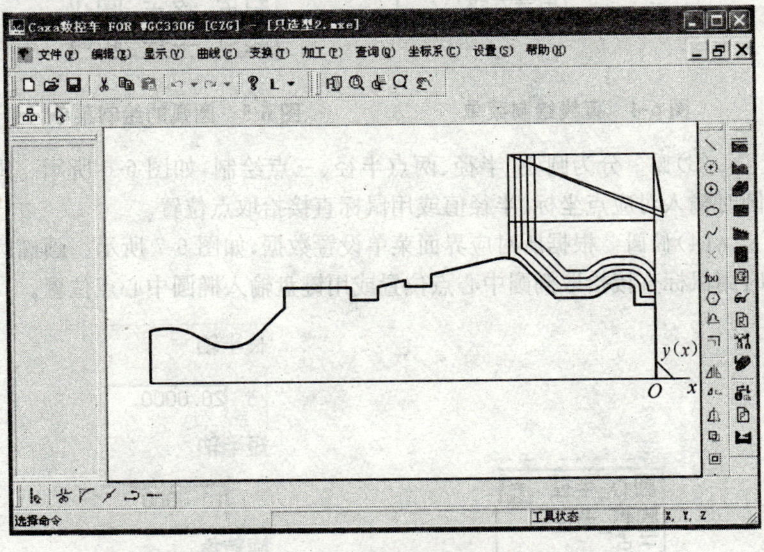

图6-3 CAXA数控车软件界面

第三节 CAXA数控车软件的CAD功能

一、绘图功能

该软件界面中右端有两列功能菜单键，左列菜单键为基本操作功

能键：

（1）直线　分为两点线、平行线、水平/铅垂线等，如图 6-4 所示。画直线时输入两点坐标或用鼠标直接拾取点位置。

（2）圆弧　分为两点_半径圆弧、三点圆弧、圆心_半径圆弧等，如图 6-5 所示。画圆弧时输入对应点坐标、半径值或用鼠标直接拾取点位置。

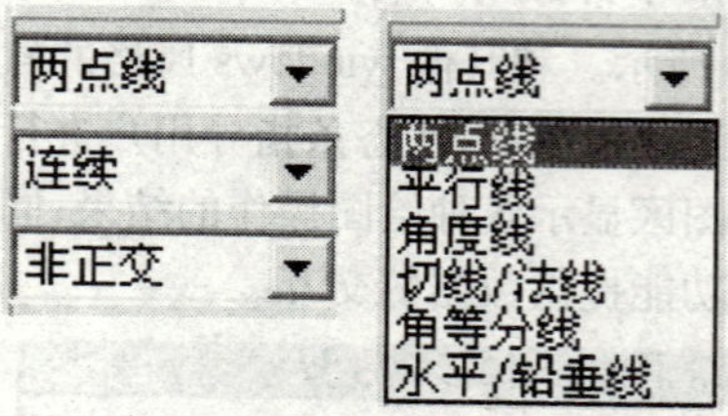

图 6-4　直线绘制菜单

图 6-5　圆弧的绘制菜单

（3）圆　分为圆心_半径、两点半径、三点绘制，如图 6-6 所示。画圆时输入对应点坐标、半径值或用鼠标直接拾取点位置。

（4）椭圆　根据所对应界面菜单设置数据，如图 6-7 所示。画椭圆时用鼠标直接拾取椭圆中心点位置或用键盘输入椭圆中心点位置。

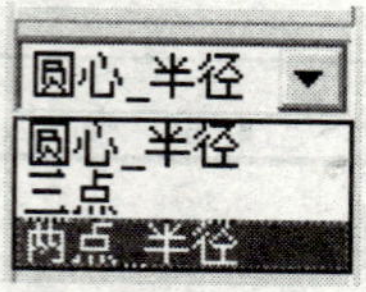

图 6-6　圆的绘制菜单

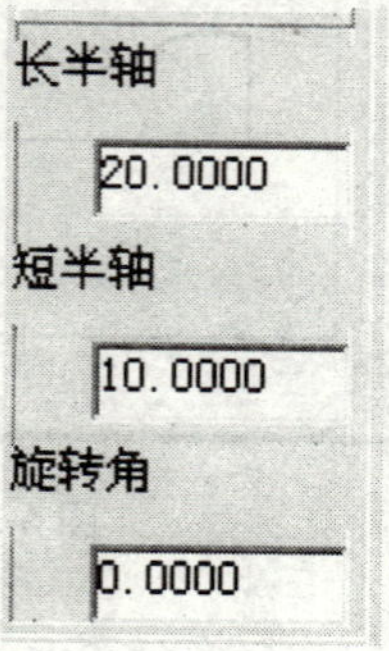

图 6-7　椭圆的绘制菜单

（5）样条曲线　用鼠标直接拾取。

（6）点　鼠标拾取或输入点坐标。

(7)公式曲线　在相应菜单中设置数据，如：函数公式等。

(8)正多边形　在相应菜单中设置数据，如：多边形边数、形式等。

二、修改功能

该软件界面中左下角有一列修改功能键，如图 6-8 所示。

(1)删除　用于删除所选内容；

(2)曲线裁剪　裁剪所选内容相应部分；

(3)曲线过渡　曲线与曲线之间进行圆弧、倒角、尖角过渡；

(4)打断　在所选位置打断所选曲线；

(5)曲线组合　组合所选曲线；

(6)拉伸　拉伸所选曲线至所选位置。

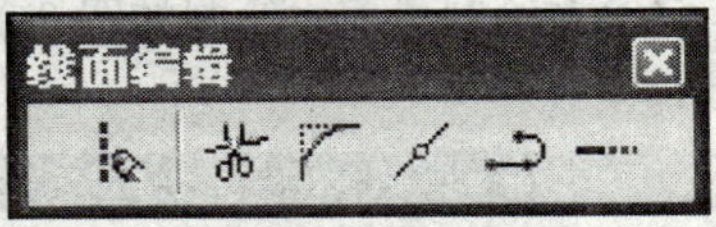

图 6-8　修改功能键菜单

其他菜单的功能可参阅该软件的说明书。

第四节　CAXA 数控车软件自动编程实例

使用 CAXA 数控车软件自动编制加工图 6-9 所示的零件的程序，毛坯尺寸为 ϕ70mm×100mm。

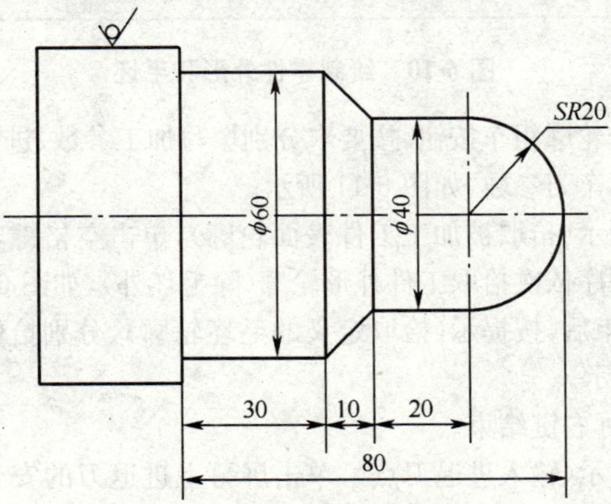

图 6-9　自动加工实例图样

操作步骤：

(1)在桌面上双击 CAXA 数控车快捷方式，打开 CAXA 数控车软件。

(2)进入 CAXA 数控车软件界面，熟悉界面操作各功能键位置。

(3)在绘制界面中绘制如图 6-9 所示的零件外形和毛坯，如图 6-10 所示。

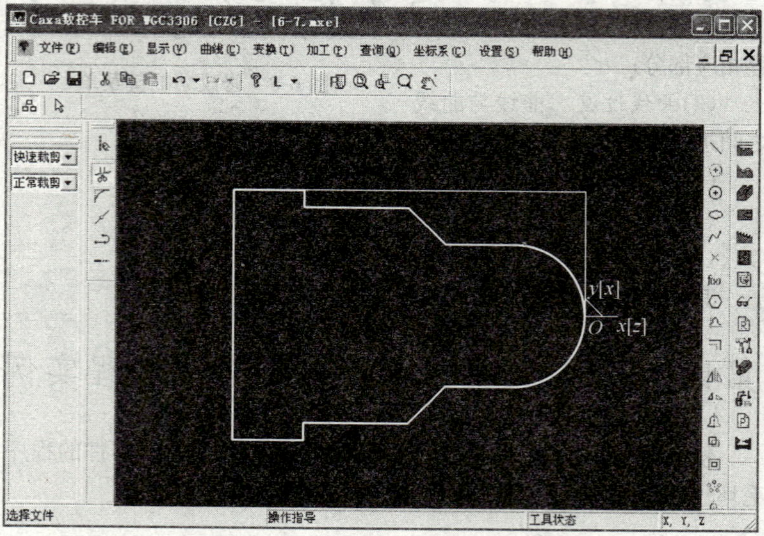

图 6-10 绘制零件外形和毛坯

(4)单击轮廓粗车按钮，按要求分别填写加工参数、进退刀方式、切削用量、轮廓车刀参数，如图 6-11 所示。

(5)按提示(拾取被加工工件表面轮廓)，单击空格键，选择单个拾取，按加工顺序依次拾取工件外形轮廓(除毛坯外)，如图 6-12 所示。

拾取结束后，按提示(拾取定义的毛坯轮廓)，分别拾取毛坯轮廓，如图 6-13 所示。

单击鼠标右键结束。

(6)按提示(输入进退刀点)，单击屏幕上进退刀的安全位置点，加工轨迹形成，如图 6-14 所示。

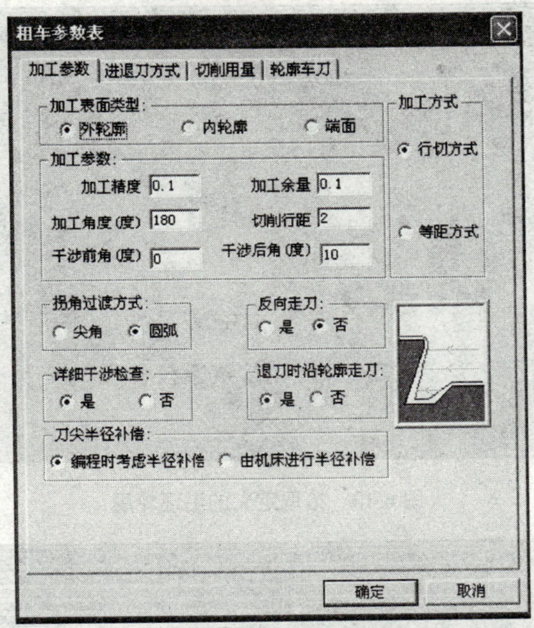

图 6-11　粗车参数表

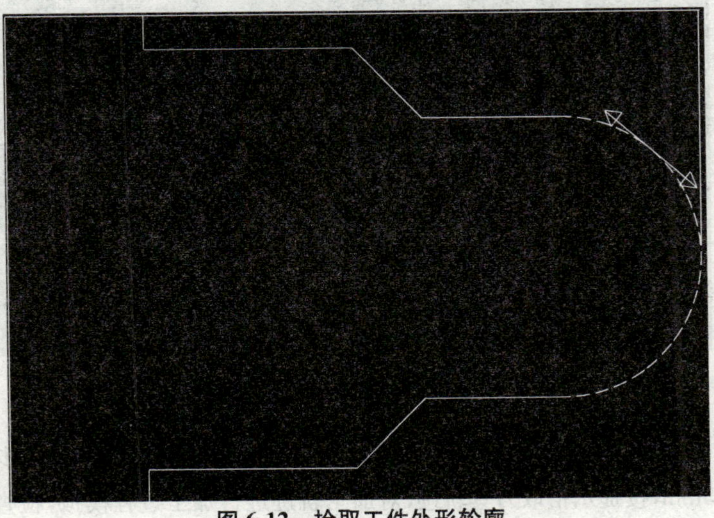

图 6-12　拾取工件外形轮廓

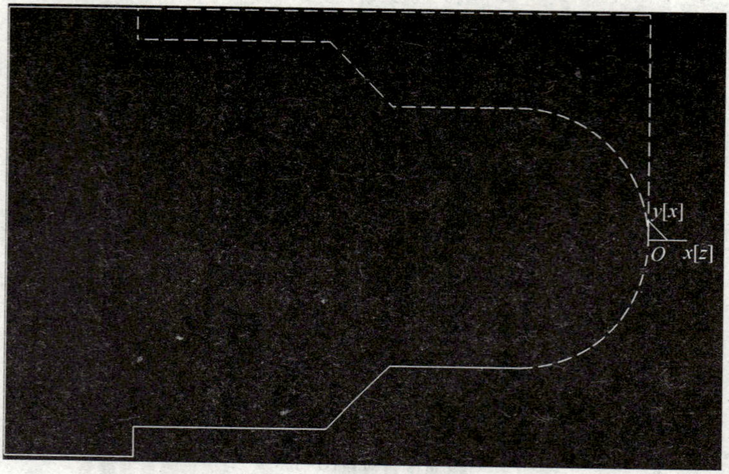

图 6-13　拾取定义的毛坯轮廓

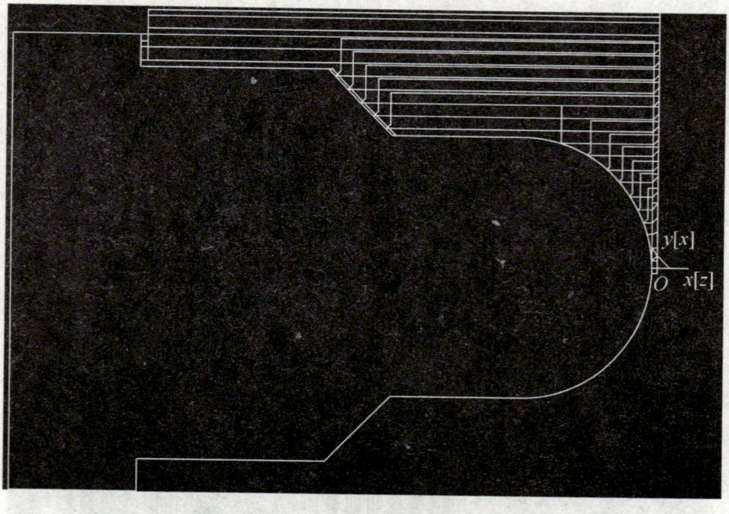

图 6-14　工件加工轨迹

(7)单击轨迹仿真按钮，选择二维实体和缺省毛坯、步长0.5mm，按提示拾取刀具轨迹，对加工轨迹进行加工过程模拟，检查加

工轨迹的正确性。

(8)单击代码生成按钮，选择保存地址和程序名，创建 O1234 文件，按提示拾取刀具轨迹，单击鼠标右键结束，生成记事本格式的程序，如图 6-15、图 6-16 所示，机床设置和后置处理的参数，读者自行填写。

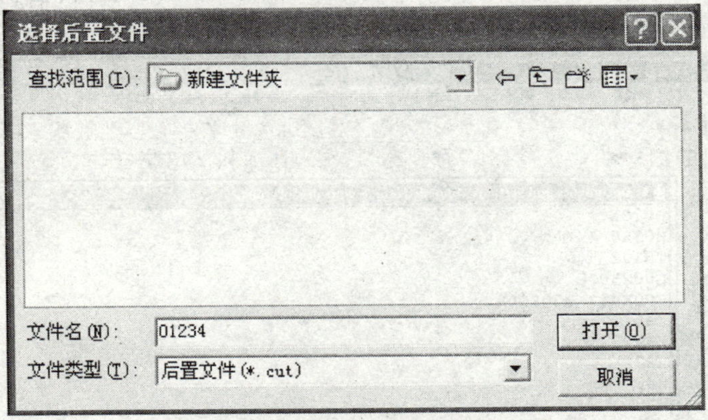

图 6-15　程序保存地址和创建文件名

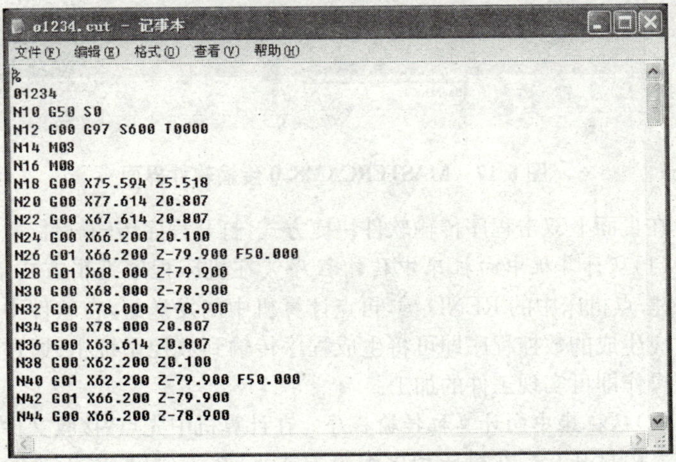


```
%
O1234
N10 G50 S0
N12 G00 G97 S600 T0000
N14 M03
N16 M08
N18 G00 X75.594 Z5.518
N20 G00 X77.614 Z0.807
N22 G00 X67.614 Z0.807
N24 G00 X66.200 Z0.100
N26 G01 X66.200 Z-79.900 F50.000
N28 G01 X68.000 Z-79.900
N30 G00 X68.000 Z-78.900
N32 G00 X78.000 Z-78.900
N34 G00 X78.000 Z0.807
N36 G00 X63.614 Z0.807
N38 G00 X62.200 Z0.100
N40 G01 X62.200 Z-79.900 F50.000
N42 G01 X66.200 Z-79.900
N44 G00 X66.200 Z-78.900
```

图 6-16　自动生成的程序

第五节 CAXA 数控车的文件传输（FANUC 系统）

本书介绍 MASTERCAM8.0 中的传输软件进行文件传输，如图 6-17 和图 6-18所示。图 6-19 为华中数控系统专用的文件传输软件界面，需要时可以在相关网站下载。

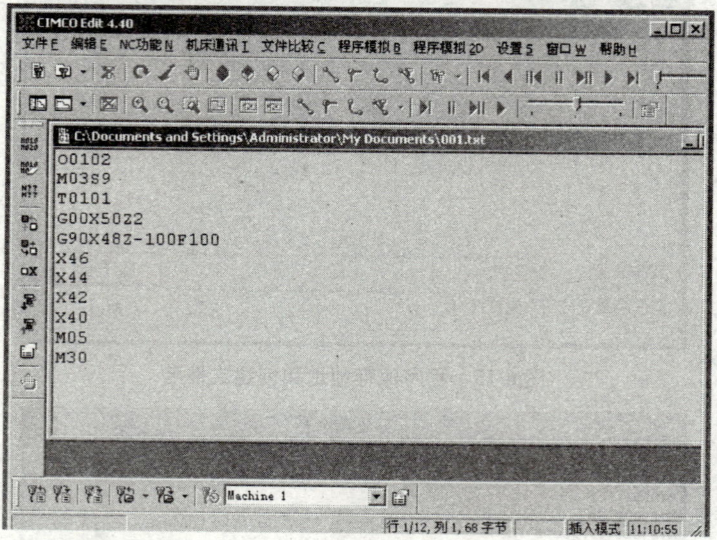

图 6-17 MASTERCAM8.0 传输软件界面

在桌面上双击程序传输软件快捷方式，打开程序传输软件。

(1)从计算机中向机床中传输程序　在机床程序编辑方式下，按 I/O 键，点机床中的 REND 键，再点计算机中的发送纽，在软件中浏览相对应生成的数控程序即可将生成程序传输到数控系统中；通过机床面板操作即可实现工件的加工。

(2)从机床中向计算机传输程序　在计算机中先点“接收文件并在编辑器中打开”键，在机床程序编辑方式下，按 I/O 键，输入要输出的程序号如 O1111，按机床中的 PUNCH 键完成。

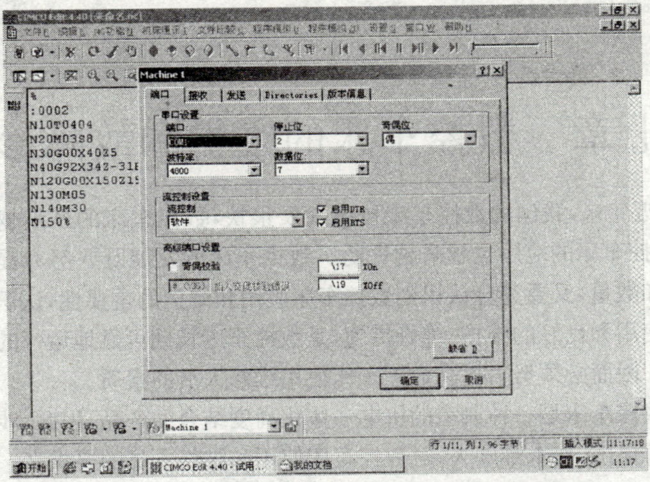

图 6-18　MASTERCAM8.0 传输软件界面和参数设置

图 6-19　华中传输软件界面和参数设置

第七章　数控车床的维护和故障诊断

近年来，我国的数控车床技术发展很快，数控车床的产量越来越大，数控车床的应用也越来越广泛。数控车床的发展既要努力提高其质量和数量，又要充分认识到数控车床应用和维护的重要性，认识到正确的使用和良好的维护、维修措施，是数控车床长期可靠地运行的重要保障。因而必须努力提高数控车床使用维修人员的素质。

数控车床是一种典型的机电一体化高度结合的产品，因此，涉及的知识面很广，技术难度大，对数控车床使用和维修人员的要求高。数控车床的应用和维修包括数控车床的选用、安装和调试、使用、日常维护及故障分析判断和处理等方面内容。本章将主要从数控车床的安装、调整、保养和典型故障的分析处理三个方面进行介绍。

第一节　数控车床的保养

数控车床的使用寿命和加工精度，在很大程度上取决于操作者正确使用和维护。通过对设备进行正确使用、良好的保养，可以防止车床的非正常磨损，保持车床的良好工作状态，延长车床的使用寿命，进而降低数控车床的维修成本。

一、数控车床的润滑

数控车床零部件的所有摩擦、接触面的润滑良好，可以保障数控车床可靠工作，减少零件磨损及车床功率的损失。

定期检查数控车床的润滑油箱，保证油位在要求范围之内。注意观察数控车床的各润滑油路，保证润滑良好，及时添加或更换润滑油液或油脂，确保数控车床的主轴、导轨、丝杠等运动部件的润滑良好。

图 7-1 所示为 CKA6140 数控车床润滑部位及间隔时间表，表 7-1 所示为该数控车床的润滑方法及润滑油。

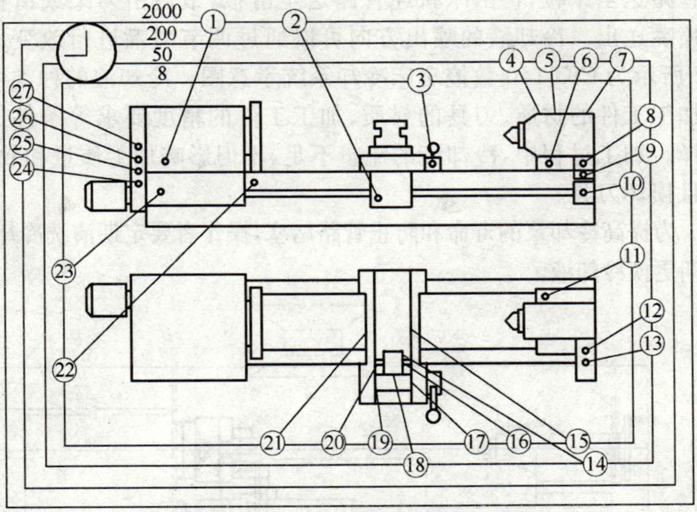

图 7-1　CKA6140 数控车床润滑示意图

表 7-1　CKA6140 数控车床的润滑方法及润滑油

润滑部位编号	①	②	③	④～㉓	㉔～㉗
润滑方法	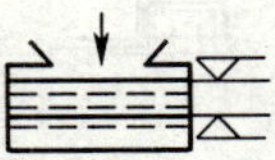	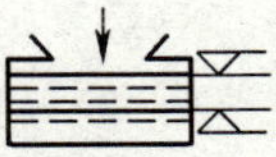	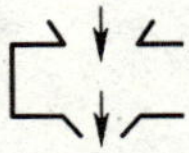		
润滑油牌号	N46	N46	N46	N46	油脂
过滤精度/μm	65	15	5	65	—

二、数控车床的冷却

数控车床的冷却分为两部分，即加工工件所需的冷却系统和设备的通风散热系统。

1. 工件冷却系统

数控车床的冷却系统通常安装在机床的下部，冷却液由冷却泵经管路送至床鞍，再由床鞍经管路送至滑板，最后由刀架或滑板上的喷嘴送出。冷却液的喷出方向可以通过调节喷嘴进行改变。图7-2所示为CK6140数控车床冷却系统示意图。冷却液的种类可根据加工工件的材质、刀具的材质、加工工件的精度要求等条件进行选择。加工过程中，冷却液的流量不足，不但影响加工质量和效率，而且损坏刀具。

为提高冷却泵的寿命和防止管路堵塞，操作者要定期清洗冷却槽，定期更换冷却液。

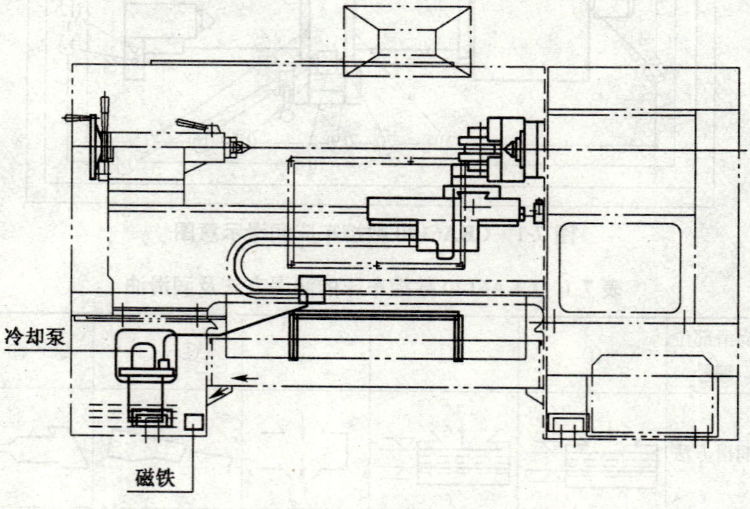

图7-2 CK6140数控车床冷却系统示意图

2. 通风散热系统

数控车床的通风散热系统一般在数控车床的电气柜、系统柜以及控制模块位置，这些部位多安装冷却风扇。另外，大功率电动机一般也安装冷却风机来对电动机进行散热。数控车床的散热通风良好是车床长期正常工作的前提，加工前应对数控车床电气柜、系统柜及其他位置的冷却装置进行检查，确保风机正常运转。日常要定期检查风道的通风过滤装置，及时清理更换，确保车床的通风散热良好。常用散热装置如图7-3、图7-4和图7-5所示。

图 7-3　带有通风散热装置的电气柜

图 7-4　风机

三、数控车床的液压系统维护

全功能数控车床一般带有液压卡盘和液压尾座。液压动力单元为卡盘和尾座提供方便可靠的动力来源。

为保证液压系统的正常工作，所使用的液压油必须清洁。对于液压系统的保养应该做到以下几点：

图 7-5　顶部带有通风散热装置的伺服控制模块

(1)定期检查和清理滤油装置；

(2)定期更换液压油；

(3)每次换油要清理液压油箱；

(4)每天开机检查液压表指示是否正常。

四、数控车床的清洁

如果数控车床油污或粉尘太多，就会影响数控车床的正常运行，主要问题有：

(1)引起油路、气路的堵塞或压力降低，从而引起数控车床的运行故障；

(2)运动部件的表面如果积尘过多，运动阻力增加，车床的机械磨损会加剧；

(3)电气控制部分的粉尘过多,导致电气元件间的绝缘电阻下降,甚至引起短路造成车床的电气故障。

操作者要随时注意设备的清洁,经常进行清扫、吸尘,保证数控设备的正常运行。

五、数控车床的机械精度检查与调整

数控车床运动部件的精度,随着数控车床使用时间的加长会发生变化,为了保证加工零件的精度,要定期地对数控车床的机械精度进行检测。例如,溜板在水平移动时的直线度、尾座及尾座套筒移动的平行度、主轴轴线与端面的跳动、刀架的回转精度、丝杠的反向间隙等都需要定期检查调整。

六、直流伺服电动机的保养

图 7-6 为直流伺服电动机与电刷,数控车床长时间的运转,直流伺服电动机的电刷会发生磨损,造成电刷与换向器的接触不良,直接影响伺服电动机的运转性能,同时脱落的炭粉容易引起伺服电动机的短路故障,烧坏伺服电动机。采用直流伺服驱动的数控车床要定期检查电刷的使用磨损情况,及时更换。一般电刷要每三个月或半年检查一次,同时清除脱落的炭粉。

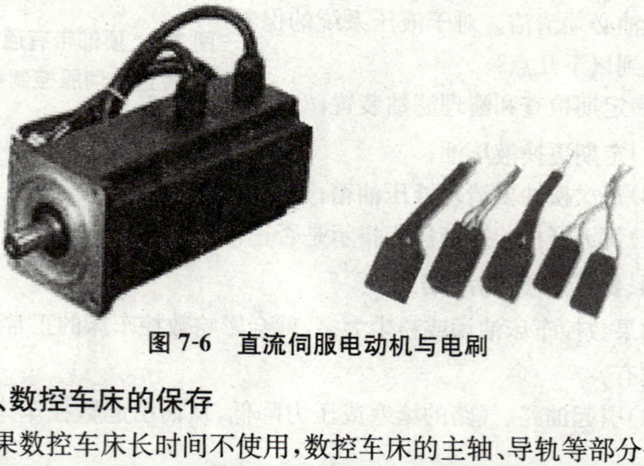

图 7-6　直流伺服电动机与电刷

七、数控车床的保存

如果数控车床长时间不使用,数控车床的主轴、导轨等部分一定要涂油封存,防止锈蚀。电气柜内要采取防潮措施,特别是南方地区的梅雨季节或北方的暑天,即使在数控车床不用的情况下,也要定期给数控车床通电，这样不但确保电气部件的干燥，而且为系统的后备电池充电，保持数控车床的参数及程序不丢失。

另外，数控车床系统电池要定期更换。一般情况下，系统在电池电量不足的情况下，会有报警提示，当操作者看到报警信息后，应及时和维修人员联系，一定要在专业人员的指导下更换电池，否则容易引起设备的故障，影响设备的使用。

第二节　数控车床常见故障分析及排除

本节分四部分为对数控车床使用中的一些常见故障进行分析说明，检测排除故障时应掌握以下一些原则。

(1)先外部后内部；

(2)先机械后电气；

(3)先静后动；

(4)先公用后专用；

(5)先简单后复杂；

(6)先一般后特殊。

一、CNC及伺服系统故障报警

数控车床CNC及伺服系统出现故障，首先要参考数控系统厂家提供的系统说明资料，根据资料的说明做相应的处理。

1. FANUC-0i系列数控系统的报警信息分类

(1)＃0～＃299之间的报警，为程序错误报警；操作者检查所对应的加工程序，进行修改进而使报警得以解除；

(2)＃300～＃399之间的报警，为位置测量元件的报警；根据报警提示信息，检查相对应的位置检测元件，进而处理故障；

(3)＃400～＃499之间的报警，为伺服系统的报警；检查相对应的伺服控制系统及驱动伺服电动机，进而解除故障；

(4)＃500～＃599之间的报警，为车床的超程相关报警；检查车床的超程限位开关安装位置是否正确，开关的状态是否良好，车床的运动行程是否超出设定范围，以及车床的行程限位参数设置是否合理等；

(5)＃1000～＃2000之间的报警，多为用户报警；当发生这部分报警的时候，要检查数控车床的 PMC 控制程序，根据 PMC 控制程序的逻辑原理处理解除故障。

2. Siemens 802D 系统报警信息分类

Siemens 802D 系统数控系统的报警分为三部分：NC 报警信息、HMI 报警信息、PLC 报警信息。由于数控系统的报警繁多，维修人员根据具体的报警号，查找相对应的系统资料，处理问题。报警分类如下：

(1)＃0～＃9999 一般报警；

(2)＃10000～＃19999 通道报警；

(3)＃20000～＃29999 坐标轴及主轴报警；

(4)＃30000～＃39999 功能报警；

(5)＃60000～＃64999 SIEMENS 循环报警；

(6)＃65000～＃69999 用户循环报警；

(7)＃40000～＃49999，＃70000～＃79999 报警，为用户 PLC 报警，此部分报警为机床厂家编制，报警内容和车床的外围电气控制及机械传动有关。

3. 华中数控车床报警信息分类

以世纪星为例，把报警信息分类见表 7-2。

表 7-2　华中数控车床报警信息分类

报警信息	系统状态	措　施
01h 初始化错	急停	(1)正确设置参数； (2)并正确连接坐标轴控制电缆
02h 参数错	急停	正确设置参数
05h 机床位置丢失	无	移动任意轴
09h 未知故障	急停	(1)检查参数； (2)检查接线、电源； (3)重新通电
20h 正向超程	禁止轴移动	按住超程解除按钮，复位后用手动方式负向移动，退出超程位置
21h 负向超程	禁止轴移动	按住超程解除按钮，复位后用手动方式正向移动，退出超程位置

续表 7-2

报警信息	系统状态	措　施
22h 正软超程	轴停止正向移动	负向移动超程轴
23h 负软超程	轴停止负向移动	正向移动超程轴
30h 硬件故障	急停	关闭电源 3min 后重新通电
38h 反馈异常	急停	检查轴控制电缆中的位置反馈线
40h 超速	急停	(1)检查伺服驱动器坐标轴控制电缆； (2)适当增加轴参数中最大进给速度参数
41h 跟踪误差过大	急停	(1)检查机械负载是否合理； (2)检查伺服驱动器动力电源是否正常； (3)检查抱闸电动机的抱闸； (4)检查坐标轴参数中的最高快移速度是否超出了电动机额定转速； (5)检查伺服驱动器内部参数的设置； (6)检查电动机每转脉冲数是否正确； (7)检查伺服系统，检查反馈电子齿轮比参数
44h 找不到参考点	急停	(1)检查参考点开关； (2)检查编码器反馈电缆； (3)检查编码器 OZ/Z 脉冲信号

二、伺服系统故障

数控车床当伺服系统出现故障的时候，应参考系统报警说明和伺服控制系统的报警信息说明。交换法是伺服系统出现故障时最常用的诊断与处理方法。利用数控系统伺服系统电路参数与原理基本相同的控制模块、伺服电动机以及传输电缆等，根据故障现象和报警信息，首先初步判断故障原因，根据维修要求，有序地进行相互交换和对比等，观察数控车床的伺服系统现象及运动轴的运行情况，从而达到快速分析、判断和确定故障的效果。

例如，沈阳机床厂生产的 TK40A 数控车床在 Z 轴运行过程中，出现不定期的、无规律的抖动，报警显示：Z 轴位置超差，根据现象初步判断为伺服系统故障。由于 X 轴和 Z 轴的控制模块相同，交换 Z 轴和 X

轴的控制模块，报警显示仍为：Z 轴位置超差，则断定 Z 轴控制模块正常；更换 Z 轴与 X 轴伺服电动机，故障转移到 X 轴，测试发现故障跟随电动机转移；判断：原 Z 轴伺服电动机故障，联系厂家更换后故障解除。

三、主轴系统故障

目前数控车床的主轴系统主要有四种形式：

(1)主轴伺服电动机直接带动主轴传动，主轴伺服电动机的转速即主轴的转速；

(2)主轴电动机采用伺服电动机，经过皮带或齿轮传动到主轴运动，主轴速度由伺服电气控制和传动部分机械控制共同实现；

(3)主轴电动机采用普通的三相异步电动机，电动机的转速通过变频器调节后经主轴变速箱传动到主轴运动，主轴速度控制由变频器电气控制和变速箱机械控制配合实现；

(4)主轴采用普通三相电动机，电动机的转速不可控或仅有两种，主轴速度的改变主要依靠改变主轴变速箱的机械传动来实现。

在处理数控车床的主轴故障时，首先判断故障处在机械还是电气部位，根据故障原因不同，采取不同的措施。主轴速度由数控系统及主轴伺服系统控制部分的故障，参考报警信息检查分析故障。

例如，一台沈阳机床厂产 CK6140 数控车床，主轴不转。系统报警显示：电动机过热。经检查主轴电动机尾部的散热风扇不转，发现风扇电动机电源故障。解决风扇电源，重新复位系统，问题解决。

在相当数量的数控车床中，传统的主轴变速轴、齿轮及轴承仍然在采用，在机床的运行过程中振动、噪声等不可避免。

例如，大连机床厂生产的 CKA6140 数控车床，在主轴转动的时候电动机噪声异常，经检查为：由于主轴电动机与制动连接处的铜套磨损，造成电动机转动发出噪声。更换铜套后故障解除。

数控车床中，在主轴变速机械传动的基础上往往安装电气的检测装置，例如，大连机床厂产 CKA6140 数控车床在主轴高、中、低速的相应位置分别安装有检查开关，开关再把信号输送到数控系统的逻辑控制部分，对相应的机械部分进行检查。在机械传动不到位的情况下，严格控制主轴电动机的起动。

另外，数控车床的主轴一般都安装有脉冲编码器，用于检测主轴的转速。在车螺纹加工中，进给轴的运动和主轴的转速严格配合，如果车螺纹出现异常，首先要检查主轴编码器是否良好。例如，一台CKA6140数控车床，在车螺纹加工时，经常出现螺纹乱扣的现象，经检查，发现主轴编码器的Z脉冲信号不良，更换主轴编码器，故障消除。

四、刀架系统故障

数控车床中，换刀装置是出现故障几率相对较多的部位。下面以典型的LD4电动刀架为例进行说明。图7-7所示为LD4电动刀架结构图。

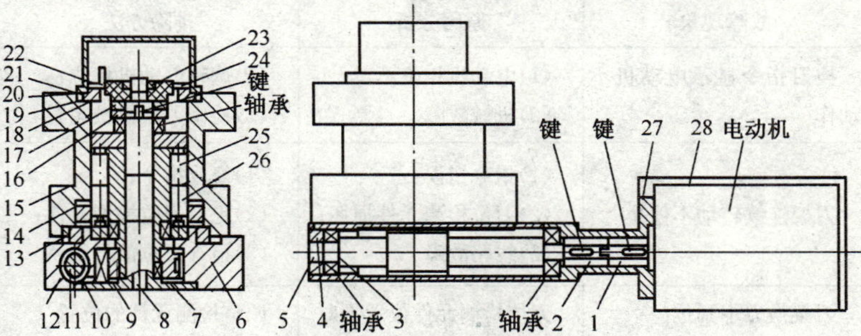

图7-7　LD4电动刀架结构

图中序号说明见表7-3。

表7-3　LD4电动刀架结构明细表

序号	名　称	序号	名　称
1	右联轴器	15	上刀体
2	左联轴器	16	离合盘
3	调整垫	17	止退圈
4	轴承盖	18	大螺母
5	闷头	19	罩座
6	下刀体	20	铝盖
7	蜗轮	21	发讯支座
8	定轴	22	磁阀
9	螺杆	23	小螺母
10	反靠盘	24	发讯盘
11	蜗杆	25	离合销
12	外齿圈	26	反靠销
13	防护圈	27	连接座
14	加紧轮	28	电动机罩

刀架的换刀顺序为：

系统发出换刀指令→刀架电动机接受信号正传→刀体松开转动→发讯盘信号检测到符合→刀架电动机反转延时→刀架初定位→齿盘啮合刀架精定位→刀体锁紧→刀架电动机堵转→延时结束→换刀完成

换刀系统常出现的故障分析及排除，见表 7-4 所示。

表 7-4　换刀系统常出现的故障分析及排除

故障现象	原因分析	排除方法
换刀指令显示电动机不动作	(1)电动机相位不对； (2)机械故障	(1)调整电动机相位； (2)检修刀架机械装置
刀架连续转动不停止	(1)指令错误； (2)刀位检测元件损坏； (3)线路故障	(1)修改指令； (2)更换刀位检测元件； (3)检查刀位信号线路
刀架换刀不到位	刀位检测元件位置不对	调整检测元件的位置
刀架不锁紧	(1)刀架电动机不反转； (2)刀架电动机反转时间太短	(1)检查刀架反转线路； (2)调整反转时间

五、润滑系统故障

数控车床的润滑，一般采用自动润滑装置。润滑系统的工作原理是：润滑油泵供油，油充满系统主油管路，当系统压力上升，润滑油沿输油管路输送到相应的位置。数控车床润滑系统为间歇式润滑系统，具体工作方式多为两种方式：一种是润滑电动机间歇工作，润滑电动机的停止和起动时间通过数控车床的 PLC 程序控制；另一种是润滑时间机械定时控制。

图 7-8 所示是 MMXL-Ⅲ型抵抗式集中稀油润滑装置。

数控车床润滑系统经常出现的故障分析及处理，见表 7-5 所示。

六、液压系统故障

数控车床的液压系统主要为机床的液压卡盘和液压尾座提供动力，图 7-9 所示为 CK6140 数控车床的液压系统原理图。

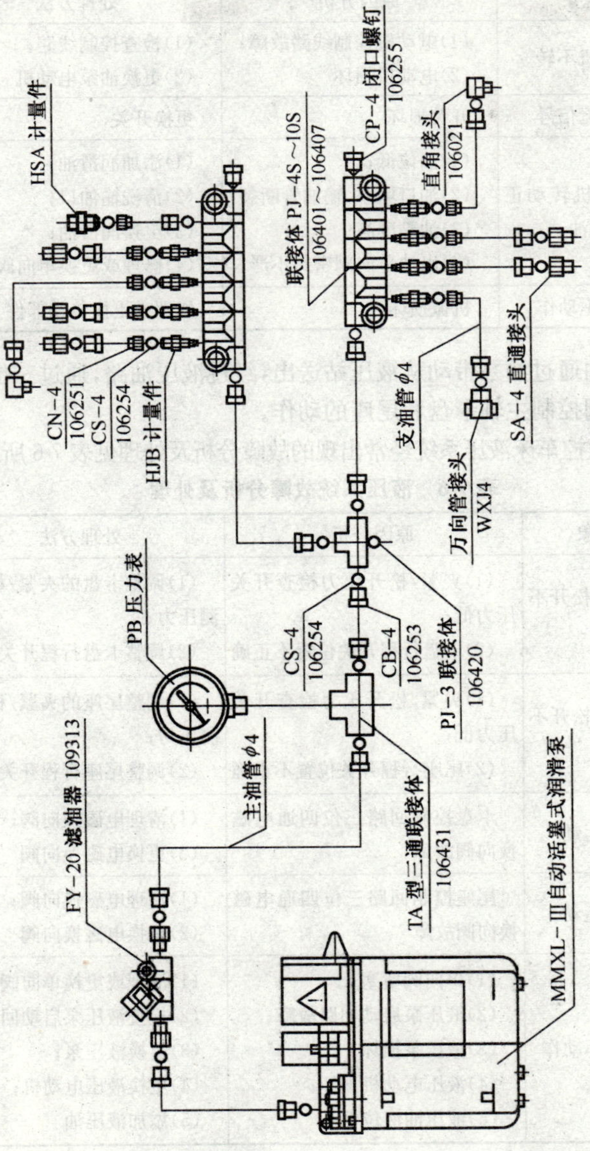

图 7-8　MMXL-Ⅲ型抵抗式集中稀油润滑装置工作图

表 7-5 润滑系统故障分析及处理

故障现象	原因分析	处理方法
油泵电动机不转	(1)电动机控制线路故障； (2)电动机损坏	(1)检查控制线路； (2)更换油泵电动机
油位开关无信号	开关损坏	更换开关
油泵电动机转动正常,油泵不出油	(1)油位低； (2)油口堵塞,输油管断裂； (3)油黏度高； (4)出油单向阀密封不严	(1)添加润滑油； (2)清洗输油口； (3)更换润滑油； (4)修理或更换单向阀
传动机构不动作	机械损坏	修理或更换传动部件

液压油通过油泵带动从液压站送出,经过液压油路,通过三位四通电磁换向阀控制主轴卡盘和尾座的动作。

对于数控车床液压系统经常出现的故障分析及处理见表 7-6 所示。

表 7-6 液压系统故障分析及处理

故障现象	原因分析	处理方法
卡盘夹紧/松开不到位	(1)夹紧/松开压力检查开关压力低； (2)卡盘行程开关位置不正确	(1)调整卡盘的夹紧/松开检测压力； (2)调整卡盘行程开关位置
尾座夹紧/松开不到位	(1)夹紧/松开压力检查开关压力低； (2)尾座行程开关位置不正确	(1)调整尾座的夹紧/松开检测压力； (2)调整尾座行程开关位置
卡盘单向运动	卡盘控制回路三位四通电磁换向阀故障	(1)清理电磁换向阀； (2)更换电磁换向阀
尾座单向运动	尾座控制回路三位四通电磁换向阀故障	(1)清理电磁换向阀； (2)更换电磁换向阀
液压回路不动作	(1)单向阀堵塞； (2)液压泵启动回路故障； (3)液压泵损坏； (4)液压电动机损坏； (5)液压油液位低	(1)清理或更换单向阀； (2)检查液压泵启动回路； (3)更换液压泵； (4)更换液压电动机； (5)添加液压油

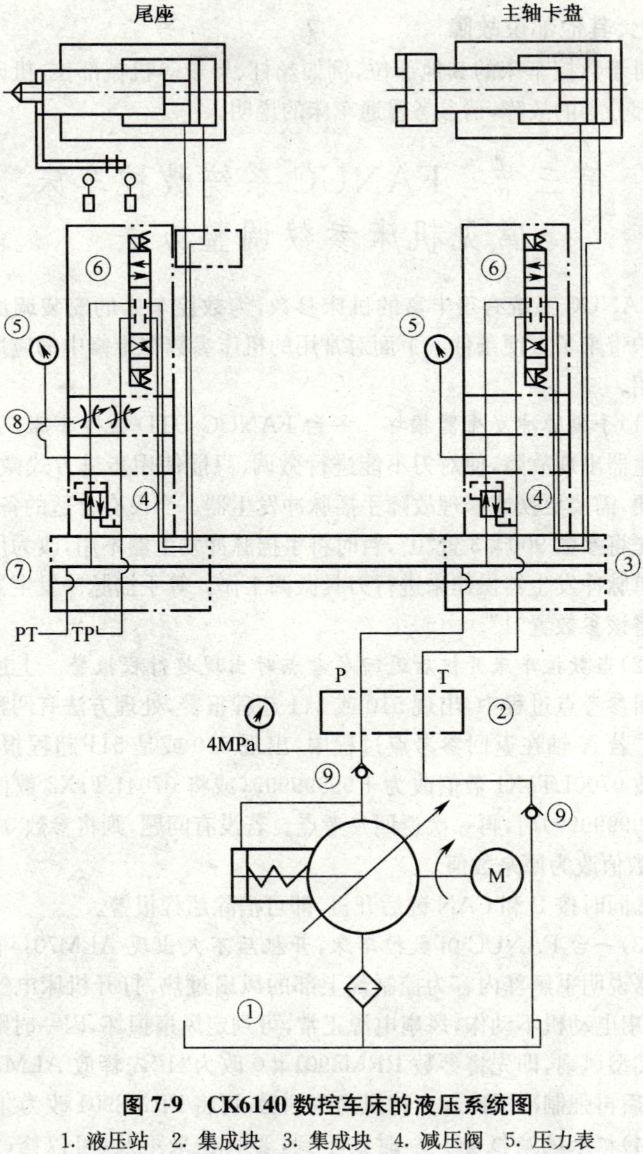

图 7-9　CK6140 数控车床的液压系统图

1. 液压站　2. 集成块　3. 集成块　4. 减压阀　5. 压力表

6. 三位四通电磁换向阀　7. 集成块　8. 单向节流阀　9. 单向阀

七、其他部位故障

对于数控车床的其他部位，例如丝杠、导轨等机械部位，机床控制电气部分等的故障，请参考普通车床的说明。

第三节 FANUC 系统数控车床常见机床参数调整方法

FANUC 系统有很丰富的机床参数，为数控车床的安装调试及日常维护带来了方便条件。下面对常用的机床参数在维修中的应用做一些介绍。

(1)手摇脉冲发生器损坏 一台 FANUC OTD 数控车床，手摇脉冲发生器出现故障，使对刀不能进行微调，只能使用步进方式微调，很不方便，需要更换或修理故障手摇脉冲发生器。当没有合适的备件时，可以先将参数 900＃3 置“0”，暂时将手摇脉冲发生器不用，改为用点动按钮单脉冲发生器操作来进行刀具微调工作。等手摇脉冲发生器修好后再将该参数置“1”。

(2)当数控车床开机后返回参考点时出现超行程报警 上述车床在返回参考点过程中，出现 510 或 511 超程报警，处理方法有两种：

①若 X 轴在返回参考点过程中，出现 510 或是 511 超程报警，可将参数 0700LT1X1 数值改为＋99999999(或将 0704LT1X2 数值修改为－99999999)后，再一次返回参考点。若没有问题，则将参数 0700 或 0704 数值改为原来数值。

②同时按 P 和 CAN 键后开机，即可消除超程报警。

(3)一台 FANUC 0i 数控车床，开机后不久出现 ALM701 报警 从维修说明书解释内容为控制部上部的风扇过热，打开机床电气柜检查，风扇电动机不动作，风扇电源正常，可判定风扇损坏，因一时购买不到同类型风扇，即先将参数 RRM8901＃0 改为“1”先释放 ALM701 报警，然后再强制冷风冷却。待风扇购到后，再将 PRM8901 改为“0”。

(4)机床风扇报警 一时找不到，要买也来不及，可以修改参数 8901，将风扇报警取消，暂时先开机加工。等买到风扇再更换。

(5)保护参数不被人乱修改的参数 PAR3208#1　可以锁住 SYSTEM KEY,PAR3292#7 可以使参数锁打不开。数控车床的参数有着十分重要的作用,它在车床出厂时已被设定为最佳值,通常不需要修改。但在运用中可根据实际情况对其进行更改、优化,从而弥补机械或电气设计方面的不足。更改参数必须首先对该参数有详细的了解,看该参数的变更会产生什么样的结果,受哪个参数的制约以及对其他参数有无影响,并做下记录,以便对不同参数所产生的结果进行对比,选择其中最佳者设定到对应的参数表中。在不知道参数的意义前最好不要修改参数,以免发生意外!

第四节　数控车床的安装和调试

数控车床的正确安装和调试是保证数控车床正常的使用并充分发挥其使用效益的首要条件。由于安装和调试的失误,往往造成精度的丧失,故障率的增加。在加工出现质量问题时,很大程度上就可能属于数控车床的精度故障,因此精度的检测也就显得十分重要。车床的精度一般包括车床的静态几何精度、动态位置精度及加工时的工作精度。

数控车床的位置和地基对于车床精度的保持和安全稳定地运行具有重要意义。数控车床的位置应远离振源,避免阳光直射,放置在干燥的地方。若数控车床附近有振源,应在地基四周设置防振沟。用户在车床到达之前应按数控车床制造厂商提供的车床基础图做好数控车床基础,在安装地脚螺栓的部位做好预留孔。当数控车床运到后,按开箱手续把数控车床部件运至安装场地;然后,按照说明书中的介绍,把组成数控车床的各部件分别在地基上就位。就位时,垫铁、调整垫块和地脚螺栓等相应对号入座。

一、数控车床的安装和水平调整

1. 开箱

数控车床包装箱到达后,首先应进行开箱检查,察看外观有无损伤,在确保运输无损伤的情况下,按照附件箱所列的装箱清单一一清点各物件,若有不合格的地方应及时通知供货厂商。根据开箱的情况,如有安装地脚螺栓及基础要求的,应按照车床安装说明书上的要求浇铸砂石混凝土及地脚螺栓，做好电源出线孔，车床接地等。一般车床都会配备调整垫铁以调整机床水平。

根据数控车床的型号和使用要求，有的数控车床不需要安装地脚螺栓，而只使用水平垫铁；调好水平，紧固后即可进行数控车床试运行工作。

2. 数控车床落位、水平调整

将数控车床落到位后，要对数控车床的水平进行调整。调水平时将所需垫铁放入车床地脚孔下，穿入螺栓，旋至和承重盘接触实，然后进行车床水平调节（螺栓顺时针旋转，车床升起）。调水平时确保每个垫铁不悬空，然后按照数控车床使用说明书的要求进行连接，包括冷却箱、排屑车等的连接；去掉为防止运输过程中各防护罩移动的锁紧螺钉，松开主轴箱与配重的锁紧螺杆，松开各移动轴止动卡片（为防止运输过程中产生移动所设）等；连接好电源线，便于数控车床上电调试。调好数控车床水平后，旋紧螺母，固定水平状态。因为有的垫铁中橡胶的蠕变现象，两星期以后再调整一次车床水平，这样可保持床身精调后长期工作的稳定性，提高几何精度的保持性。

小型数控车床安装调试及检测验收相对简单，而中、高档次的大中型数控车床由于运输等多种原因，机床厂家在发货时已将车床解体成几个部分，到用户后要进行重新组装和重新调试，难度比较大。需要用户特别小心，一般都是在生产厂家技术人员的指导下进行。

一般数控车床的绝对水平调整在 0.04mm /1000mm 的范围之内。对于高精度车床，水平仪读数不超过 0.02mm/1000mm。数控车床除了水平和扭曲达到要求外，还应进行导轨直线度的调整，确保导轨的直线度为中凸的合格水平。水平调整合格后，才可以进行车床的试运行。

在找正卧式数控车床的水平时，一般使用框式水平仪，它主要是用来测量机床的安装水平、机床各个导轨的直线度和与水平面的垂直度的。框式水平仪一般由水平仪主体、横向水准器、绝热手把、主水准器、盖板和零位调整装置等零部件组成。框式水平仪框架体上有它的精度铭牌，一般是 0.02mm /1000mm，它表示水泡移动一格时，被测面 1000mm 远处的高低差是 0.02mm（即角度 α 的变化：$\sin\alpha=0.02/1000$ 或近似于 $\tan\alpha=0.02/1000$）。

框式水平仪使用方法:测量时使水平仪工作面紧贴在被测表面,待气泡完全静止后方可进行读数。

为避免由于水平仪零位不准引起的测量误差,在使用前必须对水平仪的零位进行校对或调整:将水平仪放在基础稳固、大致水平的平板(或机床导轨)上,待气泡稳定后,在一端如左端读数,且定为零。再将水平仪调转180度,仍放在平板原来的位置上,待气泡稳定后,仍在原来一端(左端)的读数为 A 格,则水平仪零位误差为二分之 A 格。如果零位误差超过许可范围,则需调整水平仪零位调整机构(调整螺钉或螺母,使零位误差减小至许可值以内。对于非规定调整的螺钉或螺母不得随意拧动。调整前水平仪工作面与平板必须都擦拭干净,调整后螺钉或螺母必须固紧)。

将框式水平仪按纵、横方向放在溜板上,在数控车床的两端测量纵、横方向的水平。水泡往哪个方向移动就是那个方向高,测出哪一方向低,就调整那一方向的垫铁。通过反复测量,反复调整,直到水平符合要求为止,最后拧紧地脚螺栓,如图7-10所示。

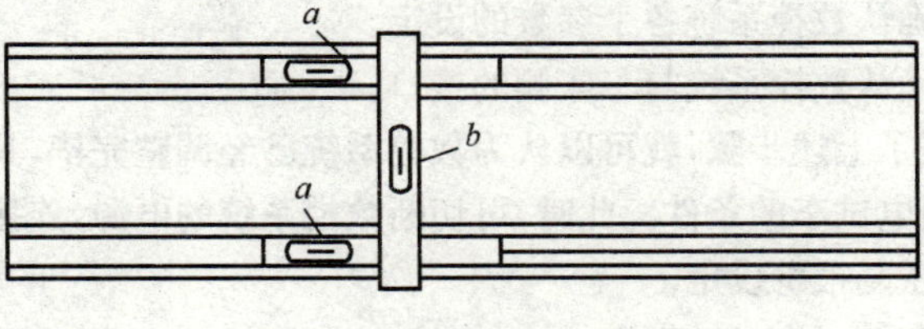

图7-10 检验车床床身安装水平

(a)纵向放置水平仪 (b)横向放置水平仪

使用框式水平仪时注意:

(1)水平仪对温度敏感,使用前,需要在现场将水平仪校好;

(2)使用时要避免温度的影响;

(3)测量时水平仪放置平稳,接触面保持高度清洁;

(4)为避免移动部件间隙变化对测量的影响在整个测量移动中,必须遵守单向移动原则。

二、数控车床外部电缆的连接

外部电缆连接是指数控装置与外部MDI/CRT单元、强电柜、机床操作面板、进给伺服电动机动力线与反馈线、主轴电动机动力线与反馈信号线的连接及与手摇脉冲发生器等的连接。应使这些符合随机提供的连接手册的规定。最后还应特别注意进行地线连接。

(1)数控系统电源线的连接。应在切断数控电器柜电源开关的情况下连接数控柜电源变压器的输入电缆。

(2)设定的确认。数控系统内的印刷线路板上有许多用跨接线短路的设定点,需要对其适当设定以适应各种型号车床的不同要求。

(3)输入电源电压、频率及相序的确认。各种数控系统内部都有直流稳压电源,为系统提供所需的+5V,±5V,+24V等直流电压。因此,在数控系统通电前,应检查这些电源的负载是否有对地短路现象。可用万用表来确认。

(4)确认直流电源单元的电压输出端是否对地短路。

(5)接通数控柜电源,检查各输出电压。接通电源之前,为了确保安全,可先将电动机动力线断开;接通电源之后,首先检查数控柜中各个风扇是否旋转,就可确认电源是否已接通。

(6)确认数控系统各个参数的设定。

(7)确认数控系统与车床侧的接口。

完成了上述步骤,就可以认为数控系统已经调整完毕,具备了与车床联机通电试车的条件。此时,可切断数控系统的电源,连接电动机的动力线,恢复报警设定。

三、数控车床的调试

(1)通电试车　将数控系统上电,在移动各运动轴前,用干净棉纱将车床表面的防锈油擦拭干净,没有自动润滑的要加上润滑油,然后依次测试各种手动功能,移动各个轴,确保各个状态正常。数控车床安装调试完毕后,要求整机在带一定负载条件下经过一段时间的自动运行,较全面地检查车床功能及工作可靠性。运行时间一般采用每天运行8h,连续运行2～3天;或者24h,连续运行1～2天。这个过程称为安装后的试运行。试运行中采用的程序可以直接采用数控车床厂家调试时用的程序,也可自编程序。程序中应包括:数控系统主要功能的使用(如各坐标方向的运动、直线插补和圆弧插补等),自动更换取用刀架中的刀具,主轴的最高、最低及常用的转速,快速和常用的进给速度,主要

M指令的使用及宏程序、测量程序等。在试运行中，除操作失误引起的故障外，不允许车床有故障出现，否则表示车床的安装调试存在问题。

(2)连续无载荷运转 用事先编制的功能比较齐全的程序使车床连续运行8～16h，检查数控车床各项运动、动作的平稳性和可靠性；在运行中不允许出故障，对整个车床进行综合检查考核。达不到要求时，应重新开始运行考核，不允许累积运行时间。

四、数控车床的检测与验收

1. 检测与验收的工具

几何精度的检测，主要使用的工具有平口尺、带锥柄的检验棒、顶尖、角尺、精密水平仪、百分表、千分表、杠杆表及磁力表座等，位置精度检测主要是激光干涉仪及块规，加工精度检验主要有千分尺及三坐标测量仪等。车床运行时测试噪声可以用噪声仪，机床的温升测试可以用点温计或红外热像仪，外观测试用的设备主要有光电光泽度仪等。

2. 外观、噪声及温升的检测与验收

主要检测车床油漆的表面质量，包括油漆有无损伤、色差、流挂及光泽度等，一般要求反光率≥72%。将车床启动，检查其运行的噪声情况，一般不允许超过83dB。检查主轴运行温度稳定后的温升情况，一般其温度最高不超过70℃，温升不超过32℃。车床不得有渗油、渗水、渗气现象。

3. 车床精度的检测与验收

根据《金属切削机床试验规范总则》的规定，试验项目包括可靠性、静刚度、空运转振动、热变形、抗振性切削、噪声、激振、定位精度、主轴回转精度、直线运动不均匀性及加工精度等。在进行机床验收时，各验收内容需按照机床出厂标准进行。

数控车床种类繁多，对每一类数控车床都有其精度标准，应按照其精度标准检测验收。数控车床的几何精度综合反映了其关键零部件组装后的几何形状误差。数控车床的几何精度检查和普通车床的几何精度检查基本类似，使用的检查工具和方法也很相似，只是检查要求更高。每项几何精度的具体检测办法和精度标准按有关检测条件和检测标准的规定进行。同时要注意检测工具的精度等级必须比所测的几何

精度要高一级。

各类数控车床的精度检验项目有十几项左右，可归纳为：

(1)几何精度　即数控车床基础件的精度，它是决定加工性能的基本条件。主要包括：床身导轨的直线度，主轴回转精度，溜板、尾座等移动部件的移动方向与导轨、主轴回转轴线的平行度或垂直度等。

数控车床几何精度检测必须在地基及地脚螺栓的混凝土完全固化以后进行。考虑到地基的稳定时间过程，一般要求在数控车床使用数月到半年以后再精调一次水平。

在检测中要注意消除检测工具和检测方法的误差，同时应在通电后各移动坐标往复运动几次，主轴在中等转速回转几分钟后，车床稍有预热的状态下进行检测。

(2)传动精度　是指内联系统传动链两端零部件运动相互关系的准确度，数控车床主要是指主轴和丝杠间传动链精度。

(3)定位精度　是指数控车床某运动部件从某一位置到达预定的另一理论位置和运动所达实际位置的差值。数控车床对定位精度要求很高。

数控车床的定位精度表明车床各运动部件在数控装置控制下所能达到的运动精度。因此，通过实测出的定位精度数值，可以判断出该数控车床以后在自动加工中所能达到的最好的加工精度。定位精度的主要检测内容如下：

①直线运动定位精度；

②直线运动重复定位精度；

③直线运动的原点返回精度；

④直线运动失动量；

⑤回转轴运动的定位精度；

⑥回转轴运动重复定位精度；

⑦回转轴原点返回精度；

⑧回转轴运动失动量。

(4)工作精度　即数控车床加工精度，包括：精车工件外圆的圆度、精车工件端面的平面度和精车螺纹的螺距累积误差等。车床加工精度的检查是在切削加工条件下对车床几何精度和定位精度的综合考核。

一般分为单项加工精度检查或加工一个综合性试件精度检查两种。

最后检查辅助功能及附件的正常工作，例如车床的照明灯；冷却防护罩盒各种护板是否完整；往切削液箱中加满切削液，试验喷管是否能正常喷出切削液；在用冷却防护罩条件下切削液是否外漏；排屑器能否正确工作；车床主轴箱的恒温油箱能否起作用等。

五、数控车床调试中故障及调试实例

[**例 1**]一台数控车床配 FANUC-OT 系统，在调试中时常出现 CRT 闪烁、发亮，没有字符出现的现象，造成此现象的原因主要有：

①CRT 亮度与灰度旋钮在运输过程中出现振动；

②数控系统在出厂时没有经过初始化调整；

③数控系统的主板和存储板有质量问题。

解决办法可按如下步骤进行：首先，调整 CRT 的亮度和灰度旋钮；如果没有反应，请将系统进行初始化一次，同时按复位键和删除键，进行系统启动；如果 CRT 仍没有正常显示，则需要更换系统的主板或存储板。

[**例 2**]一台数控车床采用 FAGOR 控制系统，X，Z 轴使用半闭环控制，在用户中运行半年后发现 Z 轴每次回参考点，总有 2～3mm 的误差，而且误差没有规律，调整系统参数后现象仍没消失，更换伺服电动机后现象依然存在，经仔细分析后估计是丝杠末端螺母没有紧固，经过紧固螺母后现象消失。

[**例 3**]数控系统损坏。一般由于电压波动太大，或电压冲击造成。我国大部分地区电网质量不好，会给机床带来电压超限，尤其是瞬间超限，如无专门的电压监控仪，则很难测到，在查找故障原因时，要加以注意。还有一些是由于特殊原因造成的损坏。

[**例 4**]手动不能运行（FANUC 0i 系统）。处理方法：首先确认方式选择的状态显示，即在显示器的下面是否出现 JOG，如果没有出现则是方式的选择不正确；再用 PMC 的诊断功能（PMCDGN）确认方式状态是否正确（G45.2，G45.3 是否为“1”），如不正确，修改 PMC 程序。再检查手动方式信号是否有效，如果无效，请用 PMC 的诊断功能检查相应的信号状态是否为“1”（G100.0～3 和 G102.0～3 中是否有“1”）；如不为“1”，修改 PMC 程序；如正确，则用 CNC 的 000～015 号诊断功

能来确认，查看 000～015 的各项目右边为 1 的项目。例如 005（INTER LOCK/START LOCK）为“1”，说明输入了互锁/启动锁住信号，用户便可根据自己使用的互锁信号进行正确编程和正确设定参数 N03003＃3＃2＃0。

复习思考题

1. 试述数控车床的机械、数控系统的一般保养方法。
2. 试述数控车床的常见报警信息和处理方法。
3. 试述数控车床的安装、调整过程。

第八章　数控车工中级理论知识和技能模拟试卷与试题

数控车工中级理论知识模拟试卷（一）及参考答案

数控车工中级理论知识模拟试卷（一）

注　意　事　项

(1)请首先按要求在试卷的标封处填写您的姓名、准考证号和所在单位的名称；

(2)请仔细阅读各种题目的回答要求，在规定的位置填写您的答案；

(3)不要在试卷上乱写乱画，不要在标封区填写无关内容。

	一	二	三	总分	总分人
得　分					

得　分	
评分人	

一、选择题(第 1～30 题。选择一个正确的答案，将相应的字母填入题内的括号中。每题 2 分，满分 60 分)

1. 数控机床控制介质是指(　　)。

A. 零件图样和加工程序单　　B. 穿孔带

C. 穿孔带、磁盘和磁带　　D. 光电阅读机

2. 数控机床的数控装置包括(　　)。

A. 伺服电极和驱动系统

B. 信息处理、输入和输出装置

C. 控制介质和光电阅读机

D. 位移速度检测装置和反馈系统

3. 以下哪个指令是执行完子程序返回主程序(　　)。

A. M98　B. M99　C. G98　D. G99

4. 世界上第一台数控机床是(　　)。

A. 1952 年由美国制造的数控铣床

B. 1956 年由美国制造的数控铣床

C. 1952 年由美国制造的数控线切割

D. 1956 年由美国制造的数控线切割

5. 闭环控制系统的位置检测装在(　　)。

A. 传动丝杠上　B. 机床移动部件上

C. 伺服电动机轴上　D. 数控装置中

6. 步进电动机所用的电源是(　　)。

A. 直流电源　B. 交流电源

C. 脉冲电源　D. 数字信号

7. 准备功能 G91 表示的功能是(　　)。

A. 预置功能　B. 固定循环

C. 绝对尺寸　D. 增量尺寸

8. 辅助功能 M08 代码表示(　　)。

A. 程序停止　B. 冷却液开

C. 主轴停止　D. 冷却液关

9. 数控车床的“硬件”主要由(　　)组成。

A. 伺服系统、数控装置和车床主体

B. 伺服系统、数控系统和程序载体

C. 数控装置、位置检测装置和车床主体

D. 数控装置、程序载体和数控系统

10. 用逐点比较法控制机床加工,需要四个节拍,顺序是(　　)。

A. 偏差计算、偏差判别、进给、终点判别

B. 终点判别、偏差判别、进给、偏差计算

C. 偏差判别、进给、偏差计算、终点判别

D. 偏差判别、偏差计算、进给、终点判别

11. 加工第一象限的斜线用逐点比较法直线插补，若偏差函数大于零，说明加工点在(　　)。

A. 坐标原点　　B. 斜线上方

C. 斜线上　　D. 斜线下方

12. 采用逐点比较法加工第一象限的斜线，若偏差函数等于零，规定刀具向(　　)方向移动。

A. ＋X　B. －X　C. ＋Y　D. －Y

13. 车床多线螺纹用分度盘分线时，仅和螺纹(　　)有关，和其他参数无关。

A. 中径　B. 模数　C. 线数　D. 大径

14. q为蜗杆的直径系数，是蜗杆(　　)的比值。

A. 齿顶圆直径和模数　　B. 分度圆直径和模数

C. 齿根圆直径和模数　　D. 模数和分度圆直径

15. 车削细长轴时，为了避免振动，车刀的主偏角应取(　　)。

A. 45°　　B. 60°～75°

C. 80°～93°　　D. 100°～110°

16. 螺纹的顶径是指(　　)。

A. 外螺纹的大径　　B. 内螺纹的大径

C. 外螺纹的小径　　D. 内螺纹的中径

17. 切削用量中影响切削温度最大的是(　　)。

A. 切削深度　　B. 进给量

C. 切削速度　　D. 切削宽度

18. 精车梯形螺纹时，为了便于左、右车削，精车刀的刀头宽度应(　　)牙槽底宽。

A. 等于　B. 小于　C. 大于　D. 超过

19. 高速切削塑性金属材料时，若没有采取适当的断屑措施，则易形成(　　)形状切屑。

A. 挤裂　B. 崩碎　C. 带状　D. 粒状

20. 形状复杂，精度较高的刀具应选用的材料是(　　)。

A. 工具钢　B. 高速钢　C. 硬质合金　D. 碳素钢

21. 修整砂轮一般用(　　)。

A. 油石 B. 硬质合金刀 C. 金刚石 D. 高速钢

22. 四爪卡盘是(　　)夹具。

A. 通用 B. 专用 C. 车床 D. 机床

23. 硬质合金的耐热温度为(　　)℃。

A. 300～400 B. 500～600

C. 800～1000 D. 1100～1300

24. 车削时切削热主要是通过(　　)传导。

A. 切屑和刀具 B. 刀具

C. 周围介质 D. 切屑和工件

25. 退火、正火一般安排在(　　)之后。

A. 毛坯制造 B. 粗加工 C. 半精加工 D. 精加工

26. 封闭环的公差等于(　　)。

A. 增环公差 B. 各组成环公差和

C. 减环公差 D. 增环公差减去减环公差

27. 加工时,用来确定工件在机床上或夹具中正确位置所使用的基准为(　　)。

A. 工艺基准 B. 测量基准

C. 装配基准 D. 定位基准

28. 保证工件在夹具中占有正确的位置的是(　　)装置。

A. 定位 B. 夹紧 C. 辅助 D. 车床

29. 任何一个未被约束的物体,在空间具有进行(　　)种运动的可能性。

A. 四 B. 五 C. 六 D. 三

30. 车床主轴(　　)使车出的工件出现圆度误差。

A. 径向跳动 B. 摆动 C. 轴向窜动 D. 窜动

得　分	
评分人	

二、判断题(第 31～ 45 题。将判断结果填入题前的括号中,正确的填"√",错误的填"×"。每题 1 分,满分 15 分)

(　　)31. 右手笛卡尔坐标系中,中指是指 Z 轴。

(　　)32. 无主轴的机床,就不存在坐标轴的规定。

(　　)33. 子程序中必须用增量值编程,不能出现绝对坐标值。

(　　)34. 在数控车床的编程中,X 值均用直径编程。

(　　)35. 数控加工可保证工件尺寸的同一性,提高了产品质量。

(　　)36. 热处理调质工序一般安排在粗加工之后,半精加工之前进行。

(　　)37. 切削液主要起润滑作用。

(　　)38. 车削细长轴时,产生“竹节形”的原因主要是跟刀架的支撑爪压得过紧。

(　　)39. 车削细长轴时,因工件长,热变形伸长量大,故一定要考虑热变形的影响。

(　　)40. 减小零件表面粗糙度值,可以提高其疲劳强度。

(　　)41. 刀具寿命是指一把刀具从开始用起,到完全报废为止的切削时间。

(　　)42. 粗车细长轴时,由于固定顶尖的精度比回转顶尖高,因此固定顶尖的使用效果好。

(　　)43. 成形车刀应采取较大的前角。

(　　)44. 磨刀时,操作者要戴防护镜,应站在砂轮正面以防砂轮碎裂飞出伤人。

(　　)45. 磨削与铰削加工余量都很小,故均用作精加工。

得　分	
评分人	

三、简答题:识别程序,回答问题。(25分)

已知:坯料图和零件图(见附图1)。

加工工艺如下:

(一)装夹工件,利用 ϕ117mm 的外圆及台阶定位,执行程序(1);

(二)测量,调头装夹工件,执行程序(2)。

程序(1):(编程原点在毛坯右端面中心处)

O1233;

N10 T0101;

N20 M03 S800;

N30 G99；
N40 G00 X207 Z1；
N50 M98 P1111 L2；
N60 G00 X207 Z-3；
N70 M98 P1112 L9；
N80 G00 X100 Z200；
N90 M05；
N100 T0202；
N110 M03 S1000；
N120 G00 X166 Z-3；
N130 G01 Z-10 F0.25；
N140 G01 X200 ；
N150 G01 Z-39；
N160 G00 X100 Z200；
N170 M05；
N180 M30；

子程序 1：
________；
N5 G00 W-3；
N10 X0 F0.35；
N15 G00 W1；
N20 X207；
N25 M99；

子程序 2：
________；
N5 G00 U-5；
N10 W-6.5 F0.35；
N15 G00 U1；
N20 W6.5；
N25 M99；

程序(2)：(编程原点在毛坯右端面中心处)
O1244；
N10 T0101；
N15 M03 S800；
N20 G99；
N25 G00 X118 Z-2；
N30 G01 X0 F0.35；
N35 G00 X110 Z-1；
N40 G01 Z-30 F0.2；
N45 G01 X196 F0.4；
N50 X200 W-2 F0.2；
N55 G00 X100 Z200；
N60 M05；
N65 T0303；
N120 X109.3；
N125 X108.8；
N130 X108.3；
N135 X108；
N140 X107.7；
N145 X107.4；
N150 X107.2；

N70 G99;
N75 M03 S400;
N80 G00 X112 Z-30;
N85 G01 X105.6 F0.15 ;
N90 G00 X115;
N95 G00 Z200;
N100 T0404;
N105 M03 S500;
N110 G00 X112 Z0;
N115 G92 X109.8 Z-30 F3;
N155 X107;
N160 G00 Z200;
N165 M05;
N170 M30;

回答以下问题:

1. 程序(1)中,共使用几把刀具? 程序(2)中,共使用几把刀具?(2 分)

2. 两程序执行完后是否加工出成品? 还缺少哪个程序?(3 分)

3. 程序(1)中,执行完 N50 句后,刀尖位置是多少?(2 分)(用 X,Z 表示)

4. 分析程序(2),确定 2×45°角由哪几句程序完成?(2 分)

5. 根据程序(1)为子程序 1,2 命名。(4 分)

6. 车刀安装高低对工作角度有什么影响?(6 分)

7. 转进给与分进给的换算。(6 分)

已知:主轴转速为 S=1000r/min,根据程序(1)计算精车时的进给量。

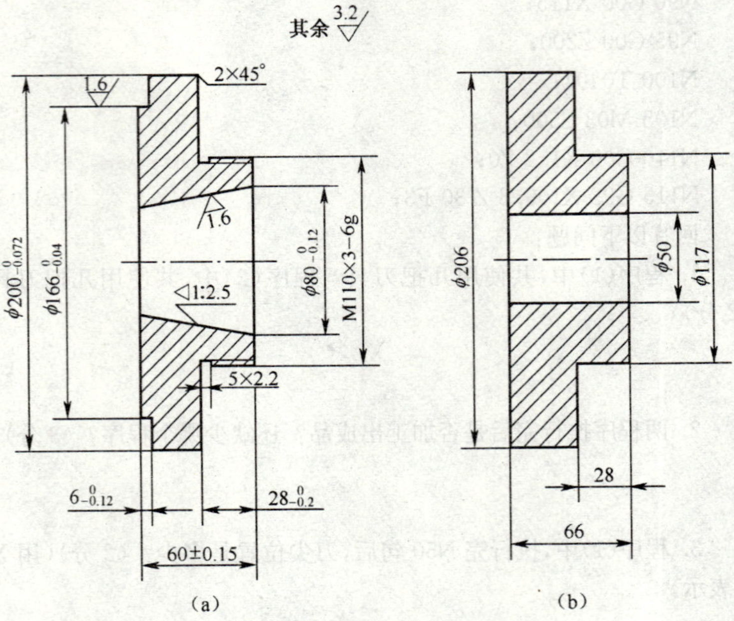

附图 1　第三题图

(a)成品图　(b)毛坯图

数控车工中级理论知识模拟试卷(一)参考答案

一、选择题

1	2	3	4	5	6	7	8	9	10	11	12	13	14	15
C	B	D	A	B	C	D	B	C	C	B	C	C	B	C
16	17	18	19	20	21	22	23	24	25	26	27	28	29	30
A	C	B	C	B	C	A	C	D	A	D	D	A	C	A

二、判断题

31	32	33	34	35	36	37	38	39	40	41	42	43	44	45
√	×	×	×	√	√	×	√	√	√	×	√	√	×	√

三、简答题

1. 答:程序(1)使用(2)把刀具,程序(2)使用(3)把刀具。

2. 答:两程序执行完后不能加工出成品,还缺少锥孔加工程序。

3. 答:程序(1)中,执行完 N50 句后,刀尖位置是 X207,Z-4。

4. 答:2×45°倒角由(N45)——(N50)句完成。

5. 答:子程序 1 为 O1111,子程序 2 为 O1112。

6. 答:车削外圆时,如果车刀装得太高,则前角增大,后角减小,增大车刀后面的摩擦,降低了刀尖的强度;相反如果车刀装得太低,则后角增大,前角变小,切削不够顺畅,有时甚至会抬起工件,损坏车刀。车削内孔时,车刀装得高或低,结果恰恰与车外圆时相反。车刀除了在车无孔端面时,必须对准中心外,一般情况下,可略高于中心。车刀安装的高低误差,应小于工件直径的百分之一。

7. 解:每转进给量为 $F=0.25\text{mm/r}$,每分钟进给时的进给量为:$S\times F=1000\text{r/min}\times 0.25\text{mm/r}=25\text{mm/min}$。

数控车工中级理论知识模拟试卷(二)及参考答案

数控车工中级理论知识模拟试卷(二)

注 意 事 项

(1)请首先按要求在试卷的标封处填写您的姓名、准考证号和所在单位的名称;

(2)请仔细阅读各种题目的回答要求,在规定的位置填写您的答案;

(3)不要在试卷上乱写乱画,不要在标封区填写无关内容。

	一	二	三	四	五	总分	总分人
得　分							

得　分	
评分人	

一、填空题(第 1～10 题。请将适当的词语填入划线处。每题 2 分,满分 20 分)

1. 刀具磨损形式有前刀面磨损,后刀面磨损和________三种。

2. $\phi 50^{+0.025}_{0}$ mm 的孔与________ mm 的轴相配合,配合间隙为 0.01～0.045mm。

3. 砂轮由________、结合剂和气孔三部分组成。

4. 切削面积是切削层在________上投影的面积。

5. 镗加工完高精度孔后,应先________后退。

6. 在数控编程时,使用________指令后,就可以按工件的轮廓尺寸进行编程,而不需要用刀具的假想刀尖点的运动轨迹来编程。

7. 在花盘上装夹工件,花盘本身的形位公差比工件要求高________级以上。

8. 位置检测点从驱动电动机或丝杠端引出,通过检测电动机或丝杠旋转角度来间接检测工作台的位移量,而不是直接检测工作台的实际位置的数控系统称为________数控系统。

9. 当刀具的刃倾角为负值时,切屑排出时流向工件的________表面。

10. 钟表式百分表,其表盘表面上一格的刻度值为________毫米。

得　分	
评分人	

二、选择题(第 11～50 题。选择一个正确的答案,将相应的字母填入题内的括号中。每题 1 分,满分 40 分)

11. 符合主视图和俯视图视图关系的左视图(　　)。

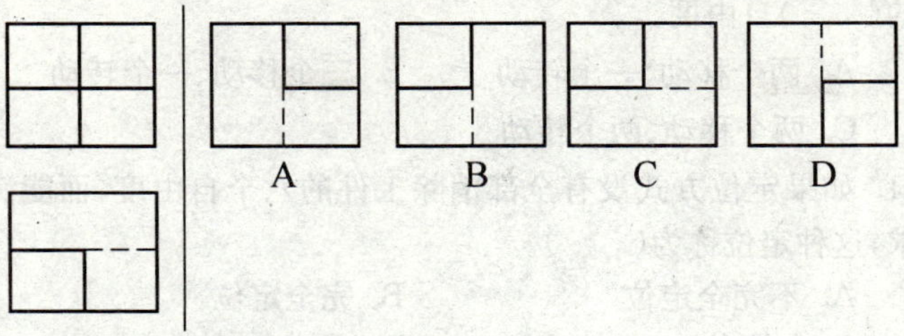

12. 切削脆性材料时形成(　　)切屑。

A. 带状　B. 崩碎　C. 粒状　D. 挤裂

13. 由水和油再加乳化剂混合而成的切削液是(　　)。

A. 水溶液　B. 矿物油　C. 乳化液　D. 植物油

14. 公差与配合的基本规定中,H7 符号 H 代表基孔制,其上偏差为正值,下偏差为(　　)。

A. 负值　B. 正值　C. 间隙配合　D. 零

15. 加工时,用来确定工件在机床上或夹具中正确位置所使用的基准为(　　)。

A. 工艺基准　B. 测量基准

C. 装配基准　D. 定位基准

16. 精车法向直廓蜗杆,装刀时车刀两侧刃组成的平面应(　　)。

A. 平行于轴线　B. 平行于齿面

C. 垂直于齿面　D. 垂直于轴线

17. 高速车螺纹时,硬质合金螺纹车刀的刀尖角应(　　)螺纹的牙型角。

A. 大于　B. 小于　C. 等于　D. 远远大于

18. 形状复杂,精度较高的刀具应选用的材料是(　　)。

A. 高速钢　B. 工具钢　C. 硬质合金　D. 碳素钢

19. 下列刀具材料中,最耐高温的是(　　)。

A. 高速钢　B. 硬质合金

C. 立方氮化硼　D. 金刚石

20. 用心轴对相对于直径有较长长度的孔进行定位时,可以限制工件的(　　)自由度。

A. 两个移动、一个转动　　B. 三个移动、一个转动

C. 两个移动、两个转动

21. 如果定位方式没有全部消除工件的六个自由度，而能满足加工要求，这种定位称为(　　)。

A. 不完全定位　　B. 完全定位

C. 欠定位　　D. 过定位

22. 测量蜗杆分度圆直径比较精确的方法是(　　)。

A. 单针测量法　　B. 三针测量法

C. 齿厚测量法　　D. 通用量具

23. 夹紧力的方向应垂直于工件的(　　)。

A. 已加工表面　　B. 加工表面

C. 主要定位基准面　　D. 未加工表面

24. 工件材料相同，车削时温升基本相同，其热变形伸长量取决于(　　)。

A. 刀具类型　　B. 材料热膨胀系数

C. 刀具磨损程度　　D. 工件长度

25. 38CrMoAl 是(　　)。

A. 高速钢　　B. 中碳钢　　C. 不锈钢　　D. 合金钢

26. 水平仪是用斜率做刻度，如$\frac{0.02}{1000}$其含义是测量面与水平面倾斜(　　)。

A. 12″　　B. 3″　　C. 4″　　D. 8″

27. 程序段 G04 X5.0，表示(　　)。

A. X 坐标轴方向移动 5mm　　B. 进给轴暂停 5s

C. 主轴暂停 5ms　　D. 主轴暂停 5s

28. 无心外圆磨削适用(　　)。

A. 圆柱销、滚针　　B. 带有键槽的零件

C. 阶梯轴　　D. 圆锥表面

29. 数控机床几何精度检查时首先应进行(　　)。

A. 连续空运行　　　　B. 安装水平的检查与调整

C. 环境温度的控制　　D. 坐标精度检测

30. 一带有键槽的传动轴,使用45钢并需淬火处理,外圆表面要求达$Ra0.8\mu m$,IT7,其加工工艺可为(　　)。

A. 粗车→铣→磨→热处理

B. 粗车→精车→铣→热处理→粗磨→精磨

C. 车→热处理→磨→铣

D. 车→磨→铣→热处理

31. 车削细长轴时为了避免振动,车刀主偏角应取(　　)。

A. 75°～85°　B. 60°～75°　C. 45°　D. 90°～93°

32. 30H7的基本尺寸是(　　)mm。

A. 30H7　B. 30　C. H　D. 7

33. 公差代号标注法适用于(　　)。

A. 成批生产　　　　B. 大批生产

C. 单件小批量生产　D. 生产批量不定

34. 纯铜具有的特性之一是(　　)。

A. 较高的硬度　　B. 较差的导电性

C. 较高的强度　　D. 良好的导热性

35. 数控车床系统电源开关的英文为(　　)。

A. CYCLE　　　　B. EMERGENCY

C. TEMPOPAPY　　D. POWER

36. T12A钢按用途分类属于(　　)。

A. 特殊性能钢　　B. 结构钢

C. 工具钢　　　　D. 合金工具钢

37. 遵守法律法规不要求(　　)。

A. 遵守操作程序　　B. 延长劳动时间

C. 遵守安全操作规程　D. 遵守劳动纪律

38. 量具的最终热处理与刃具钢相同,一般为(　　)。

A. 淬火后低温回火　　B. 淬火后中温回火

C. 淬火后高温回火

39. 按齿轮形状不同可将齿轮传动分为圆柱齿轮传动和(　　)传动两类。

A. 斜齿轮　B. 直齿轮　C. 圆锥齿轮　D. 齿轮齿条

40. 按螺旋副的摩擦性质，螺旋传动可分为滑动螺旋和(　　)两种类型。

A. 移动螺旋　B. 摩擦螺旋

C. 滚动螺旋　D. 传动螺旋

41. (　　)是指材料在高温下能保持其硬度的性能。

A. 高温硬度　B. 硬度　C. 耐热性　D. 耐磨性

42. 数控机床快速进给时，模式选择开关应放在(　　)。

A. RELEASE　B. JOG FEED

C. ZERO RETURN　D. HANDLE FEED

43. KTZ550—04 中的 550 表示(　　)。

A. 最低屈服强度　B. 含碳量为 5.5%

C. 最低抗拉强度　D. 含碳量为 0.55%

44. 在 FANUC 系统中，(　　)是螺纹循环指令。

A. G32　B. G23　C. G90　D. G92

45. FANUC 系统中，(　　)指令是切削液开指令。

A. M09　B. M02　C. M06　D. M08

46. 识读装配图的步骤是先(　　)。

A. 看视图配置　B. 看明细表

C. 识读标题栏　D. 看标注尺寸

47. 在 ISO 标准中，I,K 的含义是圆弧的(　　)。

A. 圆心坐标　B. 圆心对起点的增量

C. 起点坐标　D. 圆心对终点的增量

48. 在平面直角坐标系中，圆的方程为$(X+30)^2+(Y-25)^2=15^2$。此圆的圆心坐标为(　　)。

A. (−30,25)　B. (−30,−25)

C. (30,25)　　D. (30,−25)

49. 手工编程时要计算构成零件轮廓的每一个节点的(　　)。

A. 坐标　B. 方向　C. 尺寸　D. 距离

50. 数控加工中,当某段进给路线重复使用时,应使用(　　)。

A. 子程序　B. 简化编程　C. 循环　D. 重复编程

得 分	
评分人	

三、判断题(第51～65题。将判断结果填入题前的括号中,正确的填"√",错误的填"×"。每题1分,满分15分)

(　　)51. 伺服系统的性能不会影响数控机床加工零件的表面粗糙度值。

(　　)52. 自动编程中,使用后置处理的目的,是将刀具位置数据文件处理成机床可以接受的数控程序。

(　　)53. 在加工中用作定位的基准称为工艺基准。

(　　)54. 对于前半段是等节距,后半段是同径增节距的圆柱螺纹的车削,编程时既可用螺纹车削指令也可用螺纹循环车削指令。

(　　)55. 深孔加工主要的关键技术是深孔钻的几何形状,冷却和排屑问题。

(　　)56. 常用的百分表可分杠杆式和钟表式两种。

(　　)57. 子程序结束后只能返回主程序。

(　　)58. 若同工序内车出的端面与内(外)径中心线的垂直度超差,则与数控车床有关的主要原因是横向导轨与主轴中心线的垂直度误差较大。

(　　)59. G96 S200 是指恒线速度切削为 200mm/min。

(　　)60. 数控车床的刀具补偿只是指刀尖圆弧半径补偿。

(　　)61. 螺旋、偏心和凸轮等机构是斜楔夹紧机构的变化。

(　　)62. 由于毛坯表面的重复定位精度差,所以粗基准一般只能使用一次。

(　　)63. 数控机床的重复定位精度可以通过数控系统的功能进行补偿。

(　　)64. 刀具硬质合金材料 ISO 标准可分为 K 类、P 类和 M 类三种，分别对应国内的 YG 类、YT 类和 YW 类。

(　　)65. 用划针或百分表对工件进行找正，也是对工件进行定位。

得　分	
评分人	

四、简答题(第 66,67 题。满分 10 分)

66. 机床夹具在机械加工过程中的主要作用是什么?(5 分)

67. 在数控车床加工圆弧插补中，影响加工精度的因素有哪些?(5 分)

得　分	
评分人	

五、计算题(第 68,69 题。满分 15 分)

68. 用高速钢车刀车削直径为 75mm 的不锈钢轴，选定切削速度为 12m/min 时，求工件的转速?(5 分)

69. 解算尺寸链,附图 2 中的尺寸均为加工完。求:

(1)画出尺寸链简图。(2 分)

(2)指出封闭环、增环和减环。(2 分)

(3)解算 A 的最大极限尺寸和最小极限尺寸。(4 分)

(4)计算 A 的尺寸和公差。(2 分)

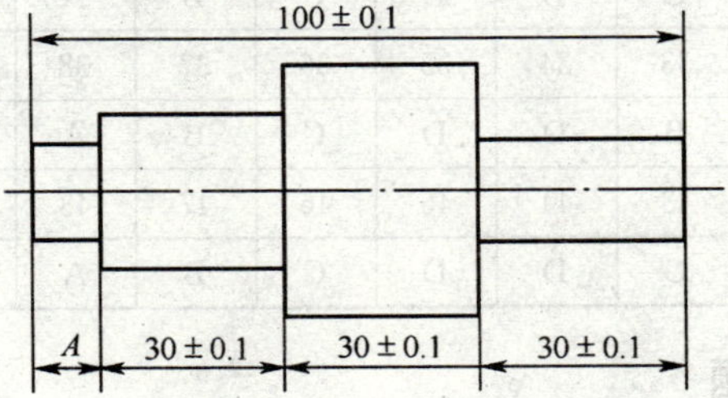

附图 2 69 题图

数控车工中级理论知识模拟试卷(二)参考答案

一、填空题

1. 前、后刀面同时磨损 2. $\phi 50_{-0.02}^{-0.01}$ 3. 磨料 4. 基面 5. 让刀 6. 刀尖圆弧半径补偿(或 G41/G42) 7. 一 8. 半闭环 9. 已加工表面 10. 0.01

二、选择题

11	12	13	14	15	16	17	18	19	20
A	B	C	D	D	C	B	A	C	C
21	22	23	24	25	26	27	28	29	30
A	B	C	D	D	C	B	A	B	B
31	32	33	34	35	36	37	38	39	40
D	B	B	D	D	C	B	A	C	C
41	42	43	44	45	46	47	48	49	50
A	B	C	D	D	C	B	A	A	A

三、判断题

51	52	53	54	55	56	57	58
×	√	√	×	√	√	×	√
59	60	61	62	63	64	65	
√	×	√	√	×	√	√	

四、简答题

66. 机床夹具在机械加工过程中的主要作用是：

(1)易于保证工件的加工精度；(1 分)

(2)改变和扩大原机床的功能；(2 分)

(3)缩短辅助时间，提高劳动生产率。(2 分)

67. 在数控车床加工圆弧插补中，影响加工精度的因素有：

(1)机床 X 轴，Z 轴的垂直几何精度；(1 分)

(2)机床 X 轴，Z 轴的定位精度；(1 分)

(3)机床 X 轴，Z 轴的反向间隙；(2 分)

(4)机床 X 轴，Z 轴的插补精度。(1 分)

五、计算题

68.(公式正确得 2 分，代数得 2 分，答案 1 分)

解：$n=\dfrac{1000V}{\pi D}=\dfrac{1000\times 12}{3.14\times 75}=50.9(\text{r/min})$

答:工件的转速为 50.9r/min。

69.(1)(图 1 分,增、减环符号 1 分)

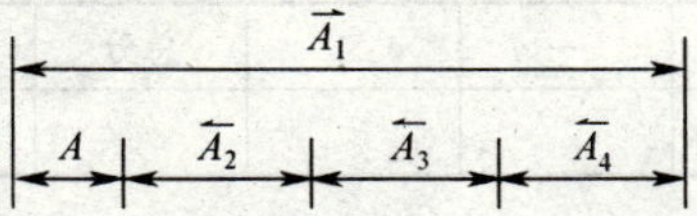

(2)(增环 1 分,减环 1 分)

图中 A 为封闭环,$A_1=100\pm0.1$ 为增环,$A_2=A_3=A_4=30\pm0.1$ 均为减环。

(3)(各 2 分,公式 1 分,答案 1 分)

$$A_{\max}=\overrightarrow{A}_{\max}-\overleftarrow{A}_{\min}$$
$$=100.1-29.9-29.9-29.9$$
$$=10.4(\text{mm})$$
$$A_{\min}=\overrightarrow{A}_{\min}-\overleftarrow{A}_{\max}$$
$$=99.9-30.1-30.1-30.1$$
$$=9.6(\text{mm})$$

(4)(写成公差形式得 2 分)

A 的尺寸和公差是 10 ± 0.4。

数控车工中级理论知识模拟试卷(三)及参考答案

数控车工中级理论知识模拟试卷(三)

注 意 事 项

(1)考试时间:60 分钟;

(2)本试卷依据 2001 年颁布的《国家职业标准 数控车工》中级命制;

(3)请首先按要求在试卷的标封处填写您的姓名、准考证号和所在单位的名称;

(4)请仔细阅读各种题目的回答要求,在规定的位置填写您的答案；

(5)不要在试卷上乱写乱画，不要在标封区填写无关内容。

	一	二	总分	总分人
得分				

得　分	
评分人	

一、单项选择题(第1～80题。选择一个正确的答案，将相应的字母填入题内的括号中。每题1分，满分80分)

1. 职业道德是(　　)。

A. 社会主义道德体系的重要组成部分

B. 保障从业者利益的前提

C. 劳动合同订立的基础

D. 劳动者的日常行为规则

2. 职业道德基本规范不包括(　　)。

A. 爱岗敬业忠于职守　　B. 诚实守信办事公道

C. 发展个人爱好　　D. 遵纪守法廉洁奉公

3. 不符合着装整洁．文明生产要求的是(　　)。

A. 贯彻操作规程　　B. 执行规章制度

C. 工作中对服装不作要求　　D. 创造良好的生产条件

4. 保持工作环境清洁有序不正确的是(　　)。

A. 整洁的工作环境可以振奋职工精神

B. 优化工作环境

C. 工作结束后再清除油污

D. 毛坯、半成品按规定堆放整齐

5. 用“几个相交的剖切平面”画剖视图，说法错误的是：(　　)。

A. 相邻的两剖切平面的交线应垂直于某一投影面

B. 应先剖切后旋转，旋转到与某一选定的投影面平行时再投射

C. 旋转部分的结构必须与原图保持投影关系

D. 位于剖切平面后的其他结构一般仍按原位置投影

6. 公差带大小是由(　　)决定的。

A. 公差值　　B. 基本尺寸

C. 公差带符号　　D. 被测要素特征

7. 灰铸铁的孕育处理常用孕育剂有(　　)。

A. 钨　B. 硅钙合金　C. 铝　D. 镍铬合金

8. QT400—15 中的 400 表示(　　)。

A. 抗拉强度大于 400MPa　　B. 抗拉强度小于 400MPa

C. 屈服点大于 400MPa　　D. 屈服点小于 400MPa

9. (　　)是由链条和具有特殊齿形的链轮组成的传递运动和动力的传动。

A. 齿轮传动　B. 链传动　C. 螺旋传动　D. 带传动

10. 按用途不同螺旋传动可分为传动螺旋、传力螺旋和(　　)三种类型。

A. 调整螺旋　　B. 滑动螺旋

C. 滚动螺旋　　D. 运动螺旋

11. 按铣刀的齿背形状分可分为尖齿铣刀和(　　)。

A. 三面刃铣刀　　B. 端铣刀

C. 铲齿铣刀　　D. 沟槽铣刀

12. 游标量具中,主要用于测量工件的高度尺寸和进行划线的工具叫(　　)。

A. 游标深度尺　　B. 游标高度尺

C. 游标齿厚尺　　D. 外径千分尺

13. 下列哪种千分尺不存在(　　)。

A. 深度千分尺　　B. 螺纹千分尺

C. 蜗杆千分尺　　D. 公法线千分尺

14. 百分表的示值范围通常有:0～3mm,0～5mm 和(　　)三种。

A. 0～8mm　　B. 0～10mm

C. 0～12mm　　D. 0～15mm

15. 用百分表测量时,测量杆与工件表面应(　　)。

A. 垂直　B. 平行　C. 相切　D. 相交

16. 箱体重要加工表面要划分(　　)两个阶段。

A. 粗、精加工　　B. 基准、非基准

C. 大与小　　D. 内与外

17. 圆柱齿轮传动的精度要求有运动精度、工作平稳性(　　)等几方面精度要求。

A. 几何精度　B. 平行度　C. 垂直度　D. 接触精度

18. 薄板料的锯削应该尽可能(　　)。

A. 分几个方向锯下　　B. 快速地锯下

C. 缓慢地锯下　　D. 从宽面上锯下

19. 锉刀放入工具箱时,不可与其他工具堆放,也不可与其他锉刀重叠堆放,以免(　　)。

A. 损坏锉齿　　B. 变形

C. 损坏其他工具　　D. 不好寻找

20. 电动机的分类不正确的是(　　)。

A. 交流电动机和直流电动机

B. 异步电动机和同步电动机

C. 三相电动机和单相电动机

D. 控制电动机和动力电动机

21. 可能引起机械伤害的做法是(　　)。

A. 不跨越运转的机轴

B. 可以不穿工作服

C. 转动部件停稳前不得进行操作

D. 旋转部件上不得放置物品

22. 工业对环境污染的防治不包括(　　)。

A. 防治大气污染　　B. 防治水体污染

C. 防治噪声污染　　D. 防治运输污染

23. 不属于岗位质量措施与责任的是(　　)。

A. 明确上、下工序之间对质量问题的处理权限

B. 明白企业的质量方针

C. 岗位工作要按工艺规程的规定进行

D. 明确岗位工作的质量标准

24. 齿轮零件的剖视图表示了内花键的(　　)。

A. 几何形状　　B. 相互位置
C. 长度尺寸　　D. 内部尺寸

25. 齿轮的花键宽度 $8_{+0.035}^{+0.065}$，最大极限尺寸为(　　)。

A. 8.035　B. 8.065　C. 7.935　D. 7.965

26. C630 型车床主轴全剖或局部剖视图反映出零件的(　　)和结构特点。

A. 表面粗糙度　　B. 相互位置
C. 尺寸　　D. 几何形状

27. 通过分析装配视图，掌握该部件的形体结构，彻底了解(　　)的组成情况，弄懂各零件的相互位置、传动关系及部件的工作原理，想象出各主要零件的结构形状。

A. 零部件　B. 装配体　C. 位置精度　D. 相互位置

28. 蜗杆半精加工、精加工一般采用(　　)装夹，利用分度卡盘分线。

A. 一夹一顶　　B. 两顶尖
C. 专用夹具　　D. 四爪卡盘

29. (　　)与外圆的轴线平行而不重合的工件，称为偏心轴。

A. 中心线　B. 内径　C. 端面　D. 外圆

30. 增大装夹时的接触面积，可采用特制的软卡爪和(　　)，这样可使夹紧力分布均匀，减小工件的变彩。

A. 套筒　B. 夹具　C. 开缝套筒　D. 定位销

31. 数控车床切削用量的选择，应根据机床性能、(　　)原理并结合实践经验来确定。

A. 数控　B. 加工　C. 刀具　D. 切削

32. 欠定位不能保证加工质量，往往会产生废品，因此是(　　)允许的。

A. 特殊情况下　　B. 可以
C. 一般条件下　　D. 绝对不

33. 重复定位能提高工件的(　　)，但对工件的定位精度有影响，一般是不允许的。

A. 塑性　B. 强度　C. 刚性　D. 韧性

34. 夹紧要牢固、可靠，并保证工件在加工中(　　)不变。

A. 尺寸　B. 定位　C. 位置　D. 间隙

35. 加工细长轴要使用(　　)和跟刀架，以增加工件的安装刚性。

A. 顶尖　B. 中心架　C. 三爪　D. 夹具

36. 长度较短的偏心件，可在三爪卡盘上加(　　)使工件产生偏心来车削。

A. 垫片　B. 刀片　C. 垫铁　D. 量块

37. 对于由直线和圆弧组成的(　　)轮廓，编程时数值计算的主要任务是求出各点的坐标。

A. 平面　B. 外形　C. 曲线　D. 空间

38. 参考点与机床原点的相对位置由 Z 向和 X 向的(　　)挡块来确定。

A. 测量　B. 电动　C. 液压　D. 机械

39. 以机床原点为坐标原点，建立一个 Z 轴与 X 轴的(　　)坐标系，此坐标系称为机床坐标系。

A. 直角　B. 极角　C. 空间　D. 直线

40. 工件图样上的(　　)基准点是标注其他各项尺寸的基准点，通常以该点作为工件原点。

A. 设计　B. 定位　C. 测量　D. 使用

41. 坐标进给是根据判别结果，使刀具向 Z 或 Y 向移动一(　　)。

A. 分米　B. 米　C. 步　D. 段

42. 逐点比较法直线插补中，当刀具切削点在(　　)上或其上方时，应向 $+X$ 方向发一个脉冲，使刀具向 $+X$ 方向移动一步。

A. 平面　B. 圆弧　C. 直线　D. 曲面

43. 准备功能指令，主要用于指定(　　)机床的运动方式，为数控系统的插补运算做好准备。

A. 数控　B. 程控　C. 精密　D. 自动

44. 00 组的 G 代码属于(　　)式 G 代码，只限定在被指定的程序段中有效。

A. 非模态　B. 模态　C. 固定　D. 不定

45. G76 代码是 FANUC 6T 系统数控车床中的(　　)螺纹复合

循环功能。

A. 单头　B. 多头　C. 英制　D. 梯形

46. G97代码是FANUCOTE—A系统数控车床中的取消(　)恒线速控制功能。

A. 走刀　B. 电动机　C. 主轴　D. 齿轮

47. 当主轴需要改变旋转(　)时，要用M05代码先停止主轴旋转，然后再规定M03或M04代码。

A. 速度　B. 角度　C. 方向　D. 启停

48. M23功能是在螺纹切削循环中，该代码自动实现螺纹(　)。

A. 退刀　B. 进刀　C. 倒角　D. 旋向

49. M98指令功能代码是调用子程序，即将主程序转至(　)程序。

A. 相应　B. 段　C. 宏　D. 子

50. F功能是表示进给的速度功能，由字母F和其后面的(　)来表示。

A. 单位　B. 数字　C. 指令　D. 字母

51. 为便于编程，需建立一个工件坐标系。工件坐标系可由(　)指令设定。

A. G50　B. G92　C. G98　D. G54

52. 程序段G50 X200.0 Z263.0表示(　)距原点距离 $X=200$，$Z=263$。

A. 坐标　B. 刀尖　C. 卡爪　D. 工件

53. 当用绝对编程G00指令时，X,Z后面的数值是(　)位置在工件坐标系的坐标值。

A. 测量　B. 目标　C. 参考　D. 起点

54. 圆弧插补(G02,G03)指令中用地址 X,Z 或(　)指令圆弧的终点。

A. U,I　B. U,W　C. I,K　D. W,I

55. 由于系统的自动加减速作用，刀具在拐角处的轨迹不是直角，如果拐角处的精度要求很严，其轨迹必须是直角时，可在拐角处使用(　)指令。

A. G07 B. 插补 C. 补偿 D. 暂停

56. 圆柱螺纹、圆锥螺纹和（ ）螺纹均可由 G32 螺纹切削指令进行加工。

A. 梯形 B. 端面 C. 矩形 D. 蜗杆

57. 单一固定循环是将一个固定循环，例如切入→切削→退刀→返回四个程序段用（ ）指令可以简化为一个程序段。

A. G90 B. G54 C. G30 D. G80

58. 螺纹加工循环的刀具从循环起点开始按（ ）循环，最后又回到循环起点。

A. 要求 B. 方形 C. 梯形 D. 指令

59. 在车削过程中，刀尖圆弧半径中心与编程轨迹会偏移一个刀尖圆弧半径 r，用来指定补偿这种偏置的功能，称为（ ）补偿。

A. 自动 B. 参数 C. 间隙 D. 刀具半径

60. 车床运转后有无与平常不同的异常现象，如：声音、（ ）、裂纹、气味等。

A. 湿度 B. 温度 C. 报警 D. 转速

61. 开机前应按设备点检卡的（ ）检查车床各部位是否完整、正常，车床的安全防护装置是否牢固。

A. 规格 B. 规定 C. 型号 D. 内容

62. 手工编程是指从分析零件图样、确定加工工艺过程、数值计算、编写零件加工程序单、（ ）控制介质到程序校验都是由人工完成。

A. 输入 B. 编写 C. 制备 D. 完成

63. 机内对刀多用于数控车床，根据其对刀原理，机内对刀又可分为试切法和（ ）法。

A. 自测 B. 计算 C. 测量 D. 仪器测量

64. GRAPH 键的功能是（ ）显示。

A. 过程 B. 图形 C. 状态 D. 主功能

65. 输入程序操作步骤：①选择 EDIT 方式，②按“PRGRM”键，③输入地址（ ）和四位数程序号，按“INSRT”键将其存入存储器。并以此方式将程序内容依次输入。

A. O　B. N　C. M　D. H

66. 删除程序操作步骤:①选择 EDIT 方式;②按“PRGRM”键,输入要删除的程序号;③按“(　)”键,可以删除此程序号内的程序。

A. DELET　B. AUX　C. OPR　D. POS

67. 将状态开关选到“回零”、“点动”、“单步”位置时,可实现刀架在某一方向的运动,(　)两方向可实现。

A. X,Z　B. X,Y　C. Y,Z　D. I,K

68. 当“快移倍率开关”置于 F0 位置时,执行低速快移,设定 Z 轴快移低速度为(　)m/min。

A. 12　B. 18　C. 4　D. 20

69. 若主轴正在逆时针旋转,则必须先按“主轴停止按钮”使主轴停转,再按“(　)按钮”。

A. POS　B. 循环　C. 主轴正转　D. 启动

70. 按循环启动按钮 NC 控制机的程序将(　)执行,在执行程序时该按钮的指示灯亮,当执行完毕后指示灯灭。

A. 转向　B. 跳过　C. 自动　D. 释放

71. 当第二次按下程序段跳过按钮,指示灯灭,表示取消“程序段跳过”机能。此时程序中的“/”标记无效,程序中所有程序段将被(　)执行。

A. 依次　B. 禁止　C. 同时　D. 选择

72. 按下运屑器反转钮,指示灯亮,启动运屑器反转,松开时停止,当铁屑将(　)卡住时,按此按钮可将铁屑退回来。

A. 导轨　B. 卡盘　C. 机器　D. 运屑器

73. 选好量块组合尺寸后,将量块靠近工件放置在检验平板上,用百分表在量块上校正对准(　)。

A. 尺寸　B. 工件　C. 量块　D. 零位

74. 量块是精密量具,使用时要注意防腐蚀,防(　),切不可撞击。

A. 划伤　B. 烧伤　C. 撞　D. 潮湿

75. 已知直角三角形一直角边为 17.32mm,它与斜边的夹角为 30°,另一直角边的长度是(　)mm。

A. 15　B. 10　C. 20　D. 30

76. 测量偏心距时，用顶尖顶住基准部分的中心孔，百分表测头与偏心部分外圆接触，用手转动工件，百分表读数最大值与最小值之差的（　）就是偏心距的实际尺寸。

A. 一半　B. 二倍　C. 一倍　D. 尺寸

77. 测量两平行非完整孔的（　）时应选用内径百分表、内径千分尺、千分尺等。

A. 位置　B. 长度　C. 偏心距　D. 中心距

78. 用正弦规检验锥度的方法：应先从有关表中查出莫氏圆锥的圆锥角 α，算出圆锥（　）$\alpha/2$。

A. 斜角　B. 全角　C. 补角　D. 半角

79. 测量外圆锥体时，将工件的小端立在检验平板上，两量棒放在平板上紧靠工件，用千分尺测出两量棒之间的距离，通过换算即可（　）测出工件小端直径。

A. 间接　B. 直接　C. 立刻　D. 同时

80. 把直径为 $D1$ 的大钢球放入锥孔内，用高度尺测出钢球 $D1$ 最高点到工件的距离，通过计算可测出工件（　）的大小。

A. 圆锥角　B. 小径　C. 高度　D. 孔径

得　分	
评分人	

二、判断题（第 81～100 题。将判断结果填入题前的括号中，正确的填"√"，错误的填"×"。每题 1 分，满分 20 分。）

（　）81. 工、卡、刀、量具要放在指定地点。

（　）82. 通常刀具材料的硬度越高，耐磨性越好。

（　）83. 常用刀具材料的种类有碳素工具钢、合金工具钢、高速钢、硬质合金。

（　）84. 碳素工具钢和合金工具钢用于制造中、低速成形刀具。

（　）85. 切削液只具有冷却，润滑作用。

（　）86. 切削油的主要成分是植物油，少数采用矿物油和动物油。

（　）87. 两极闸刀开关用于控制单相电路。

(　　)88. 垂直度、圆度同属于形状公差。

(　　)89. 偏心轴的左视图较明显地表示出基准部分轴线和偏心部分轴线的位置关系。

(　　)90. 画零件图时,如果按照正投影画出它们的全部“轮齿”和“牙型”的真实图形,不仅非常复杂,也没有必要。

(　　)91. 数控车床结构大为简化,精度和自动化程度大为提高。

(　　)92. 当工件以外圆定位时,常用螺母式夹紧装置,使用开口垫圈可使工件卸下更方便。

(　　)93. 数控车床应保证刀片与刀柄的转位准确、装拆方便。

(　　)94. 当刀具磨损、刀尖半径变小或当刀具更换、刀尖半径变大时,只要通过更改输入的刀具半径补偿值,而不需要修改程序和纸带。

(　　)95. 图形交互式自动编程系统的图形显示能力很强。

(　　)96. CK3225 型数控车床配置的是 FANUC 6T 系统操作面板。

(　　)97. CK3225 型数控车床的切削液开关不通过按钮控制。

(　　)98. 程序段 N0005 G50 X100.0 Z100.0;表示设定工件坐标系。

(　　)99. 梯形螺纹小径可用大径减去两个实际牙型高度。

(　　)100. 三针测量蜗杆的计算公式中“ms”表示蜗杆的轴向模数。

数控车工中级理论知识模拟试卷(三)参考答案

一、单项选择题

1	2	3	4	5	6	7	8	9	10
A	C	C	C	C	A	B	A	B	A
11	12	13	14	15	16	17	18	19	20
C	B	C	B	A	A	D	D	A	D
21	22	23	24	25	26	27	28	29	30
B	D	B	A	B	D	B	B	D	C
31	32	33	34	35	36	37	38	39	40
D	D	C	C	B	A	A	D	A	A
41	42	43	44	45	46	47	48	49	50
C	C	A	A	B	C	C	C	D	B

续表

51	52	53	54	55	56	57	58	59	60
A	B	B	B	D	C	A	C	D	B
61	62	63	64	65	66	67	68	69	70
B	C	C	B	A	A	A	C	C	C
71	72	73	74	75	76	77	78	79	80
A	D	D	A	B	A	D	D	A	A

二、判断题

81	82	83	84	85	86	87	88	89	90
√	√	√	√	×	×	√	×	√	√
91	92	93	94	95	96	97	98	99	100
√	×	√	√	√	×	×	√	√	√

数控车工中级理论知识模拟试题及参考答案

数控车工中级理论知识模拟试题

一、是非题

(一)职业道德部分

(　　)1. 安全管理是综合考虑“物”的生产管理功能和“人”的管理，目的是生产更好的产品。

(　　)2. 通常车间生产过程仅仅包含以下四个组成部分：基本生产过程、辅助生产过程、生产技术准备过程、生产服务过程。

(　　)3. 车间生产作业的主要管理内容是统计、考核和分析。

(　　)4. 车间日常工艺管理中首要任务是组织职工学习工艺文件，进行遵守工艺纪律的宣传教育，并例行工艺纪律的检查。

(二)基础知识部分

(　　)1. 当数控加工程序编制完成后即可进行正式加工。

(　　)2. 数控机床是在普通机床的基础上将普通电气装置更换成

CNC 控制装置。

(　　)3. 圆弧插补中,对于整圆,其起点和终点相重合,用 R 编程无法定义,所以只能用圆心坐标编程。

(　　)4. 插补运动的实际插补轨迹始终不可能与理想轨迹完全相同。

(　　)5. 数控机床编程有绝对值和增量值编程,使用时不能将它们放在同一程序段中。

(　　)6. 用数显技术改造后的机床就是数控机床。

(　　)7. G 代码可以分为模态 G 代码和非模态 G 代码。

(　　)8. G00,G01 指令都能使机床坐标轴准确到位,因此它们都是插补指令。

(　　)9. 圆弧插补用半径编程时,当圆弧所对应的圆心角大于 180°时半径取负值。

(　　)10. 不同的数控机床可能选用不同的数控系统,但数控加工程序指令都是相同的。

(　　)11. 数控机床按控制系统的特点可分为开环、闭环和半闭环系统。

(　　)12. 在开环和半闭环数控机床上,定位精度主要取决于进给丝杠的精度。

(　　)13. 点位控制系统不仅要控制从一点到另一点的准确定位,还要控制从一点到另一点的路径。

(　　)14. 常用的位移执行机构有步进电动机、直流伺服电动机和交流伺服电动机。

(　　)15. 通常在命名或编程时,不论何种机床,都一律假定工件静止、刀具移动。

(　　)16. 数控机床适用于单品种、大批量的生产。

(　　)17. 一个主程序中只能有一个子程序。

(　　)18. 子程序的编写方式必须是增量方式。

(　　)19. 数控机床的常用控制介质就是穿孔纸带。

(　　)20. 程序段的顺序号,根据数控系统的不同,在某些系统中可以省略的。

(　　)21. 绝对编程和增量编程不能在同一程序中混合使用。

(　　)22. 数控机床在输入程序时,不论何种系统坐标值不论是整数和小数都不必加入小数点。

(　　)23. RS232 主要作用是用于程序的自动输入。

(　　)24. 车削中心必须配备动力刀架。

(　　)25. Y 坐标的圆心坐标符号一般用 K 表示。

(　　)26. 非模态指令只能在本程序段内有效。

(　　)27. X 坐标的圆心坐标符号一般用 K 表示。

(　　)28. 数控铣床属于直线控制系统。

(　　)29. 采用滚珠丝杠作为 X 轴和 Z 轴传动的数控车床机械间隙一般可忽略不计。

(　　)30. 旧机床改造的数控车床,常采用梯形螺纹丝杠作为传动副,其反向间隙需事先测量出来进行补偿。

(　　)31. 顺时针圆弧插补(G02)和逆时针圆弧插补(G03)的判别方向是:沿着不在圆弧平面内的坐标轴正方向向负方向看去,顺时针方向为 G02,逆时针方向为 G03。

(　　)32. 顺时针圆弧插补(G02)和逆时针圆弧插补(G03)的判别方向是:沿着不在圆弧平面内的坐标轴负方向向正方向看去,顺时针方向为 G02,逆时针方向为 G03。

(　　)33. 伺服系统的执行机构常采用直流或交流伺服电动机。

(　　)34. 直线控制的特点只允许在机床的各个自然坐标轴上移动,在运动过程中进行加工。

(　　)35. 数控车床的特点是 Z 轴进给 1mm,零件的直径减小 2mm。

(　　)36. 只有采用 CNC 技术的机床才叫数控机床。

(　　)37. 数控机床按工艺用途分类,可分为数控切削机床、数控电加工机床、数控测量机等。

(　　)38. 数控机床按控制坐标轴数分类,可分为两坐标数控机床、三坐标数控机床、多坐标数控机床和五面加工数控机床等。

(　　)39. 数控车床刀架的定位精度和垂直精度中影响加工精度的主要是前者。

(　　)40. 最常见的 2 轴半坐标控制的数控铣床,实际上就是一台三轴联动的数控铣床。

(　　)41. 四坐标数控铣床是在三坐标数控铣床上增加一个数控回转工作台。

(　　)42. 液压系统的输出功率就是液压缸等执行元件的工作功率。

(　　)43. 液压系统的效率是由液阻和泄漏来确定的。

(　　)44. 调速阀是一个节流阀和一个减压阀串联而成的组合阀。

(　　)45. 液压缸的功能是将液压能转化为机械能。

(　　)46. 数控铣床加工时保持工件切削点的线速度不变的功能称为恒线速度控制。

(　　)47. 由存储单元在加工前存放最大允许加工范围，而当加工到约定尺寸时数控系统能够自动停止，这种功能称为软件型行程限位。

(　　)48. 点位控制的特点是，可以以任意途径到达要计算的点，因为在定位过程中不进行加工。

(　　)49. 数控车床加工球面工件是按照数控系统编程的格式要求，写出相应的圆弧插补程序段。

(　　)50. 伺服系统包括驱动装置和执行机构两大部分。

(　　)51. 不同结构布局的数控机床有不同的运动方式，但无论何种方式，编程时都认为刀具相对于工件运动。

(　　)52. 不同结构布局的数控机床有不同的运动方式，但无论何种方式，编程时都认为工件相对于刀具运动。

(　　)53. 一个主程序调用另一个主程序称为主程序嵌套。

(　　)54. 数控车床的刀具功能字 T 既指定了刀具数，又指定了刀具号。

(　　)55. 数控机床的编程方式是绝对编程或增量编程。

(　　)56. 数控机床用恒线速度控制加工端面、锥度和圆弧时，必须限制主轴的最高转速。

(　　)57. 螺纹指令 G32 X41.0W-43.0 F1.5 是以每分钟 1.5mm 的速度加工螺纹。

(　　)58. 经试加工验证的数控加工程序就能保证零件加工合格。

(　　)59. 数控机床的镜像功能适用于数控铣床和加工中心。

(　　)60. 数控机床加工时选择刀具的切削角度与普通机床加工时是不同的。

(　)61. 在数控加工中，如果圆弧指令后的半径遗漏，则圆弧指令做直线指令执行。

(　)62. 车床的进给方式分每分钟进给和每转进给两种，一般可用G98和G99区分。

(三)数控加工部分

(　)1. 在数控机床上加工零件，应尽量选用组合夹具和通用夹具装夹工件，避免采用专用夹具。

(　)2. 保证数控机床各运动部件间的良好润滑就能提高机床寿命。

(　)3. 数控机床加工过程中可以根据需要改变主轴速度和进给速度。

(　)4. 车床主轴编码器的作用是防止切削螺纹时乱扣。

(　)5. 跟刀架是固定在机床导轨上来抵消车削时的径向切削力的。

(　)6. 切削速度增大时，切削温度升高，刀具耐用度大。

(　)7. 数控机床进给传动机构中采用滚珠丝杠的原因主要是为了提高丝杠精度。

(　)8. 数控车床可以车削直线、斜线、圆弧、公制和英制螺纹、圆柱管螺纹、圆锥螺纹，但是不能车削多头螺纹。

(　)9. 平行度的符号是//，垂直度的符号是⊥，圆度的符号是○。

(　)10. 数控机床为了避免运动件运动时出现爬行现象，可以通过减少运动件的摩擦来实现。

(　)11. 切削中，对切削力影响较小的是前角和主偏角。

(　)12. 同一工件，无论用数控机床加工还是用普通机床加工，其工序都一样。

(　)13. 数控机床的定位精度与数控机床的分辨率精度是一致的。

(四)编程部分

(　)1. 刀具半径补偿是一种平面补偿，而不是轴的补偿。

(　)2. 固定循环是预先给定一系列操作，用来控制机床的位移或主轴运转。

(　)3. 数控车床的刀具补偿功能有刀尖半径补偿与刀具位置补偿。

(　)4. 刀具补偿寄存器内只允许存入正值。

(　)5. 数控机床的机床坐标原点和机床参考点是重合的。

(　　)6. 机床参考点在机床上是一个浮动的点。

(　　)7. 外圆粗车循环方式适合于加工棒料毛坯除去较大余量的切削。

(　　)8. 固定形状粗车循环方式适合于加工已基本铸造或锻造成形的工件。

(　　)9. 外圆粗车循环方式适合于加工已基本铸造或锻造成形的工件。

(　　)10. 刀具补偿功能包括刀补的建立、刀补的执行和刀补的取消三个阶段。

(　　)11. 刀具补偿功能包括刀补的建立和刀补的执行二个阶段。

(　　)12. 数控机床配备的固定循环功能主要用于孔加工。

(　　)13. 数控铣削机床配备的固定循环功能主要用于钻孔、镗孔、攻螺纹等。

(　　)14. 编制数控加工程序时一般以机床坐标系作为编程的坐标系。

(　　)15. 机床参考点是数控机床上固有的机械原点，该点到机床坐标原点在进给坐标轴方向上的距离可以在机床出厂时设定。

(五)数控机床操作部分

(　　)1. 因为毛坯表面的重复定位精度差，所以粗基准一般只能使用一次。

(　　)2. 表面粗糙度高度参数 *Ra* 值愈大，表示表面粗糙度要求愈高；*Ra* 值愈小，表示表面粗糙度要求愈低。

(　　)3. 标准麻花钻的横刃斜角为 50°～55°。

(　　)4. 数控机床的位移检测装置主要有直线型和旋转型。

(　　)5. 基本型群钻是群钻的一种，即在标准麻花钻的基础上进行修磨，形成"六尖一七刃"的结构特征。

(　　)6. 陶瓷的主要成分是氧化铝，其硬度、耐热性和耐磨性均比硬质合金高。

(　　)7. 车削外圆柱面和车削套类工件时，它们的切削深度和进给量通常是相同的。

(　　)8. 热处理调质工序一般安排在粗加工之后、半精加工之前进行。

(　　)9. 为了保证工件达到图样所规定的精度和技术要求,夹具上的定位基准应与工件上设计基准、测量基准尽可能重合。

(　　)10. 为了防止工件变形,夹紧部位要与支承对应,不能在工件悬空处夹紧。

(　　)11. 在批量生产的情况下,用直接找正装夹工件比较合适。

(　　)12. 刀具切削部位材料的硬度必须大于工件材料的硬度。

(　　)13. 加工零件在数控编程时,首先应确定数控机床,然后分析加工零件的工艺特性。

(　　)14. 数控切削加工时一般应选用轴向进刀。

(　　)15. 因为试切法的加工精度较高,所以主要用于大批、大量生产。

(　　)16. 具有独立的定位作用且能限制工件的自由度的支承称为辅助支承。

(　　)17. 切削用量中,影响切削温度最大的因素是切削速度。

(　　)18. 积屑瘤的产生在精加工时要设法避免,但对粗加工有一定的好处。

(　　)19. 硬质合金是一种耐磨性好、耐热性高、抗弯强度和冲击韧性都较高的一种刀具材料。

(　　)20. 在切削时,车刀出现溅火星属正常现象,可以继续切削。

(　　)21. 刃磨车削右旋丝杠的螺纹车刀时,左侧工作后角应大于右侧工作后角。

(　　)22. 套类工件因受刀体强度、排屑状况的影响,所以每次切削深度要少一点,进给量要慢一点。

(　　)23. 切断实心工件时,工件半径应小于切断刀的刀头长度。

(　　)24. 切断空心工件时,工件壁厚应小于切断刀的刀头长度。

(　　)25. 数控机床对刀具的要求是能适合切削各种材料、能耐高温且有较长的使用寿命。

(　　)26. 数控机床对刀具材料的基本要求是高的硬度、高的耐磨性、高的红硬性、足够的强度和韧性。

(　　)27. 工件定位时,被消除的自由度少于六个,但完全能满足加工要求的定位称不完全定位。

(　　)28. 定位误差包括工艺误差和设计误差。

(　　)29. 数控机床中 MDI 是机床诊断智能化的英文缩写。

(　　)30. 数控机床中 CCW 代表顺时针方向旋转，CW 代表逆时针方向旋转。

(　　)31. 一个完整尺寸包含的四要素为尺寸线、尺寸数字、尺寸公差和箭头等四项要素。

(　　)32. 高速钢刀具具有良好的淬透性，较高的强度、韧性和耐磨性。

(　　)33. 长 V 形块可消除五个自由度，短的 V 形块可消除二个自由度。

(　　)34. 长的 V 形块可消除四个自由度，短的 V 形块可消除二个自由度。

(　　)35. 高速钢是一种含合金元素较多的工具钢，由硬度和熔点很高的碳化物和金属黏结剂组成。

(　　)36. 零件图中的尺寸标注要求是完整、正确、清晰、合理。

(　　)37. 硬质合金是用粉末冶金法制造的合金材料，由硬度和熔点很高的碳化物和金属黏结剂组成。

(　　)38. 工艺尺寸链中，组成环可分为增环与减环。

(　　)39. 尺寸链按其功能可分为设计尺寸链和工艺尺寸链，按其尺寸性质可分为线性尺寸链和角度尺寸链。

(　　)40. 直线型检测装置有感应同步器、光栅、旋转变压器。

(　　)41. 常用的间接测量元件有光电编码器和感应同步器。

(　　)42. 直线型检测元件有感应同步器、光栅、磁栅、激光干涉仪。

(　　)43. 旋转型检测元件有旋转变压器、脉冲编码器、测速发电机。

(　　)44. 开环进给伺服系统的数控机床，其定位精度主要取决于伺服驱动元件和机床传动机构精度、刚度和动态特性。

(　　)45. 按数控系统操作面板上的 RESET 键后就能消除报警信息。

(　　)46. 若普通机床上的一把刀只能加工一个尺寸的孔，而在数控机床这把刀可加工尺寸不同的无数个孔。

(　　)47. 数控机床的反向间隙可用补偿来消除，因此对顺铣无明显影响。

(　　)48. 公差就是加工零件实际尺寸与图样尺寸的差值。

(　　)49. 国标规定上偏差为零、下偏差为负值的轴与不同基本偏差的孔形成的配合称基轴制配合。

(　　)50. 配合可以分为间隙配合和过盈配合两种。

(　　)51. 在基轴制中，经常用钻头、铰刀、量规等定值刀具和量具，有利于生产和降低成本。

(　　)52. 公差是零件允许的最大偏差。

(　　)53. 量块通常可以用于测量零件的长度尺寸。

(　　)54. 检查加工零件尺寸时应选精度高的测量器具。

(　　)55. 过盈配合的结合零件加工时表面粗糙度应该选小为好。

(　　)56. 加工零件的表面粗糙度小要比大好。

(　　)57. 用一个精密的塞规可以检查加工孔的质量。

二、选择题

(一)数控机床操作部分

1. 开环控制系统用于(　　)数控机床上。

A. 经济型　　B. 中、高档　　C. 精密

2. 加工中心与数控铣床的主要区别是(　　)。

A. 数控系统复杂程度不同　　B. 机床精度不同

C. 有无自动换刀系统

3. 采用数控机床加工的零件应该是(　　)。

A. 单一零件

B. 中小批量、形状复杂、型号多变

C. 大批量

4. G02 X20 Y20 R-10 F100；所加工的一般是(　　)。

A. 整圆　　B. 夹角≤180°的圆弧

C. 180°＜夹角＜360°的圆弧

5. 数控车床中，转速功能字 S 可指定(　　)。

A. mm/r　　B. r/min　　C. mm/min

6. 下列 G 指令中(　　)是非模态指令。

A. G00　　B. G01　　C. G04

7. G17,G18,G19 指令可用来选择(　　)的平面。

A. 曲线插补　B. 直线插补　C. 刀具半径补偿

8. 数控机床自动选择刀具中任意选择的方法是采用(　　)来选刀换刀。

A. 刀具编码　B. 刀座编码　C. 计算机跟踪记忆

9. 数控机床加工依赖于各种(　　)。

A. 位置数据　B. 模拟量信息

C. 准备功能　D. 数字化信息

10. 数控机床的核心是(　　)。

A. 伺服系统　B. 数控系统

C. 反馈系统　D. 传动系统

11. 数控机床的主机(机械部件)包括:床身、主轴箱、刀架、尾座和(　　)。

A. 进给机构　B. 液压系统　C. 冷却系统

12. 数控机床的 F 功能常用(　　)单位。

A. m/min　B. mm/min 或 mm/r　C. m/r

13. 数控机床加工零件时是由(　　)来控制的。

A. 数控系统　B. 操作者　C. 伺服系统

14. 圆弧插补方向(顺时针和逆时针)的规定与(　　)有关。

A. X 轴　B. Z 轴　C. 不在圆弧平面内的坐标轴

15. 数控铣床的基本控制轴数是(　　)。

A. 一轴　B. 二轴　C. 三轴　D. 四轴

16. 数控机床与普通机床的主机最大不同是数控机床的主机采用(　　)。

A. 数控装置　B. 滚动导轨　C. 滚珠丝杠

17. 在数控机床坐标系中平行机床主轴的直线运动为(　　)。

A. X 轴　B. Y 轴　C. Z 轴

18. 绕 X 轴旋转的回转运动坐标轴是(　　)。

A. A 轴　B. B 轴　C. Z 轴

19. 用于指令动作方式的准备功能的指令代码是(　　)。

A. F 代码　B. G 代码　C. T 代码

20. 用于机床开关指令的辅助功能的指令代码是(　　)。

A. F代码　B. S代码　C. M代码

21. 用于机床刀具编号的指令代码是(　　)。

A. F代码　B. T代码　C. M代码

22. 数控升降台铣床的升降台上下运动坐标轴是(　　)。

A. X轴　B. Y轴　C. Z轴

23. 数控升降台铣床的拖板前后运动坐标轴是(　　)。

A. X轴　B. Y轴　C. Z轴

24. 辅助功能中表示无条件程序暂停的指令是(　　)。

A. M00　B. M01　C. M02　D. M30

25. 辅助功能中表示程序计划停止的指令是(　　)。

A. M00　B. M01　C. M02　D. M30

26. 辅助功能中与主轴有关的M指令是(　　)。

A. M06　B. M09　C. M08　D. M05

27. 在管道中流动的油液,其流量的计算是(　　)。

A. 压力×作用力　B. 功率×面积　C. 流速×截面积

28. 液压回路主要由能源部分、控制部分和(　　)部分构成。

A. 换向　B. 执行机构　C. 调压

29. 液压泵是液压系统中的动力部分,能将电动机输出的机械能转换为油液的(　　)能。

A. 压力　B. 流量　C. 速度

30. 液压系统中的压力的大小取决于(　　)。

A. 外力　B. 调压阀　C. 液压泵

31. 下列数控系统中(　　)是数控铣床应用的控制系统。

A. FANUC—6T　B. FANUC—6M　C. FANUC—330D

32. 下列型号中(　　)是最大加工工件直径为ϕ400mm的数控车床的型号。

A. CJK0620　B. CK6140　C. XK5040

33. 下列型号中(　　)是工作台宽为500mm的数控铣床。

A. CK6150　B. XK715　C. TH6150

34. 下列型号中(　　)是一台加工中心。

A. XK754　B. XH764　C. XK8140

35. 数控车床与普通车床相比在结构上差别最大的部件是(　　)。

A. 主轴箱　B. 床身　C. 进给传动　D. 刀架

36. 数控机床的诞生是在20世纪(　　)。

A. 50年代　B. 60年代　C. 70年代

37. 数控机床是在(　　)诞生的。

A. 日本　B. 美国　C. 英国

38. 数控机床利用插补功能加工的零件的表面粗糙度要比普通机床加工的同样零件的表面粗糙度(　　)。

A. 差　B. 相同　C. 好

39. "NC"的含义是(　　)。

A. 数字控制　B. 计算机数字控制　C. 网络控制

40. "CNC"的含义是(　　)。

A. 数字控制　B. 计算机数字控制　C. 网络控制

41. 下列数控系统中(　　)是数控车床应用的控制系统。

A. FANUC—0T　B. FANUC—0M　C. SIEMENS 820G

42. 数控铣床与普通铣床相比，在结构上差别最大的部件是(　　)。

A. 主轴箱　B. 工作台　C. 床身　D. 进给传动

43. 四坐标数控铣床的第四轴是垂直布置的，则该轴命名为(　　)。

A. *B*轴　B. *C*轴　C. *W*轴

44. 目前机床导轨中应用最普遍的导轨类型是(　　)。

A. 静压导轨　B. 滚动导轨　C. 滑动导轨

45. 从工作性能上看液压传动的优点有(　　)。

A. 比机械传动准确

B. 速度、功率、转矩可无级调节

C. 传动效率高

46. 从工作性能上看液压传动的缺点有(　　)。

A. 调速范围小　B. 换向慢　C. 传动效率低

47. 某直线控制数控机床加工的起始坐标为(0,0),接着分别是(0,5),(5,5),(5,0),(0,0),则加工的零件形状是(　　)。

A. 边长为5的平行四边形　　B. 边长为5的正方形

C. 边长为10的正方形

48. 机床上的卡盘,中心架等属于(　　)夹具。

A. 通用　B. 专用　C. 组合

49. 数控机床上有一个机械原点,该点到机床坐标零点在进给坐标轴方向上的距离可以在机床出厂时设定,该点称(　　)。

A. 工件零点　B. 机床零点　C. 机床参考点

50. 数控机床的种类很多,如果按加工轨迹分则可分为(　　)。

A. 二轴控制、三轴控制和连续控制

B. 点位控制、直线控制和连续控制

C. 二轴控制、三轴控制和多轴控制

51. 数控机床能成为当前制造业最重要的加工设备是因为(　　)。

A. 自动化程度高

B. 人对加工过程的影响减少到最低

C. 柔性大,适应性强

52. 加工中心选刀方式中常用的是(　　)方式。

A. 刀柄编码　B. 刀座编码　C. 记忆

53. 数控机床主轴以800r/min转速正转时,其指令应是(　　)。

A. M03 S800　B. M04 S800　C. M05 S800

(二)数控加工操作部分

1. 切削热主要是通过切屑和(　　)进行传导的。

A. 工件　B. 刀具　C. 周围介质

2. 切削的三要素有进给量、切削深度和(　　)。

A. 切削厚度　B. 切削速度　C. 进给速度

3. 工件定位时,被消除的自由度少于六个,且不能满足加工要求的定位称为(　　)。

A. 欠定位　B. 过定位　C. 完全定位

4. 重复限制自由度的定位现象称之为（　　）。

A. 完全定位　B. 过定位　C. 不完全定位

5. 工件定位时，仅限制四个或五个自由度，没有限制全部自由度的定位方式称为（　　）。

A. 完全定位　B. 欠定位　C. 不完全定位

6. 工件定位时，下列哪一种定位是不允许存在的（　　）。

A. 完全定位　B. 欠定位　C. 不完全定位

7. 切削过程中，工件与刀具的相对运动按其所起的作用可分为（　　）。

A. 主运动和进给运动　B. 主运动和辅助运动

C. 辅助运动和进给运动

8. 铰孔的切削速度比钻孔的切削速度（　　）。

A. 大　B. 小　C. 相等

9. 同时承受径向力和轴向力的轴承是（　　）。

A. 向心轴承　B. 推力轴承　C. 角接触轴承

10. 一个物体在空间如果不加任何约束限制，应有（　　）自由度。

A. 四个　B. 五个　C. 六个

11. 在夹具中，用一个平面对工件进行定位，可限制工件的（　　）自由度。

A. 二个　B. 三个　C. 四个

12. 在夹具中，较长的V形架用于工件圆柱表面定位可以限制工件（　　）自由度。

A. 二个　B. 三个　C. 四个

13. 夹紧中确定夹紧力大小时，最好状况是力（　　）。

A. 尽可能的大　B. 尽可能的小　C. 大小应适应

14. 数控车床加工钢件时希望的切屑是（　　）。

A. 带状切屑　B. 挤裂切屑

C. 单元切屑　D. 崩碎切屑

15. 影响数控加工切屑形状的切削用量三要素中（　　）影响最大。

A. 切削速度 B. 进给量 C. 背吃刀量

16. 在数控机床上使用的夹具最重要的是( )。

A. 夹具的刚性好 B. 夹具的精度高

C. 夹具上有对刀基准

17. 数控机床加工零件的程序编制不仅包括零件工艺过程，而且还包括切削用量、走刀路线和( )。

A. 机床工作台尺寸 B. 机床行程尺寸

C. 刀具尺寸

18. 编程人员对数控机床的性能、规格、刀具系统、( )、工件的装夹都应非常熟悉才能编出好的程序。

A. 自动换刀方式 B. 机床的操作

C. 切削规范 D. 测量方法

(三)编程部分

1. 数控加工中心的固定循环功能适用于( )。

A. 曲面形状加工 B. 平面形状加工

C. 孔系加工

2. 刀尖半径左补偿方向的规定是( )。

A. 沿刀具运动方向看，工件位于刀具左侧

B. 沿工件运动方向看，工件位于刀具左侧

C. 沿工件运动方向看，刀具位于工件左侧

D. 沿刀具运动方向看，刀具位于工件左侧

3. 设 G01 X30 Z6；执行 G91 G01 Z15；后，正方向实际移动量( )。

A. 9mm B. 21mm C. 15mm

4. 各几何元素间的联结点称为( )。

A. 基点 B. 节点 C. 交点

5. 程序中指定了( )时，刀具半径补偿被撤销。

A. G40 B. G41 C. G42

6. 设 H01=6mm，则 G91 G43 G01 Z-15.0；执行后的实际移动量为( )。

A. 9mm　B. 21mm　C. 15mm

7. 用 ϕ12mm 的刀具进行轮廓的粗、精加工，要求精加工余量为 0.4mm，则粗加工偏移量为(　　)。

A. 12.4mm　B. 11.6mm　C. 6.4mm

8. 数控机床的标准坐标系是以(　　)来确定的。

A. 右手直角笛卡尔坐标系　B. 绝对坐标系

C. 相对坐标系

9. 执行下列程序后，累计暂停进给时间是(　　)。

N1 G91 G00 X120.0 Y80.0;

N2 G43 Z-32.0 H01;

N3 G01 Z-21.0 F120;

N4 G04 P1000;

N5 G00 Z21.0;

N6 X30.0 Y-50.0;

N7 G01 Z-41.0 F120;

N8 G04 X2.0;

N9 G49 G00 Z55.0;

N10 M02;

A. 3s　B. 2s　C. 1002s　D. 1.002s

10. 在数控铣床上铣一个正方形零件(外轮廓)，如果使用的铣刀直径比原来小 1mm，则计算加工后的正方形尺寸差(　　)。

A. 小 1mm　B. 小 0.5mm　C. 大 1mm　D. 大 0.5mm

11. 执行下列程序后，钻孔深度是(　　)。

G90 G01 G43 Z-50 H01 F100;(H01 补偿值-2.00mm)

A. 48mm　B. 52mm　C. 50mm

12. 执行下列程序后，镗孔深度是(　　)。

G90 G01 G44 Z-50 H02 F100;(H02 补偿值 2.00mm)

A. 48mm　B. 52mm　C. 50mm

13. 在数控铣床上用 ϕ20mm 铣刀执行下列程序后，其加工圆弧的直径尺寸是(　　)。

N1 G90 G17 G41 X18.0 Y24.0 M03 H06;

N2 G02 X74.0 Y32.0 R40.0 F180;(刀具半径补偿偏置值是ϕ20.2mm)

A. ϕ80.2　B. ϕ80.4　C. ϕ79.8

14. 数控车床在加工中为了实现对车刀刀尖磨损量的补偿，可沿假设的刀尖方向，在刀尖半径值上，附加一个刀具偏移量，这称为(　　)。

A. 刀具位置补偿　B. 刀具半径补偿　C. 刀具长度补偿

数控车工中级理论知识模拟试题参考答案

一、是非题

(一)职业道德部分

1	2	3	4
√	√	√	√

(二)基础知识部分

1	2	3	4	5	6	7	8	9	10	11	12	13	14	15	16	17	18	19	20
×	×	√	√	×	×	√	×	√	×	×	√	×	√	√	×	×	×	×	√
21	22	23	24	25	26	27	28	29	30	31	32	33	34	35	36	37	38	39	40
×	×	√	√	×	√	×	×	√	√	√	×	√	√	×	×	√	√	×	×
41	42	43	44	45	46	47	48	49	50	51	52	53	54	55	56	57	58	59	60
√	√	×	√	×	×	√	√	√	√	√	×	×	×	×	√	×	×	√	×
61	62																		
√	√																		

(三)数控加工部分

1	2	3	4	5	6	7	8	9	10	11	12	13
√	×	√	√	×	×	×	×	√	√	×	×	×

（四）编程部分

1	2	3	4	5	6	7	8	9	10	11	12	13	14	15
√	√	√	×	×	×	√	√	×	√	×	×	√	×	√

（五）数控机床操作部分

1	2	3	4	5	6	7	8	9	10	11	12	13	14	15	16	17	18	19	20
√	×	√	√	×	√	×	√	√	√	×	√	×	×	×	×	√	√	×	×
21	22	23	24	25	26	27	28	29	30	31	32	33	34	35	36	37	38	39	40
×	√	√	√	×	√	√	×	×	×	×	√	×	√	×	√	√	√	√	×
41	42	43	44	45	46	47	48	49	50	51	52	53	54	55	56	57			
×	√	√	√	×	√	×	×	√	×	×	×	×	×	√	×	×			

二、选择题

（一）数控机床操作部分

1	2	3	4	5	6	7	8	9	10	11	12	13	14	15	16	17	18	19	20
A	C	B	C	B	C	C	C	D	B	A	B	A	C	C	C	C	A	B	C
21	22	23	24	25	26	27	28	29	30	31	32	33	34	35	36	37	38	39	40
A	C	B	A	B	D	C	B	A	A	B	B	B	B	C	A	B	A	A	B
41	42	43	44	45	46	47	48	49	50	51	52	53							
A	D	B	C	B	C	B	A	C	B	B	C	A							

（二）数控加工操作部分

1	2	3	4	5	6	7	8	9	10	11	12	13	14	15	16	17	18
C	B	A	B	C	B	A	B	C	C	B	C	B	C	B	C	C	C

（三）编程部分

1	2	3	4	5	6	7	8	9	10	11	12	13	14
C	D	C	A	A	A	C	A	A	C	A	A	A	B

数控车工中级技能操作训练题

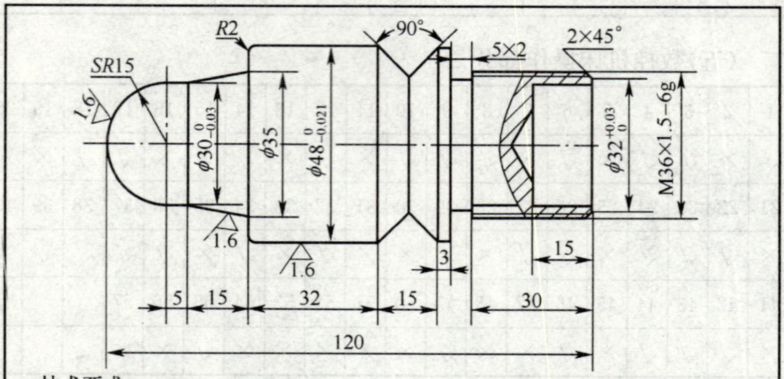

技术要求

1. 未注倒角：1×45°。
2. 未注表面粗糙度：*Ra* 3.2。
3. 不允许使用砂布、锉刀。

			零件名称	轴
			零件图号	05-JS-03

附图 3　轴 03

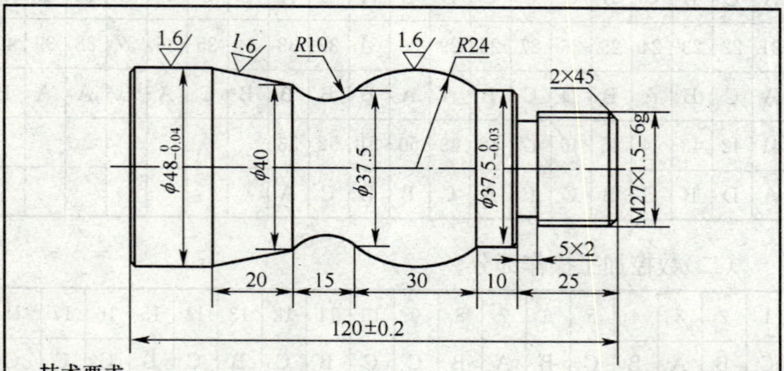

技术要求

1. 未注倒角：1×45°。
2. 未注表面粗糙度：*Ra* 3.2。
3. 不允许使用砂布、锉刀。

			零件名称	轴
			零件图号	05-JS-04

附图 4　轴 04

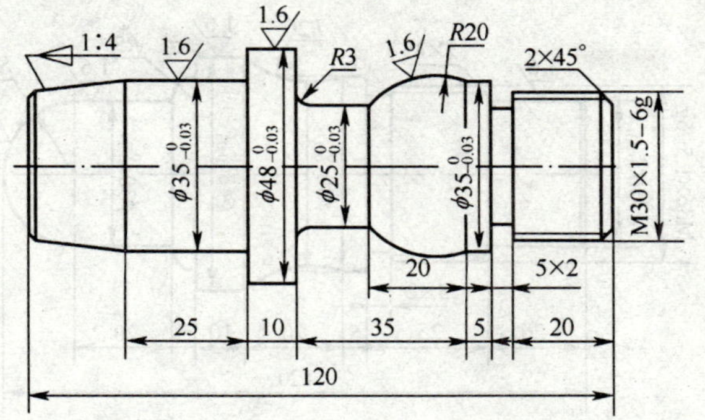

技术要求

1. 未注倒角:1×45°。
2. 未注表面粗糙度:*Ra* 3.2。
3. 不允许使用砂布、锉刀。

			零件名称	轴
			零件图号	05-JS-05

附图 5　轴 05

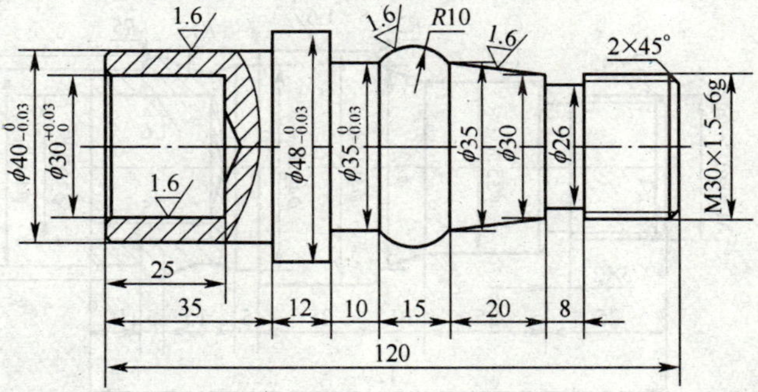

技术要求

1. 未注倒角:1×45°。
2. 未注表面粗糙度:*Ra* 3.2。
3. 不允许使用砂布、锉刀。

			零件名称	轴
			零件图号	05-JS-06

附图 6　轴 06

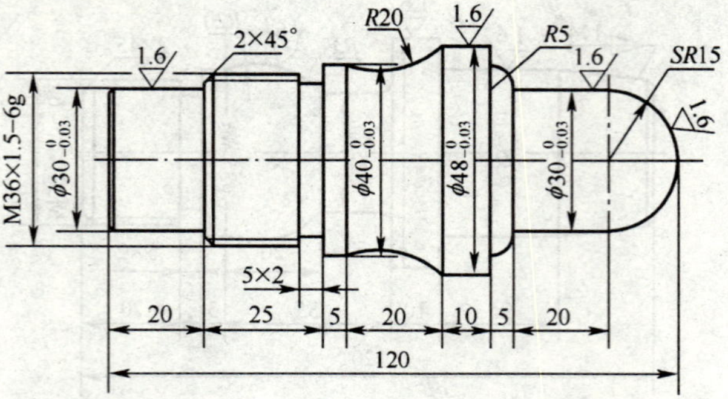

技术要求

1. 未注倒角:1×45°。
2. 未注表面粗糙度:*Ra* 3.2。
3. 不允许使用砂布、锉刀。

			零件名称	轴
			零件图号	05-JS-07

附图7 轴07

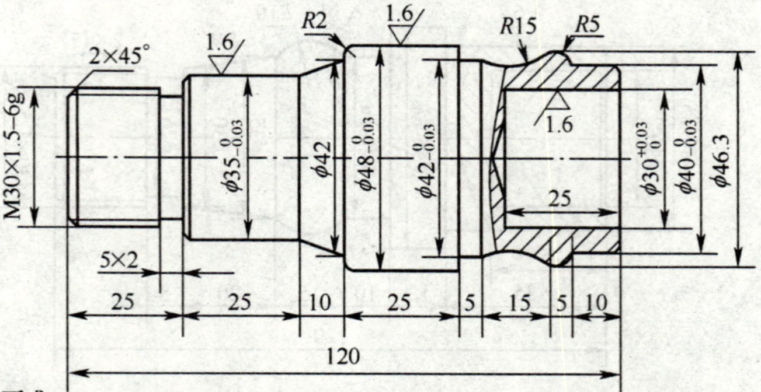

技术要求

1. 未注倒角:1×45°。
2. 未注表面粗糙度:*Ra* 3.2。
3. 不允许使用砂布、锉刀。

			零件名称	轴
			零件图号	05-JS-08

附图8 轴08

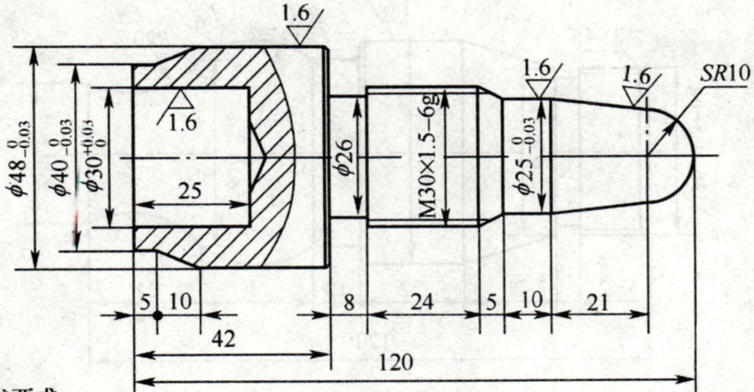

技术要求

1. 未注倒角：1×45°。
2. 未注表面粗糙度：*Ra* 3.2。
3. 不允许使用砂布、锉刀。

			零件名称	轴
			零件图号	05-JS-09

附图 9　轴 09

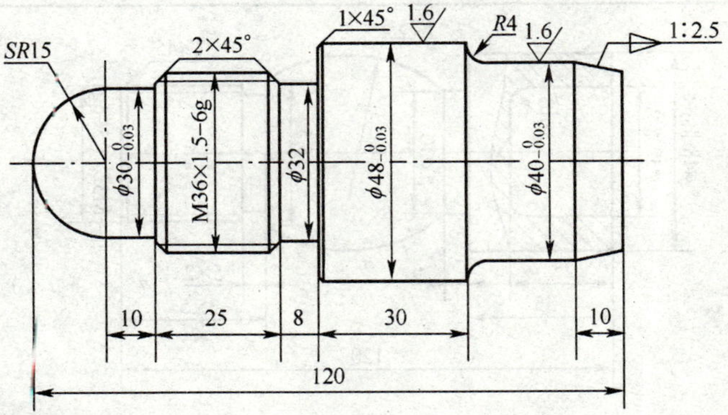

技术要求

1. 未注倒角：1×45°。
2. 未注表面粗糙度：*Ra* 3.2。
3. 不允许使用砂布、锉刀。

			零件名称	轴
			零件图号	05-JS-10

附图 10　轴 10

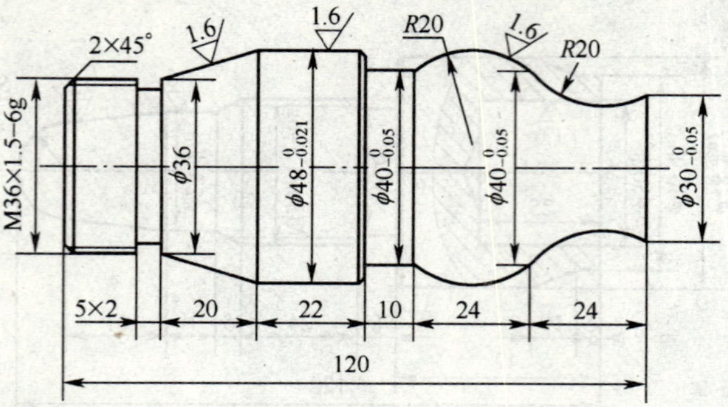

技术要求

1. 未注倒角:1×45°。
2. 未注表面粗糙度:*Ra* 3.2。
3. 不允许使用砂布、锉刀。

			零件名称	轴
			零件图号	05-JS-11

附图 11　轴 11

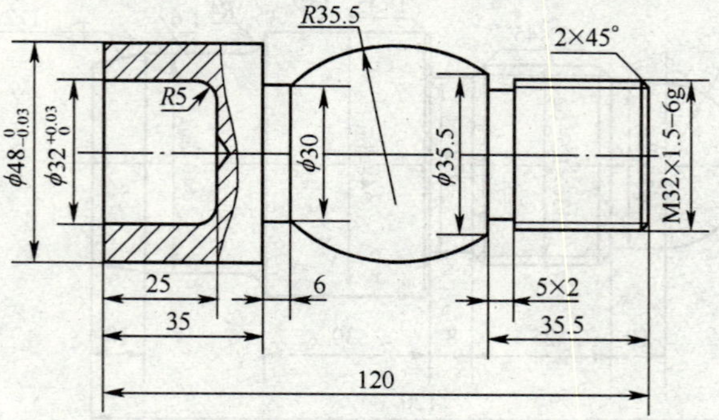

技术要求

1. 未注倒角:1×45°。
2. 未注表面粗糙度:*Ra* 3.2。
3. 不允许使用砂布、锉刀。

			零件名称	轴
			零件图号	05-JS-12

附图 12　轴 12

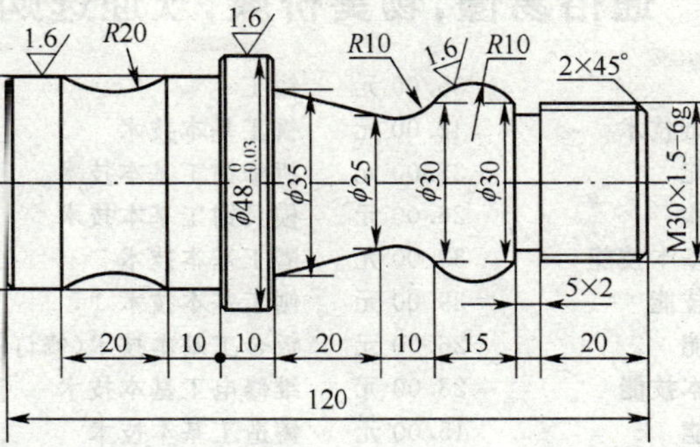

技术要求
1. 未注倒角:1×45°。
2. 未注表面粗糙度:*Ra* 3.2。
3. 不允许使用砂布、锉刀。

			零件名称	轴
			零件图号	05-JS-13

附图 13　轴 13

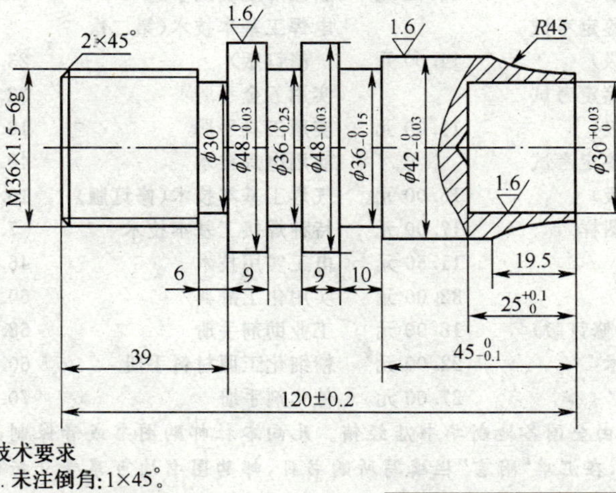

技术要求
1. 未注倒角:1×45°。
2. 未注表面粗糙度:*Ra* 3.2。
3. 不允许使用砂布、锉刀。

			零件名称	轴
			零件图号	05-JS-14

附图 14　轴 14